中国畜禽种业70年

全国畜牧总站 组编

中国农业出版社

农村读物出版社

北 京

图书在版编目（CIP）数据

中国畜禽种业70年／全国畜牧总站组编．—北京：
中国农业出版社，2022.6
ISBN 978-7-109-29259-8

Ⅰ．①中…　Ⅱ．①全…　Ⅲ．①畜禽育种－农业史－中
国　Ⅳ．①S813.2-092

中国版本图书馆CIP数据核字（2022）第050975号

ZHONGGUO CHUQIN ZHONGYE 70 NIAN

中国农业出版社出版
地址：北京市朝阳区麦子店街18号楼
邮编：100125
责任编辑：张艳晶
版式设计：杜　然　责任校对：吴丽婷　责任印制：王　宏
印刷：北京缤索印刷有限公司
版次：2022年6月第1版
印次：2022年6月北京第1次印刷
发行：新华书店北京发行所
开本：889mm×1194mm　1/16
印张：11
字数：300千字
定价：132.00元

编委会

前 言
Foreword

新中国成立以来，我国畜牧业逐步发展壮大，逐渐从家庭副业成长为农业农村经济的支柱产业，实现了畜产品供应从严重匮乏到充足供应的根本性转变，保障了全国人民不断增长的肉蛋奶消费需求，取得了举世瞩目的辉煌成就。

畜禽良种对畜牧业发展的贡献率超过40%。从"吃肉等过年"到"猪粮安天下"，畜禽良种的培育与推广起到了非常关键的作用。70年沧桑巨变，我国畜禽种业也经历了从无到有，由小到大的嬗变，为畜牧业快速健康发展提供了有力支撑。但是，目前国内几乎没有专著系统、全面地记录或陈述畜禽种业这段发展历史。为了总结经验，启迪未来，我们于2019年开始组织编写这本图书。为梳理清楚主要历史事件、历史人物，保障历史数据真实确凿，我们查阅了大量文献资料，并多次组织专家研讨会进行讨论。图书成稿后，邀请部分长期从事畜禽育种教学和研究、亲历部分历史事件的专家对书稿进行了审核校改。

在本书编写过程中，中国农业科学院北京畜牧兽医研究所、南京农业大学、江苏省家禽科学研究所和中国农业大学等相关科研院所的专家，农业农村部畜牧兽医局、种业管理司，北京、山东等省份畜禽种业主管部门、畜牧技术推广机构的领导和同志给予了大力支持与帮助，在此表示衷心感谢。由于编写时间跨度长，涉及范围广，编者水平有限，书中出现纰漏在所难免，欢迎读者提出宝贵意见，以便再版时修订。

编 者

2021年5月

目 录
Contents

畜禽遗传资源篇

生 猪 种 业 篇

家 禽 种 业 篇

奶 牛 种 业 篇

肉牛种业篇

绵山羊种业篇

ZONGHE PIAN

综合篇

70年风雨兼程，70年沧桑巨变。

70年来，中华民族实现了从积贫积弱、一穷二白、百废待兴到站起来、富起来、强起来的伟大飞跃，经济建设取得辉煌成就，社会文化、生态文明建设不断增强，新中国昂首阔步，走出了一条彪炳史册的人间正道。

从"吃肉等过年"到"猪粮安天下"。70年来，我国畜牧业发展由小变大，由弱渐强。特别是改革开放以来，畜牧业生产潜力和活力得到极大释放，逐步从家庭副业成长为农业与农村经济发展的支柱产业。畜牧业发展取得辉煌成就，成为世界畜牧业生产第一大国。畜产品供应从严重匮乏实现了供应充足、种类多样，满足了全国人民不断增长的肉蛋奶消费需求，畜牧产业质量、效益和竞争力稳步提升，为经济社会稳定发展提供了重要支撑。

产业发展，良种筑基。在社会经济和畜牧业生产持续发展的大背景下，畜禽种业也经历了由小到大、从弱到强、不断成长壮大的发展过程。目前，我国畜禽种业发展基本实现了自主可控，畜禽核心种源自给率达到64%，基本形成相对独立的产业体系，有力引领和支撑了我国畜牧业持续健康快速发展，为保障人民对优质、安全和多样化畜禽产品的消费需求做出了重大贡献。

一、我国畜禽种业发展历程

我国畜禽种类众多，各畜种种业发展阶段和发展水平不尽一致。总的看，新中国成立以来，在国家政策扶持带动、市场作用拉动、科技进步助力推动下，我国畜禽种业主要经历了缓慢恢复发展期、地方品种改良主导期、利用外源快速增长期和自主创新高质量发展期四个发展阶段。

（一）缓慢恢复发展期（1949—1978年）

新中国成立初期，为解决人民群众的温饱问题，我国制定了"以粮为纲"的发展路线，优先发展粮食生产。同时，执行保护与奖励繁殖耕畜、家畜的政策，畜禽以集体饲养和农户饲养为主。畜牧生产被当作"家庭副业"，为粮食生产提供畜力和肥料，同时为人们提供肉食来源。当时畜产品供应非常紧张，一人一年吃不到一斤肉（崔丽 等，2019）。20世纪50年代初期主要是学习苏联阶段，引进的苏联品种，对我国早期的畜禽育种发挥了借鉴作用，但是当时苏联盛行的否认孟德尔遗传学理论的错误思潮一定程度上阻碍了我国育种工作的发展。1956年，党中央及时拨乱反正，提倡"双百"方针，8月在青岛召开了遗传学座谈会，重新明确了孟德尔遗传学理论的指导地位（吴常信 等，2021）。1959年召开的全国家畜育种工作会议，提出了"本品种选育与杂交育种并举"的育种工作方针。各级畜牧行政管理部门技术人员对地方品种资源进行了保护和改良。

在生猪方面，毛主席高度重视养猪工作，他在1956年11月9日曾对山东省聊城市阳谷县石门宋合作社《我们一个社要养猪两万头》的报道做出重要批示，倡导在全国范围内推广石门宋农业社发展养猪事业的经验。毛主席的号召极大地促进了全国养猪生产的发展（海报新闻，2019）。当时，养猪除了提供肉食，另一重要作用是积肥，解决农业生产的肥料问题。20世纪50年代我国从苏联引进种猪，开展了部分经济杂交。1972年，三江白猪培育工作启动，历经11年有计划的选育，于1983年育成并通过鉴定。这是我国第一个瘦肉型猪新品种。1973年，许振英教授指导、广东省农业科学院主持，开展了广东大花白猪新品系的培育，对我国猪新品系培育工作做了有益探索（赵书红 等，2011）。

牛的利用方向主要是役用，用于农耕生产。20世纪50年代中期，呼伦贝尔岭北地区建立了国营牧场，本着"以品种选育为主，适当引进外血为辅"的育种方针，有计划地开展了三河牛育种工作。通过建立种牛场，组织核心群，选育优良种公牛，开展人工授精，严格选种选配，形成了耐粗饲、宜牧、适应性强、产奶量高、遗传性稳定的优良品种。1986年，内蒙古自治区组织验收并将其命名为"内蒙古三河牛"，后逐步形成三河牛（吴宏军 等，2012）。国家正式引种西门塔尔牛始于1957年，第一批牛引至河南省邓县南阳黄牛场。20世纪70年代以后从苏联、德国、奥地利等国陆续引入了兼用型西门塔尔牛。引进的这些牛群体当时主要进行了保种工作（赵淑娟 等，2003）。

在边疆和少数民族地区，细毛羊育种工作开展较早，羊毛作为牧民生产、生活的主要经济来源，对于增加农牧民收入，巩固边疆、加强民族团结发挥了重要作用。1954年，新疆细毛羊育成，填补了我国细毛羊品种的空白。随后开展了绵羊改良工作，并率先推广了绵羊人工授精技术。1969年，东北细毛羊育成。这些新品种的育成和推广应用，推动了细毛羊改良工作发展，为边疆牧业经济发展做出了重要贡献。

我国在20世纪30—40年代即开始从苏联等国家引入少量良种马，对我国地方马品种进行改良。伊犁马的混血育种工作开展较早。新中国成立后，新疆农业与运输业得到较快发展，内地农区对偏重型马的需求增加，于是尼勒克马场开始进行伊犁马育种工作。1958年引入阿尔登重挽马进行杂交改良，育成偏重哈萨克改良马。伊犁马是以哈萨克马为基础，引入英顿、奥尔罗夫马形成的（王铁权，1965）。1952年，山丹马场引进首批苏联顿河种公母马57匹，除进行纯种繁育外，主要用于对当地马品种进行杂交改良。"山丹马"是山丹马场在现代群牧管理条件下育成的一个优良军马新品种。1985年该品种获得国家科学技术进步奖一等奖及军队科学技术进步奖一等奖。

家禽基本是自给、半自给性的农民家庭庭院经济，饲养分散，技术落后，生产水平低，商品率都很低。在粮食连续丰产的带动下，养殖业得到迅速发展。20世纪70年代末，养禽业发展成为家家户户的家庭副业，育种工作随之发展起来（崔丽 等，2019）。

（二）地方品种改良主导期（1979—1993年）

改革开放初期，我国种畜禽生产经营体制为单一国营种畜禽场经营体制，生产力水平较低，畜产品供应尚不能满足城乡居民的基本需求。国家确立了加快发展畜牧生产的政策方针，投资建设了一批种猪场、种鸡场、种公牛站等种畜禽场，开展了繁育和遗传改良工作。猪的经济杂交工作得到各级领导的高度重视，生猪"四化"（即母猪地方良种化、公猪外来良种化、肥猪杂种一代化、配种人工授精化）和杂交繁育体系建立工作由点到面在全国部分地区铺开（赵书红 等，2011）。

1979年，我国放宽肉牛屠宰政策，两年后实行牛肉自由购销。从前一直作为役畜的黄牛成为高营养的肉类代表，牛肉开始走上人们的餐桌。1984年，国家取消统派购制度，开放畜产品市场。养殖者积极性被调动起来，一大批规模饲养专业户快速发展，国家、集体、个人多种经济成分和多种经营方式并存的格局逐步形成。在政策和市场推动下，一批育种中心、种畜禽场、扩繁场、改良站和推广服务机构相继建立，初步形成畜禽良种繁育体系，推动畜牧业生产向商品化、专业化、社会化方向快速发展。在家禽方面，育种和良种繁育工作取得显著成就，1985年我国发展成为世界第一禽蛋生产大国（崔丽 等，2019）。在种猪方面，相继建立种猪性能测定中心，开展了生猪杂交利用和专门化品系的培育。1985年猪存栏25.75万头，其中瘦肉型猪8.98万头；1989年猪存栏50.98万头，其中瘦肉型猪29.19

万头 [中国畜牧业统计（1949—1989）]。至20世纪80年代末期，地方品种及改良猪仍然占据主要地位。在种牛方面，奶牛、奶水牛和黄牛改良工作加快推进，细管冻精技术熟化应用，促进了人工授精和胚胎移植工作普及。在种羊方面，开展优良种羊杂交利用和新品种培育，改善了羊毛品质，提高了羊肉产量。1990年，我国肉类年产量达到2 857万吨，首次占据世界首位。在此期间，我国先后引进大白猪、荷斯坦牛、西门塔尔牛、白来航鸡等一批优良品种进行杂交利用。育种工作主要围绕地方品种开展本品种选育提高和传统杂交育种，数量遗传学理论在育种工作中广泛应用，相继培育出中国黑白花奶牛、中国美利奴羊、北京黑猪、京白823等32个新品种（新品系），有力支撑了畜牧业结构调整和持续发展。

（三）利用外源快速增长期（1994—2007年）

20世纪90年代中后期，我国种畜禽管理开始步入法治化轨道。1994年，国务院公布《中华人民共和国种畜禽管理条例》。2006年，《中华人民共和国畜牧法》颁布实施，种畜禽管理日趋规范，质量不断提高。"九五"期间，国家启动"948"计划，支持引进国外优良畜禽品种，引入品种逐步占据主导地位，支撑了我国畜牧业生产的快速发展。20世纪90年代，畜禽规模养殖场开始出现，扭转了畜产品短缺的局面，奠定了畜牧业作为农业支柱产业的地位。1996年，我国畜产品生产实现了供求基本平衡的历史性跨越（崔丽 等，2019）。国家相继启动畜禽良种工程、畜禽种质资源保护项目、畜牧良种补贴项目等，促进畜禽种业整体素质不断提高。全国猪育种协作组的成立，进一步推进了种猪测定、选育和区域性联合育种工作。在此期间，种畜禽生产逐步转变为多种所有制共同经营的格局。随着分子数量遗传学的发展，分子标记辅助选择等技术手段逐渐应用于育种实践，进一步加快了畜禽育种进展。2006年，我国生猪存栏量、出栏量、猪肉总产量均居世界首位，分别占全世界总量的52.0%、51.2%和50.1%，中国已成为世界第一大猪肉生产国；人均猪肉占有量为39.6千克，超出世界平均水平67%。2001年，中国西门塔尔牛育成。1999—2007年通过国家审定的畜禽新品种配套系达51个，其中最具代表性的是滇撒猪配套系和夏南牛新品种。滇撒猪配套系是历经13年选育出来的专门化母系，在我国开创了配套系亲本中采用纯地方品种猪的先例；夏南牛则是我国自主育成的第一个肉牛新品种，代表了当时我国肉牛育种的最高水平。

（四）自主创新高质量发展期（2008—2019年）

2008年，国有种公牛站改制工作启动。随着畜产品消费需求呈现多元化、差异化的趋势，我国畜牧业生产从数量增长向提高质量、效益转变。奶牛、生猪、肉牛、蛋鸡、肉鸡、肉羊等主要畜种的遗传改良计划相继发布，全国奶牛、生猪联合育种逐步展开，性能测定、遗传评估、良种登记等基础性育种工作逐步规范，种畜禽质量明显提高，畜禽种业迈入引入品种国产化与自主培育品种并重的发展阶段，畜禽良种繁育体系逐步健全完善。2007年以来，通过国家审定的畜禽新品种配套系达到99个。这些新品种配套系多数是以地方品种为素材培育而成，具有适应性强、风味独特等优良特性，满足了新兴市场优质化、品牌化消费需求。党的十八大以来，党中央国务院高度重视种业发展，将种业发展提升到国家战略性高度。2018年机构改革，农业农村部种业管理司组建，推动我国畜禽种业进入全新的发展阶段。在育种机制上，以企业为主体、市场为导向、产学研相结合的商业化育种体系基本建立；在科技支撑上，正逐步从常规育种向常规育种和分子育种并重转变。种畜禽生产集中趋势日趋明显，良种繁育体系的结构和布局进一步优化，整体科技创新水平和综合生产能力显著提升，现代畜禽种业建设加快推进。

（五）畜禽种业企业形成与发展

从发展规模上看，1949年以来，我国畜禽种业经历了从千家万户小、散、慢的模式逐步到规模化、区域化、专业化的跨越式发展过程。畜禽种业企业随着畜禽种业的发展而不断成长壮大。按照种业企业从无到有、从小到大、从少到多的逐步蜕变，我国畜禽种业企业主要经历了孕育期、起步成长期和现代种业企业发展期三个发展阶段，种业企业不断发展壮大。

一是孕育期（1949—1977年）。 建国初期，畜禽以集体饲养和农户饲养为主，主要进行自繁，规模小、数量少。根据中央关于启动农垦（尤其是军垦）事业的号令，创办国营农牧场的工作随着新中国的建立同步展开。各省也纷纷创办地方国营农牧场。当时，国营农牧场是应用先进农业技术和新式农具的代表，承担为广大农民和农业生产合作社提供技术指导和援助的职责。各级政府创建的国营农牧场具备了畜禽种业企业的功能。

二是起步成长期（1978—2005年）。 畜禽种业企业正式出现，初期突出表现为国企主导。改革开放初期，我国种畜禽生产经营体制为单一国营种畜禽场经营体制，生产力水平较低。随着1984年国家取消统派购制度，开放畜产品市场，一批大型饲养专业户得到快速发展，国家、集体、个人多种经济成分和多种经营方式并存的格局逐步形成。20世纪90年代初进入市场化发展期。1992年，党的十四大正式确立"我国经济体制改革的目标是建立社会主义市场经济体制"。1994年，国务院发布《中华人民共和国种畜禽管理条例》，第十七条规定，"实行企业化经营、国家不再核拨经费的国有种畜禽场，具备企业法人条件的，经工商行政管理机关核准，为企业法人。"这标志着国有种畜禽企业的市场化改革开始步入法制化轨道，突出体现为市场化。

三是现代种业企业发展期（2006年以来）。 2006年，《中华人民共和国畜牧法》颁布实施，种畜禽管理日趋规范，质量不断提高，同时也大大激发了民营资本投资种业的活力，一大批民营畜禽规模养殖企业迅速成长起来。2008年以来，我国发布实施第一轮全国畜禽遗传改良计划，覆盖了奶牛、生猪、肉牛、蛋鸡、肉鸡和肉羊等主要畜种，组织遴选一批国内一流水平的育种企业，确定国家核心育种场203个、良种扩繁推广基地33个和种公猪站4个，初步建立了畜禽育种国家队。联合育种和集团化专业化育种工作持续推进，种畜禽性能不断提升，种源质量持续提高。随着市场化改革的不断深入，企业主体作用日益显现。2016年，农业部发布《关于促进现代畜禽种业发展的意见》（以下简称《意见》）。《意见》提出，打造一批大型畜禽种业集团和民族品牌，形成以育种企业为主体、产学研相结合、育繁推一体化的种业发展机制。坚持市场导向，突出企业主体地位，构建商业化畜禽种业体系。该《意见》的印发，标志着我国建设现代畜禽种业企业的新一轮改革征程全面开启。

二、种畜禽生产保障

（一）我国种畜禽生产情况

根据《中国畜牧业统计（1949—1989）》，1949年，我国肉类总产量只有220万吨，畜牧业产值33.7亿元，占农业总产值的12.4%。1953年禽蛋产量73.2万吨。1984年禽肉产量149万吨，人均占有1.4千克；

1986年禽肉产量187.9万吨，人均占有1.8千克；1972年奶类产量（牛奶产量）57.1万吨，人均占有0.7千克。

1949年，大牲畜存栏共计6 002万头（匹），包括黄牛和水牛4 393.6万头（黄牛3 375.2万头）、马487.5万匹、驴949.4万头、骡147.1万头、骆驼24.7万头（其中统计为役畜的达到4 040万头，占大牲畜存栏量的67.3%），猪5 775万头，羊4 235万只，家禽21 116万只[《中国畜牧业统计（1949—1989）》]。

改革开放以来，我国畜牧行业统计数据逐渐完善。1979年，我国肉类总产量1 062.4万吨，人均占有10.9千克；猪出栏18 767.6万头，肉产量1 001.4万吨，人均占有10.3千克；牛出栏296.8万头，肉产量23万吨，人均占有0.2千克；羊出栏3 543.7万只，肉产量38万吨，人均占有0.4千克。1979年畜牧业产值达到221.2亿元，首次突破200亿元大关，比1949年增长556%，占农业总产值的14%[《中国畜牧业统计（1949—1989）》]。

1985年，我国发展成为世界第一禽蛋生产大国。1990年，我国肉类年产量达到2 857万吨，首次占据世界首位。1996年，我国畜产品生产实现了供求基本平衡的历史性跨越。

2019年，全国肉类总产量达到7 758.8万吨，牛奶产量3 201.2万吨，禽蛋产量3 309万吨（《中国畜牧兽医统计2019》）。其中肉类总产量是1979年产量的7.3倍，是1949年产量的35.3倍；人均占有量达55.5千克，比1979年增长409%。畜牧业产值达到33 064.3亿元，占农业总产值的26.7%，是1949年产值的981倍。从畜产品产量和畜牧业产值的大幅增加可以反映出，70年来我国畜牧业发展取得了辉煌成就，为充分满足人民日益增长的畜产品消费需求，促进农业农村和社会经济发展做出了重大贡献。

畜牧业发展取得的巨大成就离不开畜禽种业的成长壮大和有力支撑。1978年，根据农林部畜牧兽医司公布的国营种畜场统计数据，当年国营种畜场总数1 143个，其中综合场267个、种牛场101个、种马场71个、种猪场437个、种羊场126个、种禽场36个、种兔、种蜂场26个。存栏种用大牲畜292 695头、种羊265 027只、家禽765 743只、种猪200 875头[《中国畜牧业统计（1949—1989）》]。

2019年全国种畜禽场达到7 686个，比1978年增长572%。其中种牛场518个，年末存栏1 146 599万头；种马场31个，年末存栏14 926万匹；种猪场3 431个，年末存栏18 435 588万头；种羊场1 272个，年末存栏2 881 162万头；种禽场2 142个，在产祖代蛋种鸡平均存栏59.97万套，其中，国产品种在产祖代存栏37.99万套，占比63.35%，国产品种祖代鸡的制种能力完全满足需要。在产父母代蛋种鸡平均存栏1 515.88万套，其中国产品种存栏550.47万套，占比36.31%（《中国畜牧兽医统计2019》）。

从表1可以看出，对可比项目进行比较，我国种畜禽供种能力远远超过40年前。2019年种猪、种牛（种奶牛、种肉牛和种水牛）、种羊、种禽（种蛋鸡和种肉鸡）的年末存栏量和当年出场种畜禽数分别比1978年增长90.8倍、65.3倍、25.1倍、18.6倍、9.9倍、26.3倍和186.0倍、111.9倍；其中种禽的供种能力提高最大，其次是种猪，种马的供种能力与其他畜种变化不同，年末存栏量下降79.2%，当年出场种马数量增长3.8%。

此外，随着育种技术的飞速发展，精液和胚胎等遗传材料也逐渐发展成为种畜禽供种的重要能力和手段之一。2019年，我国种畜站总计1 338个，其中种公牛站41个，存栏种牛3 619头，当年生产精液2 933.5万份；种公羊站16个，存栏种羊3 742只，当年生产精液1.4万份；种公猪站1 281个，存栏种猪90 550头，当年生产精液3 161.6万份，合计生产种公畜精液6 096.5万份（《中国畜牧兽医统计2019》）。这些遗传材料为满足畜禽生产需求也做出了重要贡献，今后还将发挥出更大的作用。

表1　1978年国营种畜场与2019年全国种畜禽场站供种能力比较

单位：（个、头、匹、只、枚、万份）

种类	1978年			2019年			
	场数	年末存栏量	当年出场种畜禽数	场数	年末存栏量	当年出场种畜禽数	—
种猪	437	200 875	262 607	3 431	18 435 588	17 405 766	—
种奶牛		18 921		257	834 129	51 710	—
种肉牛	101	7 402	4 706	214	190 472	39 905	—
种水牛		13 078		9	4 055	675	—
种绵羊	126	265 027	48 134	823	2 252 977	1 090 872	—
种山羊				449	628 185	225 517	—
种马	71	71 824	2 148	31	14 926	2 230	—
种蛋鸡	36	765 743	1 776 707	516	40 687 481	60 815 909	—
种肉鸡				1 261	102 496 436	139 854 752	—
小计	771	1 342 870	2 094 302	6 991	165 544 249	219 487 336	—
种畜站	—	—	—	站数	年末存栏量	当年生产胚胎	当年生产精液
种公猪站	—	—	—	1 281	90 550	—	3 161.6
种公牛站	—	—	—	41	3 619	62 653	2 933.5
种公羊站	—	—	—	16	3 742	—	1.4
小计	—	—	—	1 338	97 911	62 653	6 096.5

（二）我国种畜禽引种情况

新中国成立初期至20世纪80年代前，我国曾批量引入部分优良种畜禽。根据《中国畜牧业统计（1949—1989）》，1950年，我国引入种猪50头、种羊250只、种马1 125匹；1950—1978年，我国共引入种猪2 061头、种牛2 654头、种羊32 138只、种马2 034匹；1979—1989年，我国共引入种猪2 612头、种牛11 445头、种羊6 955只、种禽4 477 216只。1949—1989年合计引种：种猪4 673头、种牛14 099头、种羊39 093只、种马2 034匹和种禽4 477 216只。利用这些引入种畜禽，对地方品种经济杂交改良提高发挥了一定的作用。

20世纪90年代至21世纪初，我国大量引入生猪、奶牛、肉牛、羊、家禽等世界主流育成品种。一方面，充分利用这些先进育种成果，我国逐步建立起标准化、规模化生产技术体系，直接进行生产，快速提高了我国畜牧业生产效率，为满足人民日益增长的畜产品消费需求做出了重要贡献。另一方面，这些优秀的引入品种也普遍参与了我国畜禽品种创新，育出了一大批性能优异、深受市场欢迎的新品种及配套系，丰富了市场优质化、多样化畜禽产品供给。

1. 猪引入品种及配套系

当前我国猪引入品种及配套系有8个，其中，大白猪、长白猪和杜洛克猪（以下简称"杜长大"）应用广泛，它们也是世界瘦肉型猪的主流品种。杜长大经过多年本土化选育，成效显著，其市场占有率约达90%。利用杜长大改良地方猪品种，其后代生长速度、饲料利用率、胴体瘦肉率显著提高。2010—2018年，我国平均每年引入种猪9 300多头，杜长大核心育种群年度进口数量占比不到10%，种源基本自给。2019年受非洲猪瘟影响，进口量下降为1 200头。

2. 牛引入品种

我国现有普通牛引入品种15个（肉牛引入品种13个），其中西门塔尔牛和安格斯牛的引入量和生产应用较多。将引入的荷斯坦牛和西门塔尔牛等品种与地方普通牛杂交选育，我国分别于1985年和2002年育成了中国荷斯坦牛和中国西门塔尔牛。当前中国荷斯坦牛及其杂交改良群体在我国专门化泌乳牛品种中占比达90%左右，中国西门塔尔牛及其杂交改良群体在我国牛肉生产中也占据主导地位。2016—2019年，荷斯坦种牛年均引进5.8万头，仅占群体总量的1%；年均进口牛冷冻精液380万剂，其中荷斯坦牛冷冻精液占比约为85%。我国奶牛、肉牛母牛群体自繁能力基本满足生产需求。

3. 羊引入品种

我国现有绵羊引入品种13个，占有一定市场主导地位的绵羊引入品种主要是杜泊羊和萨福克羊；山羊引入品种有6个，引进量较大的主要是萨能奶山羊、波尔山羊等。2016—2019年，我国年均引入杜泊羊和萨福克羊等种用绵羊2 200余只；年均引入萨能奶山羊等种山羊3 500余只。羊引入品种在生产中主要作为杂交生产终端父本，为满足国内市场对羊肉、羊毛、羊绒及羊奶等畜产品需求提供保障。

4. 鸡引入品种及配套系

我国引入的鸡品种有隐性白羽肉鸡、矮小黄鸡和来航鸡等8个；引入的鸡配套系多达32个，主要是海兰、罗曼蛋鸡配套系和爱拔益加、罗斯、科宝、哈巴德等白羽肉鸡配套系。早期引入的蛋鸡和肉鸡品种丰富了我国家禽育种素材，加快了我国高产蛋鸡和白羽肉鸡自主育种进程，我国高产蛋鸡培育品种性能达到甚至超过世界先进水平。受国际禽流感流行及贸易政策影响，从国外引入品种时有中断，各年度引种量变化较大。海兰和罗曼等蛋鸡祖代引进量自2016年以后总体处于中低水平。肉鸡中罗斯和哈巴德引进量总体下降，爱拔益加和科宝越来越受国内市场欢迎，引进量显著上升。

上述各畜种引种情况均来自农业部（现农业农村部）审批的种畜禽进口数量。

畜禽引入品种在提高畜牧业生产效率的同时，对我国地方品种保护与选育造成了较大冲击，引入品种的应用也一度存在"重引进、轻选育"的问题。进入21世纪以来，引种逐步趋向更新血缘及育种目的。随着我国畜禽自主培育品种和引入品种本土化选育能力的不断增强，对外种源依存度逐步降低，畜禽自主创新品种的市场占有率不断提升。

（三）畜禽种业技术、设备引进与国际合作

1. 中日技术合作天津奶业发展项目

1990年，我国农业部与日本国际协力事业团签署了日本政府援助的"天津奶业发展项目"，为期12年。日方援助了一套奶牛生产性能测定设备、一套细管冷冻精液生产设备，转让了制作专用抗血清、

血型鉴定技术和亲子判定技术。在项目支持下，天津奶牛中心建立并实施了奶牛生产性能测定技术体系，建立了先进的奶牛冷冻精液生产技术体系，建立了奶牛血型鉴定中心。同时培训了一大批冷冻精液生产、牛群饲养管理、体型线性鉴定、生产性能测定、繁殖障碍防治、修蹄等方面的技术人员。该项目整体形成的先进配套技术及成功应用，已使天津市成为国内奶牛业先进地区之一，推动了天津市及全国奶业的现代化进程。

2. 中加奶牛育种综合项目

即"中国—加拿大奶牛育种综合项目"，是由加拿大国际开发署（CIDA）赞助的双边合作项目，简称IDCBP项目，1993年正式启动，为期10年。项目在上海、杭州、西安和北京设点，开展奶牛育种基础性工作，加方提供了包括青年公牛、优质胚胎和冷冻精液在内的一批遗传材料，依照加拿大奶牛牛群改良计划（DHI），在项目点建成了牛奶分析实验室，建立了牛群生产性能测定技术平台，培训了一大批奶牛育种技术人员，为中国奶牛育种体系的建立奠定了坚实基础。2006年，加方项目执行主任加里朗尼博士获得中国政府颁发的"友谊奖"。

3. 中加瘦肉型猪项目

这是中国和加拿大两国政府间的双边合作项目，旨在通过引进加方优良的种猪基因和先进的管理技术促进我国瘦肉型猪发展。该项目于20世纪90年代正式启动。项目建立了河北玉田种猪场、四川内江市种猪场和浙江金华种猪场三个项目点，加方向这3个场提供加拿大大白种猪，并进行技术指导。项目在我国开展了大量技术培训，推广了加拿大种猪性能测定方法（这些方法沿用至今），促进了BLUP（最佳线性无偏预测）方法在我国猪育种中的应用。该项目的实施对我国猪育种产生了深远的影响。

4. 中德畜牧业合作项目

2010年1月，我国农业部与德国联邦食品和农业部签署了"关于建立中德畜牧业技术创新中心意向书"，明确双方在北京建立中德畜牧业技术创新中心，旨在通过使用德国/欧洲和中国的技术，在示范场建立以能源和生产效率为基础的畜禽育种和饲养优化机制并作为范例，同时将专业知识和信息传播辐射到其他相关领域的单位和机构中。2011年11月，创新中心牛业发展合作项目启动，确定北京三元绿荷奶牛养殖中心等6家中方项目示范牛场。2016年5月，创新中心猪业发展合作项目启动，河南省谊发牧业有限公司等两家企业是中方项目示范场。2018年6月，中德双方签署了项目二期协议，继续完成一期项目的目标，除了一期项目重点关注的育种主题外，二期项目更加关注饲养技术、管理技术以及粪污处理等方面。二期项目执行至2021年6月。2019年6月，两国农业部部长共同签署了《关于气候与农业合作意向的联合宣言》。在该宣言指引下，二期项目注入新鲜血液——气候和环境项目，旨在建立基于气候变化的环境友好型畜牧业养殖专业资源网络，学习和借鉴德国畜牧业气体减排和环境保护的优良做法，推动我国畜牧业绿色发展。

三、畜禽遗传改良工作进展

畜禽遗传改良计划是提高畜禽种业自主创新能力、保障种源供给质量和数量的关键抓手。2008年以来，农业部陆续发布了奶牛、生猪、肉牛、蛋鸡、肉鸡、肉羊等畜禽遗传改良计划，主要由全国畜牧总站承担组织实施。经过十几年努力，畜禽遗传改良计划实施取得显著成效，我国畜禽生产性能水平明显提升，畜禽良种繁育体系和育种创新体系不断健全完善，畜禽种业发展的整体性、系统性明显提高，核心种源自给率超过75%，基本解决了我国畜禽良种"有没有""够不够"的问题，为畜牧业健康稳定发展提供了有力的种源支撑。

（一）全国畜禽遗传改良计划组织实施

1. 成立组织管理机构，制订完善管理制度

成立领导小组、专家组和办公室，明确职责和人员，负责遗传改良计划的组织实施、技术指导。先后制订发布了遗传改良计划管理办法，国家核心育种场和良种扩繁推广基地遴选程序、遴选标准、核验核查、性能测定技术规范等一系列配套管理办法及技术规范，为畜禽遗传改良计划的顺利实施提供了有效的组织和制度保障。

2. 遴选一批高水平核心育种场、种公猪站和扩繁基地，建立国家核心育种群体系

通过畜禽遗传改良计划的实施，经过多次遴选，以及部分淘汰，确定国家核心育种场203个、良种扩繁推广基地33个和种公猪站4个。其中，生猪核心育种场98个、种公猪站4个，建立了由约15万头母猪和12 000头公猪组成的育种核心群，分布在全国24个省（自治区、直辖市）；奶牛核心育种场10个，选育核心群规模达到5 000余头；肉牛核心育种场44个，筛选育种核心群2.8万余头；蛋鸡核心育种场5个，良种扩繁推广基地16个；肉鸡核心育种场18个，良种扩繁推广基地17个；肉羊核心育种场28个，已形成核心育种群纯种基础母羊8万只，夯实了我国畜禽良种稳定供应的基础。

3. 建立健全种畜禽登记和性能测定体系，提升育种数据质量

生猪：加强种猪性能测定中心建设，在全国范围内建立了场内测定为主、测定中心为辅的种猪生产性能测定体系。截至2019年年底，国家种猪数据库已累计存储916.5万头种猪的登记记录、463.6万头猪的生长性能测定记录、218.4万条繁殖性能记录。**奶牛**：全国累计登记183.2万头，累计体型鉴定40.9万头，2019年全国奶牛生产性能测定规模达到127.7万头，超额完成了每年测定100万头的计划指标。**肉牛**：建立了冻精库及牛只转群转场备案系统，实现了系谱关联和动态跟踪种群变化情况统计。开展以育种场为主的场内生产性能测定，累计登记4.1万头，共收集生产性能测定数据63万余条，实现了全部进站公牛的生产性能测定。2015年启动西门塔尔牛全国联合后裔测定，累计测定种公牛近百头。**肉鸡**：建立遗传改良数据平台，确定了祖代、父母代、商品代生产性能指标，收集、分析核心品种生产性能，年度收集生产数据约6万条。**肉羊**：28个国家肉羊核心育种场每年种羊性能测定数量达到5.6万只以上。场内和中心测定逐步规范，大大推进了畜禽遗传改良的进程。

4. 构建全国主要畜种遗传评估系统，开展遗传评估

组建了全国种猪遗传评估中心，建立了全球最大规模的国家种猪数据库。评估中心每周2次为核心育种场种猪进行育种值估计，计算父系指数和母系指数，每3个月发布1次全国种猪遗传评估报告。建设全国种猪网络信息平台，为注册种猪场提供在线种猪登记、育种数据上传、种猪测定信息查询等服务。建立了我国奶牛常规和基因组遗传评估技术平台，制订并实施中国奶牛性能指数（CPI），已实现青年公牛基因组检测全覆盖。通过遗传评定，累计完成1 800头公牛的后裔测定，平均每年新增选择验证公牛150余头，完成计划任务指标的150%。每年定期发布《中国乳用种公牛遗传评估概要》，指导全国奶牛场科学选种选配。建设国家肉牛遗传评估中心，制订实施中国肉牛选择指数（CBI）和中国乳

肉兼用牛总性能指数（TPI），每年开展一次全国肉用及乳肉兼用种公牛遗传评估工作，发布《中国肉用种公牛遗传评估概要》。

5. 稳步提升场间遗传联系，实现局部联合育种

生猪育种：随着种公猪站优秀公猪精液的交流，核心种猪场间的遗传联系稳步提升，2011—2018年，杜洛克猪、长白猪和大白猪的场间遗传联系分别增长了9倍、7倍和8倍。根据场间遗传联系情况，开展了局部性跨场联合遗传评估，初步建立了局部性联合育种体系，联合育种取得实质性进展。**奶牛育种**：公牛后裔测定组建了北方育种联盟、香山育种联盟以及奶牛育种自主创新联盟等育种联合体，进一步推动了奶牛全国联合育种工作的开展。**肉牛育种**：针对有育种基础的品种或杂交改良群，各品种相关企业、大学、科研院所和专家自发组织，成立了金博肉用牛后裔测定联合会、肉用西门塔尔牛育种联合会、乳肉兼用牛培育自主创新联盟等联合育种组织，吸纳全国30多家种公牛站和核心育种场及企业参与，实现资源、技术和育种信息互通共享，为联合育种工作的开展奠定了基础。

6. 构建高质量畜禽种业标准体系，夯实工作基础

经过多年努力，我国已制定畜禽种业相关标准226项，涉及大部分畜禽品种（猪、牛、羊、禽、马、驴、驼、兔及特种经济动物和蜂等），内容涵盖了畜禽生产性能测定，畜（禽）精液、胚胎等遗传材料质量，畜禽繁育技术及基础标准等，建成了较为完整、科学，包含"品种-繁育-生产"全产业链的畜禽种业标准体系，有力推进了畜禽遗传改良计划的顺利实施。

7. 开展种畜禽质量安全监督检查，严把质量检测关

组织十余家种畜禽质量监测机构开展"种畜禽质量安全监督检查"工作，每年检测种公猪常温精液400余头份，测定种公猪生产性能400头以上，抽检国内外种公牛冷冻精液900余头份，测定肉鸡配套系6个。奶牛生产性能测定标准物质制备实验室年发送标准物质近3万套，为保障全国30多个测定中心测定结果的准确性和一致性，发挥了标尺作用。

8. 强化技术培训与宣传，推动交流合作

每年组织专家持续开展技术培训，进行现场技术指导，促使畜禽种业从业人员专业技术水平和管理能力逐步提高。2019年举办了首届畜禽种业高峰论坛，马有祥总畜牧师出席并讲话，FAO（联合国粮食及农业组织）官员、有关院士、体系首席等国内外行业专家及各级种业管理人员、新闻媒体、企业、行业从业人员等1 300余人到场，远程收视累计3.4万人次。同期举办了畜禽种业70年成就展，全方位展示新中国畜禽种业取得的成就和经验，并组织出版了《中国畜禽种业发展报告2019》，全面总结了我国畜禽种业发展情况。另外，通过承担中德猪业、牛业、气候合作项目，推介先进育种理念、测定技术和管理经验，共建示范基地，进一步提高了我国种猪、种牛饲养管理和育种技术水平。

（二）遗传改良计划为建设现代畜禽种业开辟了道路

遗传改良计划实施十余年来，在引进畜禽高产高效品种和配套生产技术基础上，经过消化吸收与集成创新，我国畜禽种业自主创新水平和种源保障能力持续提升，已经走上了独立自主发展的道路，为畜牧业持续健康稳定发展提供了强有力的种业支撑。目前，蛋鸡、黄羽肉鸡、生猪、肉牛、肉羊种业等以自主品种为主，实现了较强的国产种源保障。

一是自主育种创新水平大幅提升。畜禽遗传改良计划实施以来，畜禽良种登记、生产性能测定等基础性育种工作稳步推进，生猪、奶牛和肉牛等引入品种的本土化选育进程加快；以引入品种和我国地方品种等为素材，近10年培育了100多个畜禽新品种、配套系，黄羽肉鸡全部是自主培育品种；京粉、京红系列蛋鸡配套系打破了国外公司的种源垄断，市场占有率约为60%；中畜草原白羽肉鸭配套系填补了我国没有瘦肉型白羽肉鸭原种的空白，市场占有率超过30%。

二是主要目标经济性状遗传进展明显。通过持续自主选育与遗传改良，我国种畜禽核心群群体结构不断优化，性能普遍提高，取得明显的遗传进展，进入了"引种-适应-改良-提高"的良性循环。生猪：国产化杜长大生猪品种的生产性能、产仔率等关键经济性状指标有效提升，与国际先进水平差距进一步缩小。杜洛克猪、长白猪和大白猪达100千克体重日龄在表型和遗传进展上每年分别减少0.90、0.67、0.5天和0.51、0.3、0.4天；100千克活体背膘厚分别减少0.07、0.06、0.04毫米和0.06、0.02、0.02毫米；长白猪和大白猪总产仔数平均每年在表型和遗传进展上分别增加0.10、0.17头和0.013、0.016头。奶牛：2019年全国成年母牛平均年产奶量达到7 800千克，较2008年增加3 000千克。肉牛：屠宰胴体重提高了约15%。肉羊：新培育品种的生长性能比亲本平均提高15%以上。蛋鸡：高产蛋鸡72周龄产蛋数增加了10～12个，料蛋比降低0.2～0.3，死淘率降低3～3.5个百分点，生产性能达到国际先进水平。肉鸡：在出栏重、饲料转化率、成活率等重要性状方面取得了明显的遗传进展。白羽肉鸡育种实质性推进。疾病净化深入推进，肉鸡核心场的白痢阳性率基本在0.1%以下，白血病阳性率大多数控制在1%以下。温氏食品集团股份有限公司（简称：温氏集团）、江苏立华牧业股份有限公司、山东益生种畜禽股份有限公司（简称：益生股份）等一批核心场、扩繁基地获得疫病净化示范场资格。

三是商业化育种体系初步建立。21世纪以来，在改良计划的带动下，种畜禽企业发展进程加快，多种形式的联合育种组织相继成立，良种重大科研联合攻关加快实施，以市场为导向、企业为主体、产学研用相结合的商业化育种体系逐步建立健全。一大批以温氏集团、正邦集团等为代表的育繁推一体化、产加销为一体的全产业链龙头企业迅速发展壮大，市场集中度逐步提高，行业的抗风险能力显著增强。生猪、奶牛、肉牛、肉羊、蛋鸡、肉鸡等种畜禽的国家核心育种场成为我国畜禽育种的中坚力量，为畜禽种业持续健康发展打下了坚实基础。

四是核心种源自给率大幅提高。通过持续自主选育与遗传改良，国产化杜长大生猪品种的关键经济性状指标有效提升，生猪核心种源自给率达90%以上，育种核心群辐射至少60万头母猪扩繁群以及3亿头商品猪；肉羊种公羊核心种源自给率达90%，产业综合生产能力稳步提升；自主培育肉鸡、蛋鸡品种（配套系）祖代市场占有率约为66%；国内繁育提供的肉牛种公牛约占70%。畜禽种业的发展进步为保障肉蛋奶供给、提高人民生活水平做出了重大贡献。

五是新技术研发与应用明显加快。遗传改良计划的实施使许多育种人员改变了育种理念，能自觉将现代育种理论和技术有效应用到育种工作中。大批实用新技术与科技成果加快推广应用，质量性状的分子检测技术、全基因组选择技术、性状表型测定自动化、互联网育种数据传输等方面取得显著进展，推动我国畜禽种业科技水平快速提高。21世纪以来，全基因组选择、克隆等分子育种技术在畜禽育种工作中开始逐步应用，大幅度提高了育种效率，加快了畜禽遗传改良进程。2012年起，全基因组选择分子育种技术全面应用于奶牛种公牛遗传评估；2017年，全国猪全基因组选择平台启动，我国自主设计的猪55kSNP芯片、"中芯一号"发布，基因组选择在部分种猪场得到应用；同时，肉鸡育种"京芯一号"芯片启动应用；2018年，我国自主设计的蛋鸡育种芯片"凤芯壹号"发布应用。这些核心育种技术的成功研发与应用，引领了我国畜禽种业的科技水平和国际竞争力加速提升。

六是畜禽种业企业创新能力和主体地位明显提升。随着遗传改良计划的推进，我国畜禽育种企业逐步扭转了"引种-退化-再引种-再退化"的不良局面，逐渐成为商业化育种主体。企业育种内在动力不断增强，市场集中度显著提高。初步统计，近年来畜禽养殖领域国家级的龙头企业不断增加，以温氏集团为代表的上市企业已达到41家，分别包括猪15家、奶牛10家、鸡14家和羊2家，企业的市场竞争力逐渐提升，品种品牌逐步树立。广东温氏集团、北京养猪中心、四川天兆集团、广西扬翔集团、江西正邦集团、湖北天种畜牧股份有限公司、河南牧原集团等企业年产纯种猪均超过5万头，其中广东温氏集团年生产销售纯种猪超过10万头。规模化企业在良种推广方面发挥了重要作用，显著提高了种猪生产性能；前5家蛋鸡和前18家肉鸡育种企业培育的品种在国产蛋、肉鸡市场占比均超过90%。企业创新意识增强，研发投入不断加大。温氏集团每年在猪、鸡育种上投入达7 000多万元；峪口禽业年研发投入约5 000万元，占销售收入5%。我国畜禽种业企业国际化进程加快，国际影响力不断提升。峪口禽业跻身世界三大蛋鸡育种公司之列；首农股份和中信农业联合收购英国樱桃谷农场100%股权；四川天兆猪业永久性买断加拿大FAST基因公司在中国的种猪基因改良技术和成果，实现了国内种猪进展与北美同步。

尽管我国畜禽种业取得了显著的成效，但是总体发展水平与发达国家相比仍存在一定差距。第一，自主创新能力有待加强，白羽肉鸡还没有突破，我国能繁母猪年均提供育肥猪数量比发达国家低30%左右；奶牛水平也只有国际先进水平的80%。第二，育种基础还有待夯实，生产性能测定规模小、性状少，自动化、智能化的程度还不太高，我国种猪平均测定的比例仅为发达国家的1/4左右。第三，育种体系还有待完善，国家畜禽核心育种场发展水平参差不齐，实质性的联合育种推进比较缓慢。第四，企业主体还有待强化，畜禽企业总体实力弱，竞争力不强。这些问题不解决，将会严重制约我国畜牧业的高速发展，畜牧业的现代化也难以实现。下一步需要继续加强品种自主创新，加快提升种源自给率，提升产业安全水平。

四、畜禽种业重大理论与技术进步

（一）畜禽种业重大理论技术进步与重大工作

畜禽育种的目的是实现群体的遗传改良，其核心是选择，而选择的基础是个体遗传评估，因此畜禽育种的理论和技术的发展主要是围绕个体遗传评估的方法展开的。改革开放前，我国畜禽育种主要采用群体层面的育种技术：一是提出了系统保种理论与优化保种设计；二是数量性状的遗传改良，遗传参数、育种值、选择指数、相关性状选择的确定与应用；三是从理论和实践上解决了"引种-退化-再引种-再退化"的问题；四是杂交和杂种优势利用；五是良种繁育体系的建立。总体来说，育种技术效率低，准确性不高，育种进展较慢。改革开放以来，分子层面的育种技术逐渐发展并得到应用，主要包括数量性状基因座（QTL）和标记辅助选择（MAS）、全基因组关联分析（GWAS）、基因组选择（GS）、基因编辑（GE）、分子进化（ME）技术等，大大提升了育种准确性和效率，推进了畜禽种业的快速发展（吴常信 等，2021）。

新中国成立70年来，我国畜禽育种理论和技术经历了两次革命性的变革。一是最佳线性无偏预测（BLUP）方法的提出与应用。BLUP方法于20世纪50年代初提出，但由于计算条件的限制，在20世纪70年代中期才开始应用于奶牛遗传评估，后逐渐应用于其他畜种，取代了过去的表型选择和选择指数法，成为畜禽遗传评估的常规方法。二是全基因组选择方法的提出与应用。全基因组选择方法于2000

年提出，但由于基因组标记测定技术的限制，在2008年才开始应用于奶牛育种，而后逐渐扩展到其他畜种。

70年来，在我国畜禽种业不断发展壮大的过程中，许多优秀的动物遗传育种学家积极为畜禽种业发展献计献策，形成了很多珍贵的文献资料，取得了一批重大科技成果。其中许多工作发挥了重要作用，成为推动畜禽种业发展的转折点和导向标。

汤逸人在1954年提出，随着不同畜禽品种的发现和发掘，应关注其如何提高、在哪些地区推广最为合适等问题，尤其是应建立良种登记制度。1955年，在《我国畜牧业发展中存在的问题》一文中，他提出应充分利用本国品种，调查祖国的农业动物资源，制订改良和推广计划，为我国畜禽种业早期的发展指明了方向。

群体遗传学和数量遗传学对畜禽种业技术的发展发挥了推波助澜的重要作用。1961年，北京农业大学吴仲贤教授编著的《动物遗传学》出版。1964年，吴仲贤在中国动物学会30周年学术年会上，提出可以根据数量遗传学理论改进家畜的数量性状，最重要的就是通过育种值估计进行选择效果预估，从而为畜牧业的增产做出贡献。

1972年，全国猪育种科研协作组成立，协作组前后经历了整整20年，期间开展了大量全国性猪育种的专题性协作科研工作，为促进我国猪育种技术进步和养猪产业发展做出了卓越贡献。1973年和1974年，"北方地区中国黑白花奶牛育种科研协作组"和"南方地区大中城市奶牛育种科研协作组"相继成立，1977年分别更名为"中国黑白花奶牛育种科研协作组（北方组）"和"中国黑白花奶牛育种科研协作组（南方组）"。1982年，在北方、南方两个协作组的基础上，组建成立"中国奶牛协会"（2002年更名为"中国奶业协会"），统筹全国的奶牛育种工作。我国猪新品系培育始于1973年，由许振英指导、广东省农业科学院主持广东大花白猪新品系的培育。此后，1986年以李炳坦为主持人的"七五"国家攻关项目"中国瘦肉猪新品系的选育"启动，该项目创新点是突出专门化父系和母系的培育，共培育出4个父系和5个母系。该项研究于1999年获国家科学技术进步奖二等奖。

1975年，盛志廉在《谈谈遗传力及其在当前我国家畜育种工作中的应用》一文中指出，遗传力的发现对于家畜育种工作起了很大的革新作用，对待育种中的一些原则问题诸如繁育方法、选择方法、品系繁育等，应该主要根据遗传力的不同施以不同的对策（盛志廉，1976）。1976年，农林部启动首次全国畜禽品种资源调查，历时9年完成。在此基础上，郑丕留主编了《中国家畜家禽品种志》，于20世纪80年代中期陆续出版。此次我国家畜家禽品种资源调查，填补了我国畜牧史上一项空白，为国家制订畜禽品种区划、保存和利用畜禽资源培育高产优质的新品种，奠定了良好的基础（《中国家畜家禽品种志》编委会，1986）。

1977年，吴仲贤巨著《统计遗传学》出版。该书集吴仲贤先生20年之心血，是中国数量遗传学史上的第一部专著，迄今仍是指导我国数量遗传学研究与发展不可替代的经典著作，是我国高层次的动物遗传育种科技工作者提高理论水平的必读书籍。该书系统、完整地叙述了数量遗传学的基本理论，阐述了数量遗传学在家畜育种——肉、蛋、奶、毛的增产和遗传改进中的应用。从数量性状的基本现象、表型平均数和方差出发，通过通径系数理论，群体遗传参数：遗传力、重复力和遗传相关的衍生，到个体育种值的估计，对各种资料——个体、祖先、同胞和后裔性能记录的综合利用，都做了介绍。书中提供了大量的公式，并附在实践中如何使用这些公式的说明和推导。该书的问世使得我国畜禽育种者有机会开始系统学习数量遗传学与现代育种方法。

1978年，全国动物数量遗传理论及其应用科研协作组成立，以此为基础，1983年中国畜牧兽医学会数量遗传研究会成立，后改名为动物数量遗传学分会、动物遗传育种学分会。全国科学大会奖（1978）获奖单位——广西农学院牧医系、广西畜牧研究所、广东省农业科学院牧医所多年来在农村开展猪人工授精的经验得到推广，以江苏省牧医总站和常州、镇江、苏州、扬州等市牧医站为代表的全国部分地区建立起了"猪的统一供精"、农户自行输精的技术和组织体系。这一阶段可以说是全国范围内在生产上有计划地推行利用生猪杂种优势的良好开端。

改革开放前后，我国畜禽地方品种选育和引入品种杂交改良取得明显进步。1970—1988年，我国黄牛与引进的荷斯坦牛杂交，育成了中国荷斯坦牛。此外，熊远著以通城猪、大白猪、长白猪为亲本，进行三元育成杂交，多代闭锁选育成了瘦肉型母本品种湖北白猪（熊远著 等，1987）；又以湖北白猪为母本，杜洛克猪为父本，培育出生产性能优异的杜湖猪（李国豪 等，1984），并获得1988年国家科学技术进步奖二等奖。由此，翻开了我国畜禽杂交育种的新篇章。1980年，盛志廉对估测我国畜禽良种数量性状遗传参数方法提出初步意见（盛志廉 等，1980）。

20世纪80年代初期，受农业部委托，以许振英为牵头人的200多位学者历时5年对中国地方猪种质特性进行了研究，基本明确了民猪等10个地方猪品种（类群）的种质特性，并对我国地方猪的优势特性（繁殖、生长发育、生理生化、抗逆性、行为特性、肉质特性）分别进行了总结。该项研究于1987年获国家科学技术进步奖二等奖。

1985年，中国武汉种猪测定中心（依托华中农业大学）建成；1994年1月，通过国家计量认证和农业部机构审查认可；1998年更名为农业部种猪质量监督检验测试中心（武汉）。此后，又相继建立了广州（2001年，依托单位广东省畜牧技术推广总站）和重庆（2003年，依托单位重庆市畜牧科学院）种猪质量监督检验测试中心。

1986年，吴常信首次提出了"数量性状隐性有利基因"理论，并根据由这类基因控制的数量性状建立了新的选种方法，为经过长期选育但进展缓慢的一些数量性状的改进提供了新的有效途径。1997年，吴常信等把法国明星肉鸡中的小型（dw）基因导入我国蛋鸡鸡种"农大褐"，育成了节粮小型褐壳蛋鸡，在提高饲料报酬的同时提高了产蛋量（华进联，1998），该创举获得了国家科学技术进步奖二等奖。1999年，吴常信发表有关"动物比较育种学"内容及相关观点，系列讲座内容连载于《中国畜牧杂志》。"动物比较育种学"的主要观点是通过纵向（畜种内）和横向（畜种间）有关育种目标、选择性状、选种方法、繁育体系等的比较，提出育种的新观点和新方法，使得育种目标更有效地实践。系列讲座由浅入深，对各个主要经济畜种分别示例进行分析比较，对我国畜禽种业的发展具有重要指导意义。

1993年，大约克猪育种协作组、长白猪育种协作组和杜洛克猪育种协作组成立。2006年10月，在3个品种育种协作组基础上，整合成立了全国猪联合育种协作组。2003年又成立了中国地方猪种保护和利用协作组。1995年，常洪主编完成了我国家畜遗传资源第一部大学通用教材《家畜遗传资源学纲要》，推进了我国动物遗传资源的研究和教学工作。

1999—2015年，农业部畜牧兽医主管部门组织开展了中国地方品种猪遗传距离测定、牛羊遗传多样性评估项目，项目由全国畜牧兽医总站畜禽牧草种质资源保存利用中心（即国家级家畜基因库）主持，中国农业大学和华中农业大学等单位参加。项目采用微卫星DNA技术、线粒体DNA技术和蛋白质电泳技术对全国猪、牛、羊等地方品种间和品种内的遗传多样性进行了评估，建立了地方品种分子水平数据库，为从分子水平上加强我国地方畜禽遗传资源保护与利用提供了科学依据。

1998年，全国种猪遗传评估工作小组成立。2000年，全国畜牧兽医总站发布《全国种猪遗传评估方案（试行）》，明确了用动物模型BLUP作为猪遗传评估方法，标志着我国猪育种与国际猪育种接轨，实现了向现代化育种转型，由此也拉开了其他畜种开展遗传评估的序幕。2008—2015年，农业部陆续发布了《中国奶牛群体遗传改良计划（2008—2020年）》《全国生猪遗传改良计划（2009—2020）》《全国肉牛遗传改良计划（2011—2025年）》《全国蛋鸡遗传改良计划（2012—2020）》《全国肉鸡遗传改良计划（2014—2025）》和《全国肉羊遗传改良计划（2015—2025）》，全国范围内，主要畜禽的遗传改良工作蓬勃发展起来。猪配套系的培育利用是杂种优势利用的高级形式，是推进产业化经营、提高商品生产水平的重要举措。我国首批猪配套系——光明猪配套系和深农猪配套系于1998年通过国家畜禽品种审定委员会审定。

2006年，农业部启动第二次全国畜禽遗传资源调查，在此基础上，国家畜禽遗传资源委员会组织编写，并于2011年陆续出版了《中国畜禽遗传资源志》（中国农业出版社），全书分为7卷，分别是《猪志》《家禽志》《牛志》《羊志》《马驴驼志》《蜜蜂志》和《特种畜禽志》。该套志书是我国新一部凝聚了广大畜禽种业工作者智慧和心血的重要畜牧科学著作。

2003年以来，猪经济性状分子遗传基础的研究获得重要成果。由中国农业大学等单位李宁、赵要风、吴常信等完成的《猪高产仔数$FSH\beta$基因的发现及其应用研究》，于2003年获国家技术发明奖二等奖。该研究在国际上率先发现促卵泡素β亚基（$FSH\beta$）基因是猪产仔数的主效基因或遗传标记；确定了$FSH\beta$和ESR两基因的合并基因型与产仔数有显著关联，研制了合并基因型DNA诊断试剂盒；与国内数家猪育种公司合作，利用$FSH\beta$基因进行辅助选种，提高了产仔数0.5～1.5头/窝。由江西农业大学等单位黄路生、任军、丁能水等完成的《猪重要经济性状功能基因的分离、克隆及应用研究》，于2005年获国家科学技术进步奖二等奖。主要成果是研究了地方猪种16个经济性状相关基因；将8项分子选择技术在9年内推广至13个种猪场，帮助64个核心群开展分子育种，对3 537头种猪进行了基因检测，帮助13个种猪场建立了抗应激品系或抗应激猪群，帮助7个核心群进行3～4代分子选育，提高产仔数0.4～1.0头/窝，并为4家种猪场改良了断奶仔猪腹泻的抗性。

加快科技创新是推动畜禽种业快速发展的关键力量。改革开放以来，一大批实用科技成果加快推广应用，如生产性能自动化测定技术、人工授精技术、胚胎冷冻保存技术、胚胎移植技术、计算机技术和互联网技术等，推动我国畜禽种业科技水平明显提升。进入21世纪以来，全基因组选择技术、克隆技术、基因编辑技术等分子育种技术在畜禽育种工作中开始逐步应用，大幅度提高了育种值估计的准确性，大大加快了畜禽育种进程。2012年，经农业部批准，我国奶牛全基因组选择分子育种技术启动应用；2017年，全国猪全基因组选择平台启动，猪55KSNP芯片、"中芯一号"和肉鸡"京芯一号"发布应用；随后，国产蛋鸡育种专用基因芯片也相继发布，标志着我国奶牛、生猪、肉鸡和蛋鸡育种工作开始进入全基因组选择时代。这些核心育种技术成功研发与应用，将引领我国畜禽种业的科技水平和国际竞争力加速提升。

（二）促进畜禽种业发展重要人物与重大科技成果

在我国畜禽种业发展过程中，涌现出了一大批杰出的科学家，他们博学睿智、学贯中西，倾尽毕生智慧和心血，创立我国动物遗传育种学科，开创畜禽种业重大理论，推动畜禽种业持续发展。他们的学术思想和治学精神犹如指路灯塔、架海金梁，引领了我国畜禽种业的快速发展进步，为我国动物遗传育种事业发展做出了非凡的、不可磨灭的卓越贡献。新中国成立至2019年，我国畜禽种业领域以及动物遗传学基础研究领域当选的两院院士及其对畜禽遗传育种事业的重要贡献简介如下。

1. 熊远著（1930年7月3日至2017年1月30日）

动物遗传育种学家，我国现代猪育种学科的开拓者之一，湖北省竹山县人。华中农业大学教授、博士生导师，1999年当选中国工程院院士。

主要贡献：熊远著院士长期致力于动物遗传育种特别是猪遗传育种的教学和科研工作。20世纪60年代初，他对我国特别是湖北地方猪种资源进行了多年的系统调查研究，提出了湖北省地方猪种的类型划分、分布与改良区划。20世纪主持培育出瘦肉型母本新品种"湖北白猪"及其品系（Ⅲ、Ⅳ系），1988年获湖北省科学技术进步奖特等奖。20世纪80年代初主持筛选的杂优"杜湖猪"以肉质好、瘦肉率高畅销港澳，1988年获国家科学技术进步奖二等奖。80年代中期，他提出专门化品系选育的技术路线与方法，主持培育出多个专门化父、母本品系并配套利用，其中"中国瘦肉猪新品系DIV系优良种猪及综合配套技术示范推广"于1999年获国家科学技术进步奖三等奖。20世纪90年代组建猪的资源家系，开展了猪重要经济性状QTL定位及候选基因的研究。1985年他主持建立了我国第一个种猪测定中心（武汉），先后主持建立了农业部种猪质检中心、农业部猪遗传育种重点开放实验室和国家家畜工程技术研究中心等，促进了学科建设的发展。

2. 刘守仁（1934年3月21日—）

羊与羊毛学专家，羊育种专家，江苏省靖江市人。新疆农垦科学院名誉院长、研究员，1999年当选为中国工程院院士。被授予全国劳动模范、农业部、自治区、兵团优秀科技工作者等多项国家、部、省级荣誉称号。作为优秀知识分子代表出席了党的第十二届、十三届全国代表大会，被选为第九届、十届全国人大代表。

主要贡献：刘守仁院士在兵团工作近70年时间里，选育出绵羊新品种2个、新品系9个，为兵团养羊业的种质资源建设与生产发展做出了杰出贡献。由他主持的课题多次获得各级各类科技成果奖，其中有全国科学大会奖1次、联合国技术促进委员会"发明创新科技之星"1次、国家科学技术进步奖一等奖2次、省部级科学技术进步奖二等奖以上10次。他的科研成果创造出了巨大的经济效益。

刘守仁院士发表专业论文40多篇；出版了《军垦细毛羊》《羊毛与羊毛品质》《中国美利奴羊的品系繁育》《绵羊学》《中国美利奴羊（新疆军垦型）的育成》和《刘守仁文集》等多部专著。

3. 吴常信（1935年11月15日—）

动物遗传育种学家、畜牧学家，浙江省嵊县人。中国农业大学动物科技学院教授、博士生导师，1995年当选为中国科学院院士。曾任世界家禽学会理事兼中国分会主席，中国畜牧兽医学会第十一届理事会理事长，中国马业协会第一届、第二届理事长，国务院学位委员会畜牧学科评议组召集人等职。

主要贡献：吴常信院士一直从事动物遗传理论与育种实践研究，研究内容包括动物数量遗传学、动物比较育种学、动物遗传资源。他提出了数量性状存在隐性有利基因的假设，通过试验得到证明，并对由这类基因控制的数量性状建立了新的选种方法；提出了"全同胞-半同胞混合家系"的概念。推导了计算混合家系亲缘系数的精确公式和近似公式，这一亲缘系数可用于混合家系遗传参数和种畜育种值的估计；把肉鸡中的矮小基因(dw)通过杂交育种导入蛋鸡品种，经过八年努力育成小型蛋鸡。该项成果"节粮小型褐壳蛋鸡的选育"于1999年获国家科学技术进步奖二等奖。吴常信院士从理论到技术、从宏观到微观，对畜禽遗传资源的保存和利用做了系统的研究，提出了保种的优化设计，解决了保种群体的大小、世代间隔的长短、公母畜最佳的性别比例和可允许的近交程度等一系列理论问题，

2001年，其研究成果"畜禽遗传资源保存的理论与技术"获国家科学技术进步奖二等奖。他著有《动物遗传学》《动物比较育种学》等著作。2007年，吴常信院士设立了吴常信动物遗传育种专项奖励基金，以表彰和奖励在中国动物遗传育种研究和生产推广工作中做出了重要贡献的中青年科技人员，促进我国动物遗传育种事业发展。

截至2018年10月，吴常信院士的研究成果先后获得国家和省部级技术改进、科技进步、科技推广、科技情报等奖励14项，其中，国家级奖8项、省部级奖6项。

4. 张涌（1956年3月— ）

内蒙古和林格尔县人，中共党员，西北农林科技大学教授、博士生导师，2019年当选中国工程院院士。农业农村部动物生物技术重点开放实验室主任，国家级"有突出贡献专家""做出突出贡献的中国博士学位获得者"，国家"百千万人才工程"入选者。

主要贡献：张涌院士长期从事动物胚胎生物工程理论和技术的研究。他在哺乳动物胚胎分割以及分割胚胎冷冻方面进行了开拓性的研究，带领团队获得了世界首例体细胞克隆山羊；破解了牛羊克隆胚成胎率低的难题，创建了牛羊高效克隆技术；将基因编辑技术和克隆技术相结合，创建了基因编辑牛羊高效培育技术，培育出了抗结核病奶牛和抗乳腺炎奶牛，推动了我国牛羊基因编辑抗病育种跃居世界前列。获得国家技术发明奖二等奖1项、省部级奖一等奖5项。

5. 黄路生（1964年12月— ）

动物遗传育种学家，江西省上犹县人。江西农业大学教授、博士生导师，现任江西农业大学党委书记。2011年当选为中国科学院院士，2018年当选发展中国家科学院院士。中国畜牧兽医学会理事长，国家畜禽遗传资源委员会主任。德国哥廷根人文与科学学院通讯院士，德国洪堡学者。国家杰出青年基金获得者，全国杰出专业技术人才，科技部/江西省部省共建猪遗传改良与养殖技术国家重点实验室主任。中国共产党第十八次全国代表大会代表，第十三届全国人民代表大会代表，中国共产党江西省第十四届、十五届委员会委员。

主要贡献：黄路生院士长期从事家猪的遗传育种研究。在猪重要经济性状的遗传机制解析及其分子育种改良研究方面取得了系统性的创新成果。系统研究了欧美商业猪种及中国地方猪种生长、繁殖、体型、毛色、抗病和肉质性状的种质遗传特性，并阐明了家猪脊椎数量、肉的品质、胴体长度、抗病能力、毛色、骨骼长短等经济性状的遗传机制，是国际上发现并鉴别家猪质量性状及复杂数量性状因果基因及其因果突变最多的专家之一，在国际上率先创建了多肋、肉色、系水力、优质猪肉选育以及抗仔猪断奶前腹泻等多项专利，创制达到国际领先水平的基因芯片"中芯一号"，在全国24个生猪主产省份推广应用，有力推动了我国种猪业的行业科技进步和创新发展。

以第一主持人身份，获得何梁何利基金科学与技术进步奖、国家技术发明奖二等奖、国家科学技术进步奖二等奖以及江西省科学技术特别贡献奖、江西省自然科学一等奖、江西省技术发明奖一等奖、江西省科学技术进步奖一等奖等国家以及省部级奖励7项。公开发表学术论文297篇，以通讯作者发表SCI论文133篇，其中在畜牧学科50种国际学术期刊JCR排名前10%的刊物发表通讯作者论文90篇。任国际学术期刊 *BMC Genetics* 编委以及 *Genetic Selection Evolution* 副主编。

6. 张亚平（1965年5月— ）

分子进化生物学和保护遗传学家。云南昭通人，中共党员，研究员，2003年当选中国科学院院士。第三世界科学院院士。现任中国科学院副院长、中国科学院昆明动物研究所研究员，欧洲科学院院士，兼任云南大学名誉校长，曾任中国遗传学会理事长，中国动物学会副理事长。

主要贡献：张亚平院士主要从事分子进化和基因组多样性研究，在动物分子系统学、家养动物的起源与驯化机制、亚洲人群的遗传多样性与进化、动物适应进化的遗传机制等研究方面取得系列成果。他系统研究了我国主要家养动物的起源与遗传多样性，发现东亚，尤其是我国南方及周边地区是家养动物驯化的重要区域，揭示了家养动物驯化的一些遗传机制，建立了具有国际影响的动物遗传资源库，系统地研究了我国脊椎动物重要类群的遗传多样性，澄清了这些类群系统演化中的疑难问题；揭示了动物适应进化的一些遗传机制。在 *Nature*、*Science*、*Nature Genetics*、*Cell Research* 等 SCI 刊物发表论文数百篇。2002 年荣获国际"生物多样性领导奖"，是获此殊荣的第一位亚洲学者。先后获国家自然科学二等奖、长江学者成就奖、何梁何利基金科学与技术进步奖等奖项。

除了上述 6 位杰出的畜禽遗传育种领域的科学家，还有一代一代大批的畜禽种业科学家和专家学者为推动我国畜禽种业发展做出了突出贡献，取得了一大批重要科技成果，为加快种业发展壮大、建设我国现代畜禽种业提供了强有力的技术和智力支撑。

初步统计，1985—2019 年，我国畜禽种业领域在新品种培育、良种繁育体系建设、种质特性鉴定发掘、相关标准制定、良种推广应用等方面共获得国家科学技术奖励 69 项，其中国家科学技术进步奖一等奖 4 项、二等奖 48 项（技术发明奖二等奖 6 项）、三等奖 17 项。在获奖领域方面，新品种（品系）培育类 39 项，占 56.5%，种业相关技术研发应用类 30 项（表 2）。

表 2　1985—2019 年我国畜禽种业领域科技成果获得的国家级奖项

年份	成果名称	第一完成单位	第一完成人	奖项等级
1985	军马新品种——山丹马、伊吾马	兰州军区军马总场	张连城	国家科学技术进步奖一等奖
1985	瘦肉型三江白猪新品种	黑龙江省红兴隆农场局科研所	汪嘉燮	国家科学技术进步奖二等奖
1985	新浦东鸡培育	上海市农业科学院畜牧兽医研究所	陈开松	国家科学技术进步奖二等奖
1985	哈尔滨白鸡的选育	东北农学院	杨 山	国家科学技术进步奖二等奖
1985	金定鸭培育	厦门大学	张松踪	国家科学技术进步奖二等奖
1987	中国美利奴羊新品种的育成	新疆生产建设兵团	刘守仁	国家科学技术进步奖一等奖
1987	家畜家禽品种资源调查及《中国家畜家禽品种志》的编写	中国农业科学院畜牧研究所	郑丕留	国家科学技术进步奖二等奖
1987	中国草原红牛	吉林省农业科学院畜牧研究所	佟元贵	国家科学技术进步奖二等奖
1987	中国主要地方猪种质特性的研究	东北农学院	许振英	国家科学技术进步奖二等奖
1988	中国黑白花奶牛的培育	中国奶牛协会	赵海泉	国家科学技术进步奖一等奖
1988	杜湖商品瘦肉猪生产配套技术和繁育体系的研究	华中农业大学	刘 净	国家科学技术进步奖二等奖
1989	建成我国奶山羊良种繁育基地及奶酪加工技术的工业性试验	陕西省农牧厅	刘荫武	国家科学技术进步奖二等奖
1990	瘦肉型肉鸭	上海市农业科学院畜牧兽医研究所	谢善勤	国家科学技术进步奖二等奖

（续）

年份	成果名称	第一完成单位	第一完成人	奖项等级
1991	中国美利奴羊(新疆军垦型)繁育体系	新疆生产建设兵团	刘守仁	国家科学技术进步奖一等奖
1991	瘦肉型猪综合标准	中国农业科学院畜牧研究所	赵含章	国家科学技术进步奖三等奖
1991	莆田黑鸭高产系选育	福建省农业科学院畜牧兽医研究所	檀俊秩	国家科学技术进步奖三等奖
1991	中国黄牛品种亲缘关系的聚类	中国农业科学院畜牧研究所	陈幼春	国家科学技术进步奖三等奖
1993	牛羊胚胎移植的研究与应用	新疆畜牧科学院	郭志勤	国家科学技术进步奖二等奖
1993	通过性别决定基因的检测进行奶牛胚胎性别的鉴定	上海市医学遗传研究所	曾溢滔	国家科学技术进步奖三等奖
1995	提高内蒙古自治区细毛羊生产性能及建立繁育体系研究	内蒙古畜牧科学院	乌兰巴特尔	国家科学技术进步奖三等奖
1995	秦川牛本品种选育及导入外血效果研究	西北农业大学	邱 怀	国家科学技术进步奖三等奖
1995	中国黄牛品种亲缘关系的聚类	中国农业科学院畜牧研究所	陈幼春	国家科学技术进步奖三等奖
1995	太湖猪性早熟和高繁殖力特性的研究	中国农业科学院畜牧研究所	王瑞祥	国家科学技术进步奖三等奖
1995	冀育自别雌雄蛋鸡恒羽系的育成与配套应用	张家口市农业高等专科学校	朱元照	国家科学技术进步奖三等奖
1996	湘白猪新品种选育研究	湖南省畜牧兽医研究所	龚克勤	国家科学技术进步奖二等奖
1997	南江黄羊肉用新品种选育	四川省南江县畜牧局	王维春	国家科学技术进步奖二等奖
1997	黄羽肉鸡新品系选育与配套研究	中国农业科学院畜牧研究所	黄梅南	国家科学技术进步奖三等奖
1997	长毛兔优良品系选育	烟台市珍珠长毛兔良种场	邱广基	国家科学技术进步奖三等奖
1998	凉山半细毛羊新品种选育	四川省凉山州畜牧局	胡德忠	国家科学技术进步奖三等奖
1998	南昌白猪选育	江西省畜牧兽医局	赖以斌	国家科学技术进步奖三等奖
1999	中国瘦肉猪新品种选育与配套技术	中国农业科学院畜牧研究所	赵含章	国家科学技术进步奖二等奖
1999	节粮小型褐壳蛋鸡的选育	中国农业大学	吴常信	国家科学技术进步奖二等奖
1999	新疆博格达白绒山羊新品种培育	乌鲁木齐市绒山羊研究所	叶尔厦提·马力克	国家科学技术进步奖二等奖
1999	中国瘦肉猪新品系DIV系优良种猪及综合配套技术示范推广	华中农业大学	熊远著	国家科学技术进步奖三等奖
1999	瘦肉型猪高产品系选育及配套系生产的研究	胜利油田胜大集团农业总公司	张万清	国家科学技术进步奖三等奖
1999	军牧I号白猪选育	中国人民解放军农牧大学	侯万文	国家科学技术进步奖三等奖

（续）

年份	成果名称	第一完成单位	第一完成人	奖项等级
2000	中国荷斯坦奶牛MOET育种体系的建立与实施	中国奶牛协会	张 沅	国家科学技术进步奖二等奖
2000	高产蛋鸡新配套系的育成及配套技术的研究与应用	北京市种禽公司	宫桂芬	国家科学技术进步奖二等奖
2000	牛体外受精技术的研究与开发	内蒙古大学	旭日干	国家科学技术进步奖二等奖
2001	畜禽遗传资源保存的理论与技术	中国农业大学	吴常信	国家科学技术进步奖二等奖
2002	云南半细毛羊培育	云南省畜牧兽医科学研究所	高源汉	国家科学技术进步奖二等奖
2003	猪高产仔数$FSH\beta$基因的发现及其应用研究	中国农业大学	李 宁	国家技术发明奖二等奖
2003	优质肉鸡产业化研究	广东省农业科学院畜牧研究所	毕英佐	国家科学技术进步奖二等奖
2003	中国西门塔尔牛新品种选育	中国农业科学院畜牧研究所	许尚忠	国家科学技术进步奖二等奖
2005	猪重要经济性状功能基因的分离、克隆及应用研究	江西农业大学	黄路生	国家科学技术进步奖二等奖
2006	瘦肉型猪新品种（系）及配套技术的创新研究与开发	华中农业大学	熊远著	国家科学技术进步奖二等奖
2007	绵羊育种新技术——中国美利奴肉用、超细毛、多胎肉用新品系的培育	新疆农垦科学院	刘守仁	国家科学技术进步奖二等奖
2007	"大通牦牛"新品种及培育技术	中国农业科学院兰州畜牧与兽药研究所	陆仲璘	国家科学技术进步奖二等奖
2008	中国地方鸡种质资源优异性状发掘创新与应用	河南农业大学	康相涛	国家技术发明奖二等奖
2009	鸡分子标记技术的发展及其育种应用	中国农业大学	李 宁	国家技术发明奖二等奖
2010	鲁农Ⅰ号猪配套系、鲁烟白猪新品种培育与应用	山东省农业科学院畜牧兽医研究所	武 英	国家科学技术进步奖二等奖
2010	牛和猪体细胞克隆研究及应用	中国农业大学	李 宁	国家科学技术进步奖二等奖
2011	仔猪断奶前腹泻抗病基因育种技术的创建及应用	江西农业大学	黄路生	国家技术发明奖二等奖
2012	猪产肉性状相关重要基因发掘、分子标记开发及其育种应用	中国农业科学院北京畜牧兽医研究所	李 奎	国家技术发明奖二等奖
2013	北京鸭新品种培育与养殖技术研究应用	中国农业科学院北京畜牧兽医研究所	侯水生	国家科学技术进步奖二等奖
2013	巴美肉羊新品种培育及关键技术研究与示范	内蒙古自治区农牧业科学院	荣威恒	国家科学技术进步奖二等奖
2013	南阳牛种质创新与夏南牛新品种培育及其产业化	河南省畜禽改良站	白跃宇	国家科学技术进步奖二等奖
2014	大恒肉鸡培育与育种技术体系建立及应用	四川省畜牧科学院	蒋小松	国家科学技术进步奖二等奖

(续)

年份	成果名称	第一完成单位	第一完成人	奖项等级
2015	荣昌猪品种资源保护与开发利用	重庆市畜牧科学院	刘作华	国家科学技术进步奖二等奖
2015	农大3号小型蛋鸡配套系培育与应用	中国农业大学	杨 宁	国家科学技术进步奖二等奖
2016	中国荷斯坦牛基因组选择分子育种技术体系的建立与应用	中国农业大学	张 勤	国家科学技术进步奖二等奖
2016	节粮优质抗病黄羽肉鸡新品种培育与应用	中国农业科学院北京畜牧兽医研究所	文 杰	国家科学技术进步奖二等奖
2016	良种牛羊高效克隆技术	西北农林科技大学	张 涌	国家技术发明奖二等奖
2017	民猪优异种质特性遗传机制、新品种培育及产业化	黑龙江省农业科学院	刘 娣	国家科学技术进步奖二等奖
2018	猪整合组学基因挖掘技术体系建立及其育种应用	华中农业大学	赵书红	国家技术发明奖二等奖
2018	地方鸡保护利用技术体系创建与应用	河南农业大学	康相涛	国家科学技术进步奖二等奖
2018	优质肉鸡新品种京海黄鸡培育及其产业化	扬州大学	王金玉	国家科学技术进步奖二等奖
2018	高效瘦肉型种猪新配套系培育与应用	华南农业大学	吴珍芳	国家科学技术进步奖二等奖
2019	蛋鸭种质创新与产业化	浙江省农业科学院	卢立志	国家科学技术进步奖三等奖

五、畜禽种业法律法规和政策建设与发展

（一）畜禽种业相关领域重大法律法规建设

1954年9月，周恩来在第一届全国人民代表大会第一次会议上所作的《政府工作报告》中首次提出了建设"现代化的农业"这个概念。毛主席深知科学技术对发展现代农业的重要性，极力提倡选种、改进耕作方式，并提出了"农业八字宪法"（土、肥、水、种、密、保、管、工），对实现科学种田发挥了积极的推动作用。"农业八字宪法"，是毛主席对现代农业科学理论和传统农业实践经验的高度总结，其中的"种"——培育和推广良种，不仅是农作物增产关键技术措施之一，也是指导畜禽业发展的根本遵循和举措。

1956年1月26日，《人民日报》以"草案"的形式公开发布《1956年到1967年全国农业发展纲要》（以下简称《纲要》）。《纲要》由毛主席组织起草，是新中国成立后第一个农业领域的发展规划，在党和毛主席的"三农"认识思想中具有非常重要的地位；也是新中国成立后我国独立编制和实施的第一部经济社会发展规划，在规划编制历史上具有重要的意义。《纲要》明确要求保护和繁殖耕畜；从1956年起，要求在7～12年的时间内，每一个农业合作社都要有足够数量的强壮的耕畜。合作社应当根据自己的条件，不断改进耕畜的饲养管理工作。合作社和政府应当采取正确的措施奖励耕畜的繁殖；同

时要求大力增加农家肥料和化学肥料，农业合作社要采取一切办法，尽可能由自己解决肥料的需要。除了某些不养猪的少数民族地区和因为宗教习惯不养猪的少数家庭以外，要求1962年达到农村平均每户养猪1.5～2头，1967年达到农村平均每户养猪2.5～3头。要做到猪羊有圈，牛马有栏。《纲要》规定促进了家畜养殖业的发展。

1979年8月，农垦部颁布实施《国营农场工作条例(试行草案)》(以下简称《条例》)。《条例》第十四条提出，"国营农场要大力发展畜牧业。要因地制宜地建立专业化的猪、牛、羊、鸡等畜牧场，实行科学饲养。建立良种繁育体系，使畜禽良种化。要有计划地建立现代化的饲料加工厂。牧区的畜牧场，要搞好草场建设和管理，提高产草量和载畜量。"该规定对于充分发挥国营农场全民所有制的优越性，建立畜禽良种繁育体系，大力发展畜禽种业具有重要的指导意义。

1993年7月2日，第八届全国人民代表大会常务委员会第二次会议通过了《中华人民共和国农业法》(以下简称《农业法》)。此后，《农业法》分别于2002年、2009年、2012年进行修订，最新修订于2012年12月28日中华人民共和国主席令第七十四号公布，自2013年1月1日起施行。《农业法》第三章农业生产中第十六条明确提出，加强草原保护和建设，加快发展畜牧业，推广圈养和舍饲，改良畜禽品种，积极发展饲料工业和畜禽产品加工业。第十八条明确提出，国家扶持动植物品种的选育、生产、更新和良种的推广使用，鼓励品种选育和生产、经营相结合，实施种子工程和畜禽良种工程。国务院和省(自治区、直辖市)人民政府设立专项资金，用于扶持动植物良种的选育和推广工作。《农业法》在国家层面对畜禽品种改良工作的明确支持，为加快畜禽种业发展奠定了坚实的根基。

1994年4月15日，中华人民共和国国务院令第153号令发布《种畜禽管理条例》，明确了畜禽品种资源、畜禽品种培育和审定以及种畜禽生产经营的相关规定。该《条例》为加强畜禽品种资源保护、培育和种畜禽生产经营管理，提高种畜禽质量，促进畜牧业发展，发挥了积极作用。1998年，农业部发布《种畜禽管理条例实施细则》，对培育的畜禽新品种配套系在推广前实行二级审定制度，对种畜禽生产经营实施许可制度，强化了种畜禽质量监管，保障了种畜禽质量。2018年4月4日，为简政放权，国务院废止了《种畜禽管理条例》。

1996年，农业部批准成立了"国家家畜禽遗传资源管理委员会"，2007年更名为"国家畜禽遗传资源委员会"。委员会主要负责畜禽遗传资源的鉴定评估、畜禽新品种配套系审定、畜禽遗传资源保护和利用规划论证及有关畜禽遗传资源保护的咨询工作。2000年，农业部公布《国家级畜禽品种资源保护名录》，对78个珍贵、稀有、濒危的畜禽品种实施重点保护。2006年对名录进行了修订，更名为《国家级畜禽遗传资源保护名录》(简称《名录》)，保护品种扩大到138个。2014年再次对《名录》进行修订，保护品种增至159个。2008年11月农业部发布1058号公告，确定第一批国家级畜禽遗传资源保种场和保护区名单，2011—2019年先后发布第2～7批保种场和保护区名单。随着世界范围内高产育成品种的推广普及、地方畜禽资源的日益枯竭和发达国家对地方畜禽资源的掠夺加剧，地方畜禽遗传资源保护与利用工作的重要性日益凸显。丰富多样的地方畜禽遗传资源禀赋决定了我国畜禽种业具备潜在的后发优势，是我国畜禽种业可持续发展的动力源泉。

2005年12月29日，第十届全国人民代表大会常务委员会第十九次会议通过了《中华人民共和国畜牧法》，自2006年7月1日起施行，这是我国畜牧法治建设的一件大事。其中有关畜禽种业的内容，对促进、引导和保护种业发展具有非常重要的指导意义，在我国畜禽种业发展史上具有里程碑式的发展意义。2006年以来，《畜禽遗传资源保种场保护区和基因库管理办法》《家畜遗传材料生产许可办法》《畜禽新品种配套系审定和畜禽遗传资源鉴定办法》等配套规章相继出台，对畜禽遗传资源保护、种畜禽培育和生产经营管理等做出了明确规定，使畜禽种业实现了有法可依、有规可循，为加快建设现代畜禽种业奠定了法治基础。

（二）畜禽种业重要政策发展与机构建设

1959年，在中央农业、农垦两部的支持下，全国第一次家畜家禽育种工作会议在北京召开，会议根据全国畜牧业发展的新形势，研究提出了全国家畜家禽育种工作任务、方针和方向。由此开始，全国育种和种质资源保护相关会议定期召开，规范化、常态化的学术工作会议使畜禽种业领域相关工作得以蓬勃发展起来。20世纪80年代中期，国家实行畜产品流通体制改革，促进了畜牧业包括种畜禽业的快速发展。2004年以来，每年中央一号文件都对畜禽良种繁育工作提出具体意见。2005年以来，国家和地方政府启动实施了畜牧良种补贴项目，加速了畜禽良种的推广和普及。2008年以来，全国主要畜种遗传改良计划的发布和实施推动了我国畜禽种业自主创新加快发展。2016年，《中华人民共和国国民经济和社会发展第十三个五年规划纲要》明确提出要发展现代种业，开展良种重大科技攻关，培育壮大育繁推一体化的种业龙头企业；农业部发布《关于促进现代畜禽种业发展的意见》，明确了今后一段时期我国畜禽种业发展的方向和重点任务。2018年，党中央国务院批准组建了农业农村部种业管理司，统筹农作物和畜禽种业管理，必将推动我国畜禽种业实现更大发展和跨越。

至2019年，我国畜禽种业已经走过了70年的光辉历程。畜禽种业已经发展成为国家战略性、基础性核心产业，成为畜牧业核心竞争力的主要体现。展望今后发展的目标与任务，当前和今后一段时期，我国畜禽种业要以提升科技创新能力和核心竞争力为切入点，加大政策支持，完善法律法规，建立健全良种繁育体系，加快建成与现代畜牧业相适应的现代畜禽种业，到21世纪中叶，实现基本建成现代畜禽种业强国的目标。

参考文献

《中国家畜家禽品种志》编委会, 1986. 中国猪品种志 [M]. 上海：上海科学技术出版社.

常洪, 1995. 家畜遗传资源学纲要 [M]. 北京：中国农业出版社.

崔丽, 刘一明, 2019. 新中国成立70年来我国畜牧业发展成就综述 [J]. 农业工程技术, 39(33): 33-34.

国家畜禽遗传资源委员会, 2011. 中国畜禽遗传资源志·家禽志 [M]. 北京：中国农业出版社.

华进联, 1998. 中国农大育成节粮型褐壳蛋鸡 [J]. 畜牧兽医科技信息 (20):9.

李国豪, 扈有蓉, 1984. 湖北白猪 I 系 II 系零至三世代选育报告 [J]. 湖北畜牧兽医 (1).: 1-6.

农业部畜牧兽医司, 1990. 中国畜牧业统计（1949—1989）[M]. 北京：中国经济出版社:7-55.

农业农村部畜牧兽医局, 全国畜牧总站, 2019. 中国畜牧兽医统计(2019) [M]. 北京：中国农业出版社.

盛志廉, 1976. 谈谈遗传力及其在当前我国家畜育种工作中的应用 [J]. 黑龙江畜牧科技 (2):34-41.

盛志廉, 徐继初, 熊汉林, 等, 1980. 对估测我国畜禽良种数量性状遗传参数方法的初步意见 [J]. 中国畜牧杂志 (2):5-8.

汤逸人, 1954. 我们需要建立良种登记制度 [J]. 中国畜牧兽医杂志 (1):1-2.

汤逸人, 1955. 我国畜牧业发展中存在的问题 [J]. 科学通报 (2):21-24.

王铁权, 1965. 新疆伊犁马混血育种经验初步总结 [J]. 中国农业科学 (3):46-48.

吴常信, 1986. 为提高我国畜禽地方品种生产性能的一个模拟试验:数量性状隐性有利基因的选择 [J]. 中国农业科学, 19(1):77-80.

吴常信, 1999. "动物比较育种学" 讲座 [J]. 中国畜牧杂志 (1-6):3-5.

吴常信, 邓学梅, 张浩, 2021. 动物比较育种学 [M]. 北京: 中国农业大学出版社:2-6.

吴宏军, 马孝林, 刘爱荣, 2012. 内蒙古三河牛培育历程及进展 [J]. 中国农业科学, 38(4):48-52.

吴仲贤, 1965. 数量遗传学在家畜育种上的应用 [J]. 畜牧兽医学报 (2):85-100.

熊远著, 彭中镇, 张省三, 等, 1987. 湖北白猪选育研究报告 (华农部分)[J]. 东北养猪 (2) :10-15.

赵书红, 刘榜, 樊斌, 2011. 彭中镇文集 [M]. 北京: 中国农业出版社:70-88.

赵淑娟, 庞有志, 2003. 中国西门塔尔牛的种质资源与利用效果 [J]. 黑龙江畜牧兽医 (10):17-18.

张桂香　张 勤　方美英　马月辉　罗艺萌　胡翊坤

CHUQIN YICHUAN
ZIYUAN PIAN

畜禽遗传资源篇

回望中国历史，悠悠岁月，积淀了璀璨的华夏文化。作为华夏文化的一部分，我国畜禽遗传资源文化一直映射着历史的光辉，展现着民族的风华。

一、我国畜禽遗传资源概况

中国是世界畜禽重要的起源中心之一，成功驯化了动物界中五纲十二目下的50余种动物，形成了556个地方畜禽遗传资源。畜禽遗传资源是保障畜产品有效供给的物质基础。据FAO估计，到2050年，随着人口增长和生活水平不断提高的要求，人类对动物性蛋白的刚性需求将提高70%。我国肉蛋类畜产品总量稳居世界第一，已成为国民营养健康对动物源蛋白需求的主要来源。

（一）畜禽遗传资源的定义与内涵

畜禽遗传资源是畜禽多样性的重要组成部分。遗传资源的定义有广义和狭义之分。广义的遗传资源指地球上生物所携带的各种遗传信息的总和，即生物遗传基因的多样性；狭义的遗传资源主要是指物种以下的分类单位（如品种），指不同种群间和同一种群内个体间的遗传变异。遗传资源可以表现在多个层次上，如分子、细胞、个体等。畜禽遗传资源指家畜、家禽种及其种内遗传变异，包括畜禽的品种、品系、类型及遗传材料。

畜禽遗传资源主要涉及哺乳纲、鸟纲和昆虫纲，是畜禽为抵御不良环境或适应不同生态环境通过自然选择而形成的，这种选择往往来源于一个物种内群体之间或一个群体内不同个体的遗传变异。种内的遗传变异除自然选择外，更主要是人类在长期生产实践中通过驯化和人工选择而产生的。

（二）我国畜禽遗传资源种类丰富

我国劳动人民在长期的农牧历史中驯化和培育了大量畜禽遗传资源，约占全球畜禽遗传资源总量的1/6，是世界上畜禽遗传多样性最丰富的国家之一。根据2011年版的《中国畜禽遗传资源志》，我国正式收录并命名了778个畜禽遗传资源，包括地方品种556个、培育品种109个、引入品种105个、其他品种8个。畜禽遗传资源包括：猪122个、牛114个（普通牛71个、牦牛13个、水牛28个、大额牛1个、瘤牛1个）、羊140个（绵羊71个、山羊69个）、马51个、驴24个、双峰驼5个、羊驼1个、家禽189个（鸡116个、鸭34个、鹅31个、鸽3个、鹌鹑2个、火鸡3个）、特种畜禽96个（兔24个、鹿14个、犬32个、毛皮动物13个、特禽13个）和蜜蜂36个。这些丰富多样的畜禽遗传资源较好地适应了我国各地独特的地理环境和生态气候。如藏猪、藏羊、牦牛、藏马和藏鸡等品种能适应极端低氧（平原含氧量50%）、强紫外线的青藏高原环境；内蒙古绒山羊、新疆山羊、新疆绵羊等品种能适应年降水量低于40毫米等荒漠、半荒漠环境；德保矮马、百色马等品种适应我国西南崎岖的山区环境；东北民猪、鄂伦春马、驯鹿、貂等适应极端寒冷环境；雷州山羊等品种适应我国海南炎热的环境。正是因为生态环境和地域的不同，导致畜禽遗传资源在生产性状上表现出显著的差异，从而形成了丰富多彩的畜禽遗传资源。

（三）我国畜禽遗传资源特性优异

我国畜禽具有产肉、奶、蛋、绒、毛、皮等生产性能，高繁殖力、肉质风味佳、抗逆性强以及药用价值高等优良特性。

著名的地方良种黄牛秦川牛、鲁西牛、南阳牛、晋南牛和延边牛，体躯高大结实，肉用性能好；产于海拔3 000米以上高寒地带的牦牛具有产奶、肉用、产绒毛等特性，是发展和培育国产化肉牛品种的种质基础。

在猪种中，金华猪皮薄、骨细、肉嫩，是腌制金华火腿的原料；乌金猪臀腿瘦肉比例高，是腌制"云腿"的原料；五指山猪体型小，所培育的近交系是重要的大型模式动物；藏猪体型小、皮薄、瘦肉率高，耐寒耐低氧好；太湖猪的高繁殖力享誉国际，平均产仔14.9头。

家禽中，北京油鸡和惠阳胡须鸡皮薄、骨细、肉嫩、味美，可作肉用仔鸡；泰和乌鸡膳补入药历史悠久，肉质乌黑细嫩、口味鲜美，具有滋补效能；北京鸭是驰名世界的大型肉用鸭，是制作"北京烤鸭"的原料；高邮鸭用于制板鸭，更以产双黄蛋驰名；仙居鸡年产蛋200枚，蛋重40克；绍鸭年产蛋280～300枚，蛋重68～70克；豁眼鹅年产蛋100～120枚，蛋重128克；还有体型特大的狮头鹅和观赏用的斗鸡等。

绵羊中，草地型藏羊、新疆和田羊，毛长、弹性好，是优质地毯毛羊；阿勒泰羊脂臀发达；湖羊和小尾寒羊均属高繁殖力品种。在山羊中，辽宁绒山羊产绒量高，绒毛长；内蒙古绒山羊具有超细超长绒，具有"软黄金"的美称；济宁青山羊的繁殖率为270%，一年两胎；成都麻羊泌乳期产奶150千克，乳脂率6.47%，产羔率210%，一年两胎。

蒙古马短程速力快；哈萨克马乳用性能好；玉树马具有高海拔适应性；著名的西南矮马，肩高不足1米，可供青少年马术训练；还有著名的关中驴、德州驴和佳米驴等，以驴皮为原料的阿胶是滋补、养生第一品类。双峰驼忍饥耐渴，在沙漠中行走，驮运、骑乘均可，能挤奶、肉用，驼毛是上等毛纺原料。

这些地方畜禽遗传资源在保障畜产品供给安全、农业绿色发展、满足国民营养健康、实现乡村振兴、提升种业核心竞争力等方方面面都发挥着不可替代的作用。

二、新中国成立以来我国畜禽遗传资源发展脉络

新中国成立以来，我国畜禽遗传资源经历了初步摸清畜禽资源家底阶段（1949—1987年）、畜禽遗传资源全面发展与体系建立阶段（1988—2011年）和畜禽遗传资源快速发展阶段（2012—2019年）。

（一）初步摸清我国畜禽资源家底（1949—1987年）

新中国刚刚成立，百废待兴，畜牧业处于起步阶段，畜禽资源工作主要为初步摸清畜禽资源家底。因此进行了初次资源调查和全国范围内第一次畜禽品种资源调查，基本摸清我国畜禽品种资源家底。饲养的畜禽品种主要以地品种为主，生产性能普遍低下，这一时期同时开展了本品种选育提高和引入国外优秀畜禽品种资源进行杂交选育。畜禽品种资源重要性不断被认识并形成共识，畜禽品种资源

保护工作开始纳入畜牧业的重要工作内容之一。通过畜禽品种资源调查，初步理清灭绝、濒临灭绝和受威胁资源名录，为后续的畜禽品种资源保护提供重要的依据。同时，畜禽遗传资源保护理论和方法研究陆续启动，为第二阶段的遗传资源保护提供坚实的理论基础。

这一时期，我国畜禽存栏量整体呈上升趋势（图1），其中猪的存栏量增长最快，到1987年，我国猪存栏量与1961年相比，增长了302.4%，存栏量达到3.45亿头，是1962年的4.02倍。鸡的存栏量增长次之，到1987年，我国鸡的存栏与1961年比，增长了203.8%，达到16.43亿只（图2）。与1961年相比，1987年绵羊存栏量增长了60.6%、山羊增长了31.5%、马增长了66.9%、牛增长了43.3%。

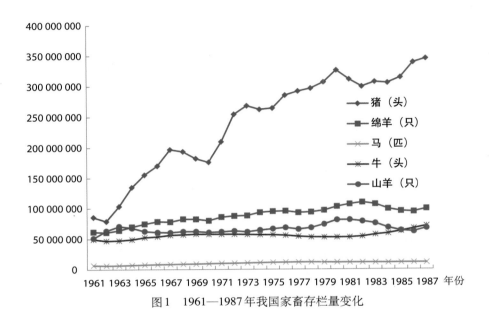

图1　1961—1987年我国家畜存栏量变化

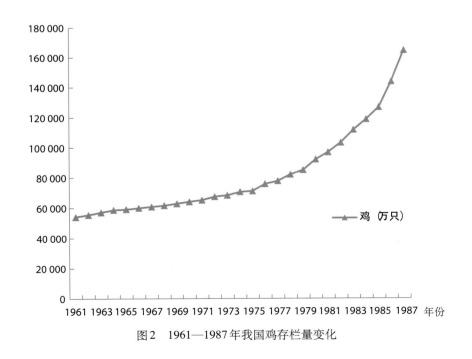

图2　1961—1987年我国鸡存栏量变化

1. 畜禽遗传资源调查起步

新中国成立后，为初步了解各类畜禽品种情况，中国畜牧兽医学会于1953年组织有关专家制订了《全国各类家畜品种调查提纲草案》，1954—1956年由农业部畜牧兽医总局、中国畜牧兽医学会组织全国有关高等农业院校、畜牧兽医科学研究所及生产单位的教授、专家和科技人员共同协作，对我国部分省（自治区）的畜禽品种率先进行调查。后由中国畜牧兽医学会于1956年11月正式编辑出版了《祖国优良家畜品种（第1集）》，共编辑出版4集。首批介绍了中国地方优良畜禽品种，这些品种包括：三河马、伊犁马、焉耆马、蒙古马（乌珠穆沁马）、河曲马和西南马（四川建昌马、云南丽江马）等马品种；关中驴；南阳牛、荡角牛、晋南牛、蒙古牛、山东牛、秦川牛、北满牛、海南黄牛和温州水牛等牛品种；新疆细毛羊、寒羊、同羊、湖羊、滩羊、蒙古羊（锡林郭勒盟羊）、西藏羊、库车羊、叶城羊、哈萨克羊、和田羊、寿阳羊、成都麻羊和武安山羊等羊品种；金华猪、云南宣威猪、湖南宁乡猪、湖南桃源猪、定县猪、广东梅花猪、荣昌猪、内江猪、新金猪、苏北猪、海南岛文昌猪、广西陆川猪和哈尔滨白猪等猪品种；狼山鸡、北京鸭等家禽品种。

这些优良畜禽品种的问世，增强了社会大众的民族自豪感，引起了畜牧主管部门和畜牧科技工作者的高度重视。此后，畜禽资源调查相继在广东、湖南、江西、安徽、四川、山西、青海等地开展起来，并相应编写出版了调查报告、畜禽品种汇编和图谱。此外，在20世纪50、60和70年代，我国部分畜牧科技工作者和科研单位，还编辑出版了有关介绍畜禽品种的书籍。

2. 第一次全国畜禽遗传资源调查

为了摸清我国畜禽品种资源情况，加速畜牧业发展，合理地开发利用畜牧资源，推进畜牧业更好地为我国现代化建设服务，农林部于1976年将家畜家禽品种资源调查列为重点研究项目，由中国农业科学院畜牧研究所（现中国农业科学院北京畜牧兽医研究所）郑丕留研究员牵头组织了14个省（自治区、直辖市）的畜牧主管部门和科研单位的科技人员开展了部分畜禽品种试点调查。1979年4月在湖南省长沙市主持召开了第一次"全国畜禽品种资源调查会议"，同年中国农业科学院畜牧研究所成立畜禽品种资源研究室（冯维祺任主任），负责组织和协调全国畜禽品种资源调查工作。此后，畜禽品种资源调查工作在全国各地全面开展起来。

1976—1984年，历时九载，第一次全国畜禽资源品种调查圆满完成，这在我国畜牧史上也是罕见的。通过这次畜禽资源普查，基本摸清了中国交通发达地区的畜禽品种资源家底，及畜禽品种现状和存在的问题，为今后制订品种区域区划、提高育种水平、建设现代化畜牧业提供了科学依据。同时对向国外准确介绍中国畜禽品种，开展国际畜牧科技合作交流也具有重要意义。为了及时将中国的畜禽品种编写出版，1981年4月，第二次"全国畜禽品种资源调查会议"在浙江省杭州市召开（图3），经农业部批准，组成了编写《中国家畜家禽品种志》的全国编写委员会和马驴、牛、羊、猪、家禽等编写组。首批列入《中国家畜家禽品种志》的畜禽品种有282个（表1），分别通过《中国马驴品种志》《中国牛品种志》《中国猪品种志》《中国羊品种志》及《中国家禽品种志》编写出版。同时，各省（自治区、直辖市）也相继编写出版了地区品种志书。

这是我国首次出版的系统记载家畜家禽品种的志书，系统论述了我国畜禽资源的起源、演变，品种形成的历史，详细介绍了每个品种的产地分布、外貌特征、生产性能、保护利用状况及展望等，对于产业发展、科学研究、人才培养具有重要的参考价值。家畜家禽品种资源调查及《中国畜禽品种志》的编写于1987年获得国家科学技术进步奖二等奖。

表1 我国畜禽品种资源状况（第一次全国畜禽资源调查情况）

畜种	地方品种（个）	培育品种（个）	引入品种（个）	合计（个）
猪	48	12	6	66
鸡	27	9	11	47
鸭	12	0	2	14
鹅	13	0	0	13
火鸡	0	0	1	1
普通牛	28	4	5	37
水牛	1	0	2	3
牦牛	5	0	0	5
绵羊	15	7	8	30
山羊	20	2	1	23
马、驴	25（15，10）	11（11，0）	7（7，0）	43（33，10）
总计	194	45	43	282

图3 第二次全国畜禽品种资源调查会议参会合影（1981年4月）

3. 开展地方畜禽品种的选育提高

20世纪50年代畜禽资源调查发掘的地方"优良"品种，大多数还是生产性能低、质量差、良莠不齐，而又都分散在民间饲养。为了进一步选育提纯地方品种质量，通过行政措施，政府拨专款，在各畜种产区所在省（自治区），先后建立了若干处马、牛、羊、猪、禽地方原种选育场，同时也相应划定了一些选育保护区。经过多年选育提纯工作，品种质量显著提高。品种不仅得到保护，而且一些品种通过性能测定，进一步了解了各品种的种质特性，有不少后来成为中国发展畜牧业的主要基础品种，对轻纺、皮革工业及市场提供吃、穿、用畜产品发挥了巨大作用。有的作为亲本参与育成了一些新品种，从而又丰富了中国的畜禽品种和畜禽品种结构。

4. 新品种培育

1949—1987年间，我国培育出了新疆细毛羊、中国荷斯坦牛、北京黑猪和伊犁马等41个畜禽新品种、配套系，包括新扬州鸡、新浦东鸡和新狼山鸡3个鸡新品种；锡林郭勒马、三河马、山丹马、伊吾马、渤海马、金州马、关中马、新丽江马、吉林马、张北马、铁岭挽马和伊犁马12个马新品种；培育了三河牛、中国荷斯坦牛、中国草原红牛、新疆褐牛4个牛新品种，其中中国荷斯坦牛是目前仍然普遍饲养的奶牛品种；培育了青海高原毛肉兼用半细毛羊、科尔沁细毛羊、中国美利奴羊、鄂尔多斯细毛羊、敖汉细毛羊、甘肃高山细毛羊、内蒙古细毛羊、青海毛肉兼用细毛羊、东北细毛羊、新疆细毛羊、中国卡拉库尔羊、崂山奶山羊、雅安奶山羊13个细毛羊、半细毛羊、奶山羊新品种，其中新疆细毛羊是我国培育的第一个细毛羊品种，填补了我国没有细毛羊的空白；培育了湖北白猪、山西白猪、三江白猪、伊犁白猪、汉中白猪、北京黑猪、浙江中白猪、上海白猪、新淮猪9个猪新品种。这一时期根据当时国内需要，培育的马和羊新品种数量最多，分别占总体的29.3%和31.7%。

5. 国外畜禽遗传资源引入情况

中国引入国外优良畜禽遗传资源工作可追溯到秦汉时期，当时引入良种马匹，如大宛马、乌孙马等。后来的引种是在19世纪70年代，引入良种奶牛。20世纪末和21世纪初引入良种猪和羊，20世纪20—30年代引进良种鸡。大批的引种工作还是新中国成立以后的50年代开始至今（冯维祺 等，1990）。

据不完全统计，截至1989年年底，我国先后从苏联、英国、法国、德国、比利时、荷兰、丹麦等20余个国家和地区，引入了包括马、牛、羊、猪、禽等畜禽品种120余个。其中引进马品种18个、牛品种（包括肉牛、肉奶兼用或奶肉兼用）27个、水牛2个、绵羊25个、山羊（奶山羊、毛用山羊）4个、猪11个、家禽品种（不包括配套系）39个（鸡30个、鸭5个、鹅1个、火鸡3个），数量达184.7万多头（只、羽）。其中猪4 827头、牛14 489头、羊36 331只、马2 534匹和家禽178.9万羽。引入的良种畜禽不仅丰富了中国畜禽品种资源，对改良我国低产畜禽品种发挥了明显的作用。同时有不少品种参与了若干新品种（品种群）的培育，经过数十年的杂交改良工作，已培育成了畜禽新品种、品系。

6. 中国畜禽品种资源输出

20世纪50年代开始，中国的地方优良家畜家禽品种，如北京鸭、丝毛乌骨鸡、狮头鹅、梅山猪、枫泾猪、金华猪、关中驴、南阳牛、鲁西牛、内蒙古绒山羊等30余个品种纷纷输出至亚洲、欧洲、美洲及大洋洲的一些国家和地区。中国地方品种的优异特性（如高繁殖力、产绒性等），已成为各国十分关注的问题。这些畜禽品种的输出，对发展世界家畜禽多样性产生了较大的影响。世界某些国家至今仍渴求得到中国的家畜禽良种，可见其在世界的重要地位。

7. 灭绝、濒危和受威胁畜禽遗传资源

通过畜禽资源调查，摸清家底，对畜禽资源保护开始重视。引种改良低产品种对产品产量、质量提高起了明显效果，相继培育了一批具有新特性的品种。不仅促进了中国畜牧业生产的发展，而且丰富了中国家畜、禽、蜂品种资源。但由于广泛的引种改良，致使一些品种消失和处于濒临灭绝或数量减少，第一次全国畜禽品种资源调查表明，我国已有10个地方良种消失，8个濒临灭绝，20个数量正在减少。

已灭绝品种：塘脚牛（上海）、阳坝牛、高台牛（甘肃）、枣北大尾羊（湖北）、项城猪（河南）、深县猪（河北）、太平鸡、临桃鸡、武威斗鸡（甘肃）、九斤黄（江苏）。

濒临灭绝品种：河西猪、八眉猪（甘肃）、通城猪、鄂北黑猪（湖北）、五指山猪（海南）、静宁鸡（甘肃）、北京油鸡（北京）、北京中蜂。

数量减少品种：百岔铁蹄马、鄂伦春马、三江牛、早胜牛、安西黄牛、涠洲黄牛、舟山牛、兰州大尾羊、塔什库尔干羊、巴马香猪、潘郎猪、圩猪、六白猪、里岔黑猪、雅阳猪、北港猪、碧湖猪及

阿坝蜜蜂、宽甸中蜂、陕北中蜂。

对部分省份畜禽品种资源补充调查表明，大部分生产性能不高的地方畜禽品种，其群体数量急剧下降，许多处于极度危险状态。

8. 畜禽资源保种理论提出和发展

这一期间，开始研究了畜禽资源保种的理论和方法。完成了国家"七五"科技攻关课题《畜禽保护方法研究》，包括小群保种方法研究、保种与选育关系研究、保种的理论与模拟方法研究、各种因素对保种的影响、牛鸡品种聚类研究等五个子专题，分别由江苏省家禽科学研究所、东北农学院、北京农业大学、中国农业科学院畜牧研究所和中国科学院遗传研究所承担。

根据已经摸清的各种因素对保种理论的影响，制订出理论上的最优化保种方案，完成了我国主要黄牛品种和地方鸡种的聚类研究，摸清了我国牛种和鸡种的来源、流向、杂合和成新的演变过程。首次利用生化指标进行畜禽品种的聚类，在我国尚属首创，积极推动了我国畜禽品种资源科学的发展。提出了不同的畜禽品种应根据具体情况，分别采用不同的保种方法，因种制宜，分清轻重缓急，有侧重、有步骤地开展保种工作。

9. 存在的问题和面临的困难

（1）畜禽资源调查仍不全面　虽然进行了第一次全国畜禽资源调查，基本摸清了我国交通发达地区的畜禽品种资源情况，但是一些偏远地区并未包含在这次资源调查范围内，畜禽资源调查仍不全面。

（2）畜禽资源保护工作基础薄弱　这一时期的畜禽资源工作主要集中在资源调查、保存理论研究，没有专门的畜禽资源保护项目，经费严重不足，畜禽遗传资源保护工作开展较少，遗传材料的保存工作还未真正开始。畜禽资源评价的分子研究也刚刚开始，畜禽资源工作处于初级阶段。

（3）法规不健全，缺乏专门管理机构　没有形成畜禽遗传资源法律法规体系，畜禽资源保护无法可依，同时缺乏专门的畜禽资源管理体系，无法开展行之有效的保护工作。

（4）人才队伍不完善，对公众宣传教育不够　畜禽资源保护工作处于起步阶段，专业人才队伍缺乏；同时对畜禽资源保护重要性的教育宣传不够，公众还未认识到其重要性。

（二）畜禽遗传资源全面发展与保护体系建立（1988—2011年）

这一阶段，我国颁布了《中华人民共和国畜牧法》及一系列配套法规规章，建立了畜禽遗传资源管理专门机构，完成了第二次全国资源调查，初步建立了畜禽遗传资源活体和遗传物质的保护体系，为畜禽遗传资源保护工作提供了法律保障，进入了畜禽遗传资源全面发展与体系建立阶段。

1988—2011年的二十多年间，我国畜禽资源存栏量有了大幅提升（图4），猪存栏量从3.32亿头上升到4.71亿头，涨幅为41.87%；绵羊从1.02亿只增加到1.38亿只，涨幅为35.29%；山羊从0.77亿只增加到1.42亿只，涨幅为84.42%。牛从0.73亿头增加到0.83亿头，涨幅为13.70%；鸡存栏量从18.5亿只增加到47.1亿只，涨幅高达154.59%（图5）。水牛从0.21亿头上升为0.23亿头，涨幅为9.52%。

1. 畜禽遗传资源保护工作

（1）启动畜禽遗传资源保护项目　从1995年开始，国家启动了畜禽种质资源保护项目。根据"重点、濒危、特定性状"的保护原则和急需保护品种资源的分布情况，国家财政每年拨专项经费用于全国畜禽遗传资源的保护工作。从1998年开始，用于全国畜禽遗传资源保护工作的专项经费逐年增加，主要采取原地保种和异地基因保存相结合的方式，来增加活畜数量及完善相应基础设施等。北京和江苏分别建立了国家级家畜和家禽遗传资源基因库，保存了一批原始品种和种质素材。中国已初步建立

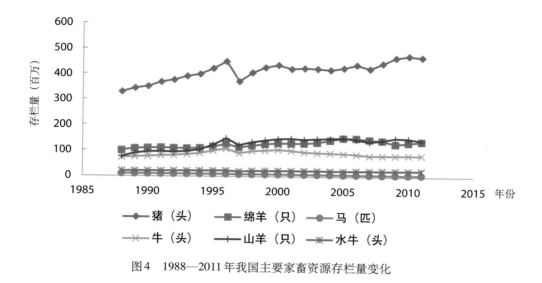

图4　1988—2011年我国主要家畜资源存栏量变化

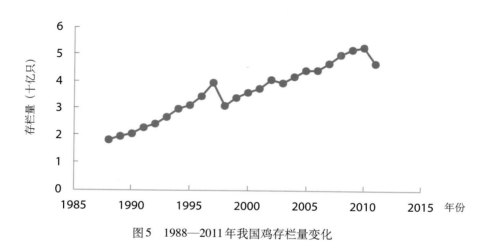

图5　1988—2011年我国鸡存栏量变化

了畜禽资源保护体系，为畜牧业可持续发展奠定了基础。

　　（2）发布畜禽遗传资源保护名录　鉴于地方品种所面临的严峻形势，按照"分级管理、重点保护"的原则，农业部于2000年8月23日公布了《国家级畜禽品种资源保护名录》，对78个珍贵、稀有、濒危的品种实施重点保护。2006年对名录进行了修订，更名为《国家级畜禽遗传资源保护名录》，国家级保护品种扩大到138个（表2）。将这些畜禽资源认定为国家级畜禽保护资源，重点开展保护，建立原产地和异地保护结合、活体和遗传物质互为补充的保种模式，积极探索"省级主管部门＋县市政府＋保种场"三方协议保种试点，创新保种机制，建立了较为完善的畜禽资源保护体系。

表2　国家级畜禽遗传资源保护名录

发布时间	名称	保护品种数量（个）	各畜种品种数量
2000年	《国家级畜禽品种资源保护名录》	78	猪19个，鸡11个，鸭8个，鹅6个，羊14个，牛15个，其他品种5个

（续）

发布时间	名称	保护品种数量（个）	各畜种品种数量
2006年	《国家级畜禽遗传资源保护名录》	138	猪34个，鸡23个，鸭8个，鹅10个，羊21个，牛21个，其他品种21个

2. 畜禽遗传资源保护体系初步建立

畜禽遗传资源保护体系建设经过几十年的积累与发展，在20年内取得了显著的进展。原地保护、异地保存互为补充，构成中国畜禽遗传资源保护工作的主体。原地保护通过资源原产地建立保种场和保护区的方式进行活体保存。异地保存包括异地活体保存、细胞保存、基因保存等。

（1）活体遗传资源保种场和保护区　初步形成了以保种场和原种场为核心、改良站和繁育场为支撑、质检中心为保障的活体保种体系。在此期间，农业部发布两期公告，确定国家级畜禽遗传资源保种场和保护区131个，其中保种场109个、保护区22个，活体保种体系覆盖全国。

2008年7月，农业部发布第1058号公告，确定第一批国家级畜禽遗传资源基因库6个（表3）、保护区16个、保种场97个。其中16个保护区包括：猪品种保护区3个、牛品种保护区2个（普通牛1个、牦牛1个）、羊品种保护区3个（绵羊2个、山羊1个）、马品种保护区3个、驴品种保护区3个、驼品种保护区1个、蜜蜂品种保护区1个。97个保种场包括：猪品种保种场35个、家禽品种保种场25个（鸡12个、鸭6个、鹅7个）、牛品种保种场12个（普通牛8个、牦牛2个、水牛1个、独龙牛1个）、羊品种保种场13个（绵羊7个、山羊6个）、马品种保种场2个、驴品种保种场4个、驼品种保种场1个、兔品种保种场1个、蜜蜂保种场3个和犬品种保种场1个。

表3　第一批国家级畜禽遗传资源基因库名单

编号	基因库名称	建设单位
A1101	国家级家畜基因库	全国畜牧总站畜禽牧草种质资源保存利用中心
A2202	国家级蜜蜂基因库（吉林）	吉林省养蜂科学研究所
A3203	国家级地方鸡种基因库（江苏）	江苏省家禽科学研究所
A3204	国家级水禽基因库（江苏）	江苏畜牧兽医职业技术学院
A3305	国家级地方鸡种基因库（浙江）	浙江光大种禽业有限公司
A3506	国家级水禽基因库（福建）	福建省石狮市水禽保种中心

2011年5月，农业部发布1587号公告，确定第二批国家级畜禽遗传资源保护区6个、保种场12个。其中6个保护区包括：猪品种保护区3个、绵羊品种保护区1个、蜜蜂保护区2个。12个保种场包括：猪品种保种场5个、家禽品种保种场3个（鸡1个、鹅2个）、牛品种保种场2个（普通牛1个、水牛1个）、驴品种保种场1个、蜜蜂保种场1个。

通过这些保种场和保护区的建立，对列入国家级保护品种进行有效保护，为我国畜禽资源的基础科学研究、新品种培育等资源开发和创新利用提供了充足的储备和有力的支撑。在全国各地先后建成原良种场、种公畜站、质检中心等，分别负责畜禽种质资源保护与品种选育，开展后裔测定、精液生产、良种登记以及奶牛、家禽、猪等畜禽资源的主要生产性能测定等；搭建"全国种畜管理信息平台"，实现全国种公畜数据信息管理等工作。

（2）遗传材料保存库　畜禽遗传材料保护主要以细胞、精子、胚胎等形式为主。家畜的非原生境保存以猪、牛、羊的精液为主导（占总数80%以上），辅以胚胎、体细胞和血液。家禽受到冷冻精液技术限制，以异地活体库保存为主导。我国已建成1个国家级家畜基因库、4个国家级活体基因库（家禽）和1个国家级蜜蜂基因库。非原生境保存的范围已能基本覆盖国家级保护品种，国家级家畜基因库保存遗传材料约17万份。此外，位于中国农业科学院北京畜牧兽医研究所的家养动物遗传资源长期保存库以体细胞形式有效保存了96个畜禽品种，约5万份遗传材料。

3. 畜禽遗传资源保护管理体系建立

1996年1月4日，农业部批准成立了"国家家畜禽遗传资源管理委员会"，其主要任务是协助行政管理部门总体负责家畜禽遗传资源管理工作。根据工作需要成立了下设机构，包括下设委员会办公室、国家畜禽品种审定委员会、委员会技术交流及培训部、委员会基金会等。为有利于工作，"国家家畜禽遗传资源管理委员会"的机构均设在全国畜牧兽医总站。

国家家畜禽遗传资源管理委员会的成立，使畜禽遗传资源的管理工作更为协调。国家畜禽品种审定委员会下设五个方面的品种审定专业委员会，即牛品种审定专业委员会、羊品种审定专业委员会、家禽品种审定专业委员会、猪品种审定专业委员会和特种经济动物审定专业委员会。各级畜牧行政主管部门、畜牧兽医站、家畜品种改良站及其他技术推广部门，各畜种的协会、育种委员会，国有种畜禽场、保护区及保种场都为保护畜禽遗传资源做出了不懈的努力。在农业部的直接领导下，中国从事畜禽遗传资源保护和利用工作的管理机构已逐步建立。

农业部作为国家畜禽遗传资源行政管理部门，负责组织、协调全国畜禽遗传资源的保护及利用工作。1996年成立的"国家家畜禽遗传资源管理委员会"及其下设的各畜种专业管理委员会，是协助行政管理部门负责家畜禽遗传资源管理的专门机构。全国畜牧兽医总站于2001年成立了畜禽品种资源处，负责协调、执行国家畜禽遗传资源保护和利用的有关行动；农业部建立了"畜禽与牧草种质资源保存和利用中心""地方禽种基因库"，承担遗传资源的活体保护、精子和胚胎的冷冻保存。中国农业科学院等科研、教学单位设有畜禽遗传资源研究机构，专门从事畜禽遗传资源的理论、技术研究，协助执行国家有关畜禽遗传资源收集、整理、保护和利用工作，并为政府制定有关畜禽遗传资源保护和利用政策提供帮助。此外，为促进畜禽遗传资源的有效合理利用，我国还先后成立了奶牛、黄牛、牦牛、西门塔尔牛、水牛、马、湖羊、家禽、猪、家兔及蜂等20多个育种委员会或育种协作组。

4. 畜禽遗传资源法律法规体系建设

为推动畜禽资源保护和开发利用，我国先后出台了一系列管理法规和政策性文件，构建了畜禽遗传资源保护法律法规体系，为开展畜禽遗传资源保护和管理工作提供了坚实的法律保障。1994年，国务院颁布了《种畜禽管理条例》、"关于加强生物物种资源保护和管理的通知"等，全面加强包括畜禽资源的保护与管理；我国于2006年颁布实施的《中华人民共和国畜牧法》，全面制定畜禽资源保护制度，极大推进畜禽资源保护工作。同时，农业部先后出台了《畜禽遗传资源保护场保护区和基因库管理办法》《家畜遗传材料生产许可办法》《畜禽新品种配套系审定和畜禽遗传资源鉴定办法》《畜禽遗传资源进出境和对外合作研究利用审批办法》等一系列《畜牧法》配套法规。此外，浙江等五省（自治区）相继出台了配套规章，法律法规体系不断完善。

根据《畜牧法》第十条和《畜禽新品种配套系审定和畜禽遗传资源鉴定办法》（农业部令第65号）第五条规定，2007年5月，农业部将"国家家畜禽遗传资源管理委员会"名称变更为"国家畜禽遗传资源委员会"，并设立猪、家禽、牛马驼、羊、蜜蜂和其他畜禽等6个专业委员会。国家畜禽遗传资源委员会的成立，使我国畜禽遗传资源保护与利用工作进入新的发展阶段。

5. 第二次全国畜禽遗传资源调查

1996—1998年在农业部组织下，对云南、贵州、四川、西藏四省（自治区）的畜禽遗传资源进行了一次为期4年的畜禽资源补充调查，发现了79个新遗传资源群体。自2006年开始，在农业部的部署下，由国家畜禽遗传资源委员会组织实施了第二次畜禽遗传资源调查工作，发现我国畜禽资源的濒危状况较严峻，15个地方畜禽品种已灭绝，55个处于濒危状态，22个品种濒临灭绝。濒危和濒临灭绝的品种约占地方品种的14%。即使是群体数量尚未达到濒危程度的一些地方品种，由于公畜数量下降，导致品种内的遗传丰富度也在降低。各地历时三年艰辛努力，全国共约6 900多人参与了调查工作，最终出版《中国畜禽遗传资源志》，共分7卷，530多万字，图片2 100多张（图6）。其中，《中国畜禽遗传资源志·蜜蜂志》和《中国畜禽遗传资源志·特种畜禽志》为国内首次出版。通过资源调查和志书撰写，发现鉴定了一批地方品种，如在西南偏僻山区发现了高黎贡山猪、瓢鸡等特征鲜明的地方品种；同时，对一些原有的地方品种，如太湖猪、黄淮海黑猪等进行了科学拆分，据此全书共收录地方畜禽品种达500多个，比《中国家畜家禽品种志》记载的品种增加1倍多。

图6　出版的7卷中国畜禽遗传资源志书

6. 新品种培育

1988—2011年间，利用我国独有的地方畜禽遗传资源以及国外优良品种资源，历经几代畜牧科技人员长期的科研攻关，畜禽新品种、配套系培育取得了丰硕的成果，我国生猪、奶牛、家禽、羊等商业化育种逐步开展，通过常规育种技术与现代生物技术的集成创新，评价优质、抗病、资源高效，利用相关新基因资源的育种价值，创造有重大应用前景的重要畜禽特色育种新种质材料，强化优质、高产与抗病等性状的聚合与协调改良，依托国家级育种场和大型育种公司，选育出可满足现代畜牧业生产和市场需求的重要畜禽新品种（系），实现我国优质高效畜禽育种关键技术和特色资源开发利用的突破，提高了我国畜禽良种生产能力。先后培育鸡新品种（配套系）29个、猪新品种13个、羊新品种16个、牛新品种5个、兔新品种5个、鹅新品种2个、鸭和马新品种各1个，包括大通牦牛、巴美肉羊、京海黄鸡、豫南黑猪、科尔沁马等，合计育成新品种（配套系）72个（表4）。家禽育种发展位居畜禽育种前列，家禽产业逐步建立起较为完整的良种繁育体系，蛋鸡的良种国产比例逐年升高，使蛋鸡产业摆脱了对国外品种的依赖。建立了新品种（配套系）培育的方法和理论，在畜禽新品种培育及配套技术研究方面取得了突破性进展，获得显著的经济效益、社会效益。湘白猪新品种选育研究、节粮小型褐壳蛋鸡的选育、高产蛋鸡新配套系的育成及配套技术的研究与应用、大通牦牛新品种及培育技术等先后荣获国家科学技术进步奖。

表4　1988—2011年我国培育的畜禽新品种（配套系）

畜种	新品种、配套系名称
鸡（29个）	五星黄鸡、凤翔乌鸡、凤翔青脚麻鸡、新杨绿壳蛋鸡配套系、新杨白壳蛋鸡配套系、新广铁脚麻鸡、新广黄鸡K996、南海黄麻鸡1号、岭南黄鸡3号配套系、金钱麻鸡1号配套系、弘香鸡、大恒699肉鸡配套系、雪山鸡配套系、墟岗黄鸡1号配套系、皖南青脚鸡配套系、皖南黄鸡配套系、皖江麻鸡配套系、皖江黄鸡配套系、苏禽黄鸡2号配套系、良凤花鸡配套系、京红1号蛋鸡配套系、京海黄鸡、京粉1号蛋鸡配套系、金陵麻鸡配套系、金陵黄鸡配套系、粤禽皇3号鸡配套系、粤禽皇2号鸡配套系、新兴竹丝鸡3号配套系、新兴麻鸡4号配套系
猪（13个）	天府肉猪、苏淮猪、松辽黑猪、滇陆猪、豫南黑猪、渝荣I号猪配套系、鲁烟白猪、鲁农I号猪配套系、鲁莱黑猪、大河乌猪、苏太猪、军牧1号白猪、南昌白猪
羊（16个）	晋岚绒山羊、柴达木绒山羊、陕北绒毛羊、罕山白绒山羊、文登奶山羊、凉山半细毛羊、彭波半细毛羊、巴美肉羊、新吉细毛羊、陕北白绒山羊、云南半细毛羊、呼伦贝尔细毛羊、乌兰察布细毛羊、兴安毛肉兼用细毛羊、内蒙古半细毛羊、关中奶山羊
牛（5个）	延黄牛、辽育白牛、夏南牛、中国西门塔尔牛、大通牦牛
兔（5个）	康大3号肉兔、康大2号肉兔、康大1号肉兔、浙系长毛兔、皖系长毛兔
鹅（2个）	扬州鹅、天府肉鹅
马（1个）	科尔沁马
鸭（1个）	苏邮1号蛋鸭配套系

7. 重要科技进展及重大成果

（1）中国黄牛（普通牛）品种聚类研究　中国农业科学院北京畜牧兽医研究所主持的"中国黄牛品种亲缘关系的聚类"，应用血液生化分析，结合生态体型、毛色和体格，参照Y染色体和中外考古材料，通过现代数理统计和群体遗传学运算方法，包括遗传距离、聚类、典型相关等，取得各群体间的血缘关系图，推理出中国黄牛作为种系与国外牛种的关系和本国牛分类体系，得出中国黄牛是四种古代牛的后裔，并有二大系统三大类的结论。该项目突破国外单凭血液蛋白型为聚类分析依据的分类法和国内长期以来用体型外貌为依据的分类，得出现代地方良种主要受当地牛种影响，又受地理环境、农业经济、历史传统和文化变迁的影响而形成的差异，与考证的古代有关牛文化的记载相吻合，推翻了过去把中国黄牛看成是印度瘤牛和欧洲普通牛混血种的谬误。该研究弥补了世界牛种分类中的中国黄牛的空白，对中国地方黄牛的起源、系统地位、遗传关系、分类进行了系统研究，该研究获1991年国家科学技术进步奖三等奖。

（2）畜禽保种理论和方法的计算机和实验动物模拟研究　中国农业大学吴常信院士主持开展的畜禽保种理论和方法的计算机和实验动物模拟研究课题从理论到技术、从宏观到微观，对畜禽遗传资源的保存和利用做了深入系统的研究。提出了保种的优化设计，解决了保种群体的大小、世代间隔的长短、公母畜最佳的性别比例和可允许的近交程度等一系列理论问题，并把计算机技术、分子生物技术、实验动物模拟和地理信息系统综合应用于畜禽遗传资源的保存与管理。畜禽保种理论和方法的计算机和实验动物模拟的研究成果荣获2001年国家科学技术进步奖二等奖。

（3）建设了世界上最大的畜禽遗传资源细胞库　2000年开始，由中国农业科学院北京畜牧兽医研究所的科研人员就畜禽遗传资源细胞库建设、遗传多样性评估等方面的工作内容展开研究工作。目前该细胞库已经成为世界上最大的畜禽体细胞库，构建起重要、濒危畜禽品种体细胞库技术平台和体外培养细胞生物学特性检测与研究技术平台，开辟了畜禽种质资源收集、整理、保存和利用的新途径。在两个技术平台的支撑下，构建了包括德保矮马、北京油鸡、北京鸭、滩羊、鲁西黄牛、民猪等43个地方畜禽品种、6种野生动物的体细胞库，共计21 417份细胞。该项研究被科技日报评为"2006年国内十大科技新闻"。

8. 存在的困难和问题

（1）畜禽遗传资源保护、保存费用较高，一般企业、个人很少有兴趣和能力从事保护工作，若政府不采取相应措施，畜禽遗传资源的危机程度将进一步加剧，未来的畜牧业生产将成为无米之炊。

（2）以往的畜禽遗传资源管理以表型为主，缺乏基于基因组层面遗传多样性评估，在分类上存在主观性，不科学，往往导致遗传多样性漂移、丢失。评估畜禽遗传资源多样性以群体数量制订保护方案，带有一定片面性。

（3）由于保种不足和盲目引进外来品种杂交，原有地方品种数量大幅减少。改革开放以来，一些地区热衷于少数高产畜禽品种的普及与推广，而对地方品种的重要性认识不足，导致我国畜禽种质资源受到不同程度的威胁，甚至灭绝。

（三）畜禽遗传资源快速发展阶段（2012—2019年）

2012年以来，畜禽遗传资源工作进入快速发展阶段，资源保护工作更加系统、深入。根据第二次全国畜禽资源调查结果，2014年发布了最新的《国家级畜禽遗传资源保护名录》；首次发布畜禽资源保护方面的规划——《全国畜禽遗传资源保护和利用"十二五"规划》，系统规划我国畜禽遗传资源保护工作；畜禽遗传资源保护体系更加完善，保存资源总量、种类不断增加，保存资源的覆盖度不断提高；利用我国地方畜禽资源培育了一系列畜禽新品种、配套系，一定程度上扭转了我国长期依赖引种的不利局面。

这一阶段，畜牧业发展进入转型升级期，畜禽品种饲养向规模化、标准化、集约化转变，各畜种存栏量变化不大，有的稳步下降，有的小幅增加。绵羊饲养量从2012年的1.40亿只增加到2017年的1.61亿只，增长了15%。牛的存栏量小幅增加，增长了3.7%。猪、山羊和马存栏都不同程度下降，分别降低7.2%、2.1%和17.9%（图7、图8）。

1. 第三次发布《国家级畜禽遗传资源保护名录》

结合第二次全国畜禽遗传资源调查结果，农业部于2014年第三次发布《国家级畜禽遗传资源保护

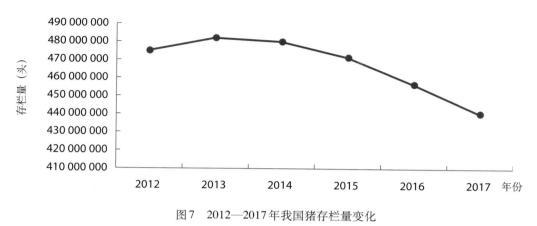

图7　2012—2017年我国猪存栏量变化

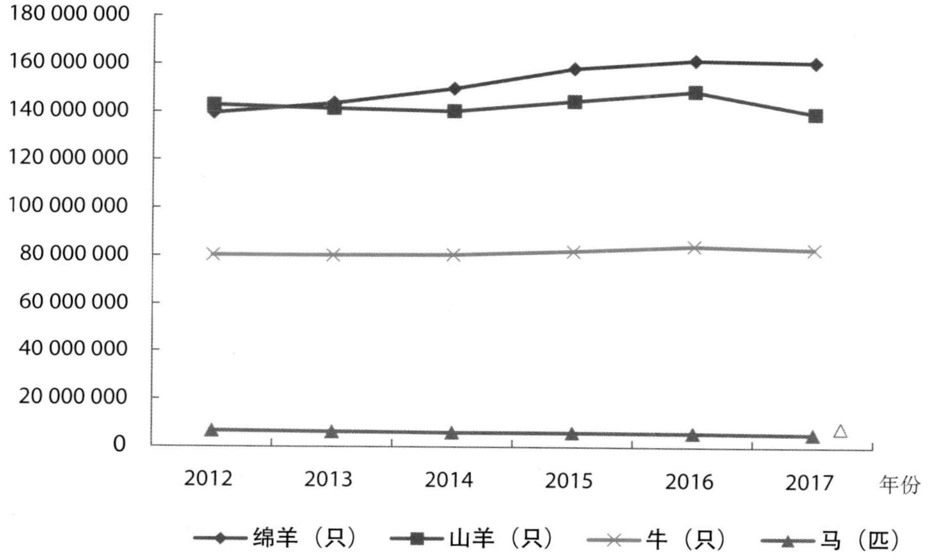

图8　2012—2017年我国绵羊、山羊、牛、马存栏量变化

名录》（表5），确定包括鸡、鸭、猪、羊、马、驴、驼等10个畜种、159个品种畜禽资源为国家级畜禽保护资源，重点开展保护，建立原产地和异地保护结合、活体和遗传材料互为补充的保种模式，比第一次和第二次保护名录公布畜禽资源数量分别增加了103.8%和15.2%，其中猪国家级保护品种42个，牛、马、驼国家级保护品种34个，羊国家级保护品种27个，家禽国家级畜禽保护品种49个，其他畜禽品种7个。《国家级畜禽遗传资源保护名录》是我国开展活体畜禽遗传资源保护、建立畜禽遗传资源活体保种场的重要依据。同时，浙江等5省（自治区）相继出台了配套规章，27个省（自治区、直辖市）发布了省级保护名录，为各省地方畜禽遗传资源保护提供依据。

表5　国家级畜禽遗传资源保护名录

发布时间	名称	保护品种数量（个）	各畜种品种数量
2000年	《国家级畜禽品种资源保护名录》	78	猪19个，鸡11个，鸭8个，鹅6个，羊14个，牛15个，其他品种5个

（续）

发布时间	名称	保护品种数量（个）	各畜种品种数量
2006年	《国家级畜禽遗传资源保护名录》	138	猪34个，鸡23个，鸭8个，鹅10个，羊21个，牛21个，其他品种21个
2014年	《国家级畜禽遗传资源保护名录》	159	猪42个，鸡28个，鸭10个，鹅11个，羊27个，牛马驼34个，其他品种7个

2. 畜禽遗传资源保护体系持续发展，库容量不断扩大

（1）活体遗传资源保种场保护区健康发展　畜禽遗传资源的原生境保护是通过在资源原产地建立保种场和保护区的方式进行活体保存，在我国畜禽资源保护中起到至关重要的作用。农业部继续组织实施种质资源保护、畜禽良种工程等项目，支持地方畜禽遗传资源保护和利用。在此期间，农业部又发布了5期公告，公布了一批国家级畜禽遗传资源保种场和保护区。

2012年8月，农业部发布1828号公告，确定第三批国家级畜禽遗传资源保种场13个，其中猪品种保种场4个、家禽品种保种场2个（鸭1个、鹅1个）、牛品种保种场2个（普通牛1个、水牛1个）、羊品种保种场3个（绵羊2个、山羊1个）、马品种保种场2个。

2015年3月，农业部发布2234号公告，确定第四批国家级畜禽遗传资源保种场32个，变更国家级畜禽遗传资源保种场、保护区建设单位7个。其中猪品种保种场8个、家禽品种保种场16个（鸡10个、鸭2个、鹅4个）、牛品种保种场2个（普通牛1个、水牛1个）、山羊品种保种场4个、蜜蜂保种场2个。

2015年12月，农业部发布2332号公告，确定第五批国家级畜禽遗传资源保种场4个、保护区1个，变更国家级畜禽遗传资源保种场、保护区建设单位2个。其中猪品种保种场2个、家禽品种保种场2个（鸡1个、鸭1个）、牦牛保护区1个。

2017年6月，农业部公告第2535号，确定第六批国家级畜禽遗传资源保种场7个、国家级畜禽遗传资源保护区1个，变更国家级畜禽遗传资源保种场建设单位5个、变更国家级畜禽遗传资源保种场名称8个。其中猪品种保种场1个、家禽品种保种场2个（鸡1个、鹅1个）、山羊品种保种场2个、驴品种保种场1个、兔品种保种场1个、中蜂保护区1个。

2019年4月，农业部公告第167号，确定第七批国家级畜禽遗传资源保种场2个、保护区2个，变更国家级畜禽遗传资源保种场、保护区和基因库建设单位7个，变更国家级畜禽遗传资源保护区范围及建设单位1个。其中牦牛品种保种场1个、山羊品种保种场1个、猪品种保护区1个、蜜蜂保护区1个。

到2019年年底，我国共建立了167个国家级畜禽资源保护场、26个国家级畜禽遗传资源保护区和6个国家级基因库，覆盖了全国30个省（自治区、直辖市），已基本形成了以保种场、保护区为核心的畜禽资源活体保种体系和遗传材料保存为辅的基因库保存体系。原生境保护体系的长期建设和维护，适度丰富了血统，扩大了保种群数量，提升了畜禽资源的保护能力，有效保护了地方畜禽种质资源，为提升育种能力、加快畜禽良种扩繁与推广、增加养殖收益、保障畜产品市场供给、提高畜产品质量提供了有力的种源保障。

所保护的国家级保护品种主要包括地方猪品种60个、地方绵山羊品种24个、地方牛品种21个、地方家禽品种48个、蜜蜂品种10个和其他畜禽品种18个，国家级保护品种覆盖率达到90%，省级保护品种覆盖率70%，其他地方品种覆盖率较低。全国累计抢救性保护了大蒲莲猪、萧山鸡、温岭高峰牛

等39个濒临灭绝的地方品种（表6），保护了249个地方品种。基因库的战略储备作用开始显现，已将延边牛、鲁西牛、新疆黑蜂等品种（类型）的遗传物质返还原产地，特定类型得到了复壮，血统得到了丰富。

表6　采取抢救性保护措施保留下来的濒临灭绝的地方品种

畜种	数量（个）	品种名称
猪	19	马身猪、大蒲莲猪、河套大耳猪、汉江黑猪、两广小花猪（墩头猪）、粤东黑猪、隆林猪、德保猪、明光小耳猪、湘西黑猪、仙居花猪、莆田猪、嵊县花猪、玉江猪、滨湖黑猪、确山黑猪、安庆六白猪、浦东白猪、沙乌头猪
家禽	6	金阳丝毛鸡、边鸡、浦东鸡、萧山鸡、雁鹅、百子鹅
牛	5	复州牛、温岭高峰牛、阿勒泰白头牛、海仔水牛、大额牛（独龙牛）
羊	4	兰州大尾羊、汉中绵羊、岷县黑裘皮羊、承德无角山羊
其他	5	鄂伦春马、晋江马、宁强马、敖鲁古雅驯鹿、新疆黑蜂

（2）畜禽资源遗传材料保存库容量不断扩大　这一时期的资源库建设主要为增加库容量，提高保存资源质量。目前，国家级家畜基因库和家养动物种质资源长期保存库保存了我国234个家畜品种资源的遗传材料，保存类型包含冷冻精液、胚胎、体细胞和血液，共计保存畜禽遗传材料58.5万份，与2010年相比，增加了256.7%。

这期间，我国国家级畜禽资源库新建成了国家级地方鸡种基因库(浙江)，加上之前建成的国家级地方鸡种基因库(江苏)、国家级水禽基因库(江苏)、国家级水禽基因库(福建)，共建有6个国家级畜禽资源基因库和1个家养动物种质资源长期保存库，保存了我国珍稀、濒危鸡、鸭和鹅等家禽资源85个品种的活体资源，这些非原生境活体资源和遗传物质的保护，与原生境保存家禽遗传资源保护形成有效互补。省级保护品种、引入品种和培育品种的非原生境保护覆盖率较低，有待通过国家基因库扩容、区域性基因库建立、地方备份基因库等形式来提高保护品种的覆盖率。

家养动物种质资源长期保存库（北京）已保存了包括德保矮马、北京油鸡、北京鸭、滩羊、鲁西黄牛、民猪等130个地方畜禽品种共计6万余份细胞（表7）。该保存库同时进行了形态、微生物、细胞活率、细胞活力、细胞生长规律、核型、同工酶、细胞凋亡、细胞融合、重组胚制备、干细胞系建立以及外源基因表达等决定细胞质量的技术检测和研究。以体外培养细胞形式为保存重要濒危畜禽种质资源开辟了畜禽遗传资源新型细胞材料制备与实物保存的新途径。该保存库已成为世界畜禽遗传资源规模最大的体细胞库。

表7　我国畜禽遗传资源基因库保存情况

保存机构	机构数量（个）	资源保存类型	有效保存品种数量（个）
国家级家畜基因库	1	遗传材料（冻精、胚胎、DNA）	104
国家级地方鸡种基因库	4	活体	85
国家级蜜蜂基因库（吉林）	1	活体	19

（续）

保存机构	机构数量（个）	资源保存类型	有效保存品种数量（个）
家养动物种质资源长期保存库（北京）	1	遗传材料（体细胞、干细胞）	130

同时，针对重要及濒危畜禽种质资源，开展了畜禽种质资源体细胞库的建立和生物学特性研究工作，确立了牛、绵羊、山羊、猪、马、鸡、鸭等畜禽种质资源细胞库构建的技术体系，研究并解决了重要、濒危畜禽种质资源体外细胞培养体系的建立、畜禽种质资源实验材料的选择、样品保存温度和储存时间对细胞生长的影响，冷冻保存方法对细胞成活率影响研究，新型组织样品采集与细胞培养器具的研制等8项决定体外细胞材料数量和质量的关键技术难题。建立了畜禽种质资源保存技术体系，制定相关技术规范（程）有14项，通过了全国畜牧业标准化技术委员会审定，包括国家标准5项，行业标准9项，为畜禽资源遗传物质检验、保存，遗传资源考察，种质库保存提供重要的技术支撑。

3. 新品种、配套系培育快速发展

畜禽种质创新工作在全面总结国际农业动物的分子遗传学、分子生理学、基因组学、转录组学和表观遗传学等研究成果基础上，充分利用我国丰富的畜禽遗传资源，通过杂交育种、因果基因育种、全基因组选择育种、转基因育种等种质创新技术，加快设计与培育特色、抗病、优质、高产、高效的国产化动物新品种，一定程度上扭转我国长期依赖引种的不利局面。

采用开放与闭锁相结合的技术、BLUP育种技术、分子育种技术等多种技术相结合的现代育种体系日趋成熟。2012—2019年，我国以地方品种为主要素材，培育了59个新品种、配套系（表8）。

表8   2012—2019年我国培育的畜禽新品种配套系

畜种及数量	培育的新品种、配套系名称
猪10个	湘西黑猪、苏姜猪、龙宝1号猪、川藏黑猪配套系（图9）、晋汾白猪、江泉白猪配套系、温氏WS501猪配套系、吉神黑猪、苏山猪、宣和猪
牛3个	蜀宣花牛、云岭牛、阿什旦牦牛
绵山羊9个	简州大耳羊、云上黑山羊、昭乌达肉羊、鲁西黑头羊、乾华肉用美利奴羊、戈壁短尾羊、高山美利奴羊、察哈尔羊、象雄半细毛羊
鸡、雉鸡33个	申鸿七彩雉新品种、京粉6号蛋鸡配套系、金陵黑凤鸡配套系、天府肉鸡配套系、肉鸡WOD168配套系、鸿光麻鸡配套系、海扬黄鸡配套系、欣华2号蛋鸡配套系、栗园油鸡蛋鸡配套系、黎村黄鸡配套系、京星黄鸡103配套系、京白1号蛋鸡配套系、鸿光黑鸡配套系、凤达1号蛋鸡配套系、参皇鸡1号配套系、豫粉1号蛋鸡配套系、新杨黑羽蛋鸡配套系、温氏青脚麻鸡2号配套系、天农麻鸡配套系、农大5号小型蛋鸡配套系、科朗麻黄鸡配套系、金陵花鸡配套系、大午金凤蛋鸡配套系、天露黄鸡、天露黑鸡、光大梅黄1号肉鸡、苏禽绿壳蛋鸡、三高青脚黄鸡3号、京粉2号蛋鸡、大午粉1号蛋鸡、振宁黄鸡配套系、潭牛鸡配套系、金种麻黄鸡
鸭2个	中畜草原白羽肉鸭（图10）、国绍Ⅰ号蛋鸭配套系
鹅1个	江南白鹅配套系
兔1个	川白獭兔

目前，黄羽肉鸡占据我国肉鸡市场近半壁江山，山羊绒品质、长毛兔产毛量、蜂王浆产量等居国际领先水平。随着国家扶贫攻坚力度的不断加大，地方畜禽遗传资源开发成为产业扶贫的重要手段，为促进农民脱贫致富发挥了积极作用。自主培育的民猪新品种、节粮黄羽肉鸡新品种、巴美肉羊新品

图9　我国培育的川藏黑猪配套系

图10　我国培育的中畜草原白羽肉鸭

种等均获得国家科学技术进步奖二等奖。

4. 畜禽遗传资源保护支持力度进一步强化

为推动畜禽资源保护和开发利用，全面落实《畜牧法》和《畜禽新品种配套系审定和畜禽遗传资源鉴定技术规范（试行）》等配套法规。同时，农业部颁布了《全国畜禽遗传资源保护和利用"十二五"规划》《全国畜禽遗传资源保护和利用"十三五"规划》和《畜禽遗传资源保护与利用三年行动方案》等一系列方针政策和扶植措施，畜禽资源保护政策的扶持力度进一步加大，政策环境进一步优化。这些政策规划从国家层面全面、系统地确定了畜禽资源保护的指导思想和主要任务。此外，农业部继续实施畜禽种质资源保护和畜禽良种工程等项目，推动建立稳定的财政投入，开展畜禽资源保护工作。

《全国畜禽遗传资源保护和利用"十三五"规划》在指导思想上注重保护与利用相结合；在工作思路上注重分级保护、突出重点；在任务措施上注重发挥科技创新的作用，提出到2020年总体目标为：国家级保护品种有效保护率达到95%以上，提高5个百分点，省级保护品种有效保护率达到80%以上，提高10个百分点。

2019年5月，农业农村部办公厅印发《畜禽遗传资源保护与利用三年行动方案》，提出发展目标为：健全原产地保护和异地保护相结合、活体保种和遗传材料保存相补充、主体场（库）和复份场（库）相配套、国家级和省级相衔接的畜禽遗传资源保护体系；建立物联网数据采集、互联网技术集成、大数据系统分析相统一的动态监测预警体系；完善表型与基因型鉴定、特异基因挖掘与种质创制、DNA特征库与实体库互补的种质评价利用体系。

5. 保护机制进一步完善

我国农业部分别于2013年和2017年成立了第二届和第三届国家畜禽遗传资源委员会，不断充实国家畜禽遗传资源委员会专家队伍，承担畜禽遗传资源鉴定和新品种配套系审定、畜禽遗传资源进出口技术评审及资源保护技术培训咨询等工作。山西等14省（自治区、直辖市）成立了省级畜禽遗传资源委员会，为深入开展畜禽遗传资源保护和利用提供了有力支撑。基本形成以国家保护为主，科研教学机构、龙头企业和社会公众等多元主体共同参与保护的畜禽遗传资源保存格局。

不断完善原产地保护和异地保护相结合、活体保种和遗传物质保存互为补充的地方畜禽遗传资源保护体系。江苏等省创新保种机制，积极探索"省级主管部门＋县市政府＋保种场"三方协议保种试点。截至目前，通过遗传物质交换、建立保种场等方式，全国累计抢救性保护了大蒲莲猪、萧山鸡、温岭高峰牛等39个濒临灭绝的地方品种，保护了249个地方品种。

6. 建立畜禽遗传资源技术指标体系

构建畜禽种质资源收集、整理的规范化技术指标体系，创建了共性标准和规范、数据质量控制规范和数据标准、畜禽种质资源个性描述标准、畜禽种质资源收集、整理、保存技术规程等。基本实现畜禽种质资源收集、整理、保存、评价过程的规范化和数字化。同时制订畜禽资源种质库操作规程、遗传资源考察收集、种质库保存等方面的国家标准、行业标准等标准体系，为畜禽资源遗传物质检验、保存、遗传资源考察、种质库保存提供重要的技术支撑。

7. 存在的困难和存在的问题

（1）资源安全状况日趋严峻　随着畜牧业集约化程度的提高，散户大量退出畜禽养殖，地方品种生存空间越来越受到挤压，保护难度不断加大。目前，超过一半的地方品种数量呈下降趋势，濒危和濒临灭绝品种约占地方畜禽品种总数的18%。

（2）资源保护能力仍需加强　部分保种场基础设施落后、群体血统不清、保种手段单一等问题突出。畜禽种质资源动态监测预警机制不健全，不能及时、准确掌握资源状况。一些地方品种资源因未采取有效保护措施，仍处于自生自灭状态。

（3）资源保护支撑体系不健全　畜禽遗传资源保护政策支持力度小，专门化管理机构少，专业化人才队伍缺乏，保护理论不够系统、深入，技术研发和创新能力落后，制约了畜禽遗传资源的有效保护和利用。

（4）资源开发利用不够　地方品种肉质、风味、药用、文化等优良特性评估和发掘不深入、不系统，地方资源产业化开发利用滞后，产品种类单一、市场竞争力弱，特色畜产品优质优价机制没有建立，特色畜禽遗传资源优势尚未充分发挥。

三、畜禽遗传资源保护相关工作主要进展和成就

（一）畜禽遗传资源鉴定研究

1. 畜禽遗传资源起源驯化研究

猪是地球上与人类关系最密切的动物之一。人类对猪的驯养时间可追溯到1万年前（王仁湘，1981）。随着世界各地人们对猪的驯养和选育，逐渐形成了彼此有差异的类群和品种。我国是世界上养猪数量最多的国家，且拥有丰富的猪品种和遗传资源，是世界猪遗传资源的重要组成部分。2011年版《中国畜禽遗传资源志·猪志》，系统全面地介绍了我国的猪种资源，全书包括76个猪种、18个培育品种和6个引入品种。长期以来，我国的科研人员致力于猪种质资源的挖掘和鉴定。李崇奇等（2005）用线粒体序列变异探讨了中国野猪的系统地理学，分析表明，现代野猪并不是现代家猪的祖先，现代家猪的祖先是古代野猪。古代野猪的起源不是一个中心，现代家猪的起源也不是一个中心，而是由分布于地球各大洲的古代野猪经人类长期驯化而形成的。Huashui等（2015）对中国15个不同地区的69头猪进行了全基因组测序，鉴别了4 100万个基因组变异位点，其中52%为新发现的位点，为全

球特别是中国地方猪种质特性遗传机制研究和优良基因资源挖掘提供了重要的基础性科学数据。同时，研究在X染色体上发现一个长达14mb的低重组区，南北方猪在位区域存在两种截然不同经自然选择的单倍型；而且北方猪单倍型很可能来自另一个已经灭绝的猪属，这是首次在哺乳动物中发现古老属间杂交导致适应性进化的遗传分子证据。

　　近30年世界各国通过组织国家区域性种质资源调查、设立动物遗传资源保护委员会、建立全球动物遗传数据库等方式开展了一系列的资源保护工作。2007年，全球182个国家的已知禽类品种数为3 505个，其中鸡的品种数占63%。目前，我国建成了世界最大的地方鸡种活体基因库，收集保存地方品种107个；建立中国家禽资源数据库，收录家禽资源380余个，文献8 000余篇。神经内分泌生长轴相关基因的多态性与生长性状的相关性研究、肉质性状遗传基础研究（肉质性状相关的脂肪酸结合蛋白、脂蛋白脂酶、解偶联蛋白、黑色素皮质素受体基因以及肌苷酸合成的多个酶基因）进展迅速。应用的研究方法主要有全基因组关联分析、转录组测序、表观遗传学水平、细胞水平探索分子机制、候选基因鉴定等。通过全基因组关联分析，分别定位了多趾性状、白耳性状和性连锁青脚等相关基因。我国研究者针对三个活体基因库保存鸡种，白耳鸡、北京油鸡和狼山鸡，进行三个世代的遗传多样性评价，发现现有保种策略很好地控制了近交，表明今后进行保种效果动态监测的重要性（Zhang *et al.*，2018）。对7个江西地方鸡种与9个其他品种进行了多样性比较分析，发现部分地方品种与欧洲商业鸡种有杂交的痕迹（Chen *et al.*，2018）。中国科学院基因组所在《核酸研究》期刊上报道了基因组变异图谱公共数据库的详细信息（Genome Variation Map，GVM，http://bigd.big.ac.cn/gvm/），为家禽基因组数据的共享利用提供了重要平台。

　　牛遗传资源的鉴定研究最早始于体型外貌评价，用于品种分类和简单育种。如瘤牛可以通过调查记录肩峰、胸垂、脐垂、耳型、头型和体型等性状，编制调查提纲、分类统计和遗传距离估测。早期还利用蛋白标记进行系统分类，研究蛋白标记多态性与肉牛经济性状的关联（辛亚平 等，2004）。伴随分子生物学发展，利用各种分子标记，开展了中国代表性地方黄牛群体遗传结构，群体分化历史、Y染色体多态性、线粒体多态性及父系起源等一系列研究（Sun *et al.*，2008；Cai *et al.*，2006；Cai *et al.*，2007）。随着高通量SNP芯片及测序技术的发展与应用，单核苷酸多态性标记被广泛使用。研究内容涉及功能基因挖掘，包括与肉牛生长发育性状、屠宰性状、肉品质性状、繁殖性状、抗病性状相关的基因。鉴定与经济性状的分子遗传标记，用于选种。阐述品种的分子群体遗传学特征与品种间的差异和遗传关系，用于杂交效果的预测、资源的评价、保护和开发利用。近期，研究利用高通量芯片与测序评估中国地方牛的遗传多样性和群体结构及群体历史推断，群体混合及低氧耐受等基因的适应性渗入，并研究在发现许多基因组选择性信号区域，以及与地方黄牛适应性相关的候选基因（Mei *et al.*，2017；Chen，*et al.*，2018；Wu *et al.*，2018；Xu *et al.*，2019）。

　　山羊大约在10 000年前在新月沃土地区被驯化（Naderi *et al.*，2008），而bezoar（*Capra aegagrus*）被普遍认为是家养山羊的祖先。在长期的自然选择以及人工选择的共同作用下，形成了多个形态各异、不同用途的山羊品种。山羊遗传多样性及群体结构的方法研究很多，主要包括微卫星DNA、基因芯片和全基因组重测序技术等。其中微卫星标记分析能够检测得到山羊品种的多态信息含量、遗传分化和遗传变异程度（Groeneveld *et al.*，2010）；高通量DNA芯片进行山羊遗传多样性研究，可以为经济性状的提升和标记辅助育种提供指导（Tosser-Klopp *et al.*，2014）；全基因组重测序技术为研究山羊的起源与驯化、遗传多样性、群体结构以及选择压力下相关表型的分子进化研究提供大量丰富的信息，已逐渐成为山羊基因组学研究的重要手段。2013年，Dong等对云岭黑山羊进行了从头（de novo）测序，并发表了山羊的参考基因组数据。2015年，野山羊基因组测序完成，并发表了野山羊的参考基因组数据，鉴定到毛色相关基因存在的CNV以及与行为相关的基因存在快速进化，探讨了山羊的相关驯化机制（Dong et al.，2015）。2017年，Bickhart等报道了最新的山羊参考基因组ARS1版（Bickhart et al.，2017）。随着芯片、分子技术的迅猛发展和深入应用，逐渐发现了一些可以影响山羊产奶量、裘皮生产、繁殖性状、脂肪沉积、毛色、产绒性状、产毛性状和肉品质等一些山羊经济性状的基因，在实际生产中对性状候选基因进行有效选择有望提升山羊的经济性能。

绵羊在动物学分类上属偶蹄目、洞角科、羊亚科、绵羊属，我国绵羊资源被划分为蒙古系绵羊、哈萨克系绵羊和藏系绵羊三大谱系。绵羊作为我国主要家畜品种之一，已有8 000多年的历史，其分布广泛，品种丰富，据2011年出版的《中国畜禽遗传资源志·羊志》统计，我国共有绵羊品种71个，其中地方品种42个、培育品种21个、引入品种8个。长期以来，我国科研工作者致力于绵羊育种改良、资源的挖掘和鉴定工作。数量遗传学诞生以来，动物育种方法迅速发展，目前主要通过微卫星DNA、SNP芯片、重测序等技术对绵羊起源进化、遗传多样性进行研究。最早通过对mtDNA进行测序，在中国绵羊中发现了第三大类群，并推测出三种类群分化时间和群体扩张次序（Guo et al.，2005）。之后，利用29个微卫星标记对31个地方绵羊品种进行遗传多样性分析，通过系统发生树将其聚为四大类（马月辉 等，2006）。Wei等（2015）通过50K SNP对中国地方绵羊群体遗传结构和基因组选择痕迹进行研究，发现哈萨克羊和蒙古羊存在混群现象，同时挖掘到PDGFD等脂尾性状相关基因和EPAS1等适应性相关基因。2015年，Lv等对欧亚大陆绵羊线粒体基因组全序列进行了系统发生关系分析，发现相较于其他野羊，家养绵羊与亚洲、欧洲摩佛伦羊关系更近。2014年，基于高通量测序技术的绵羊参考基因组由西北农林科技大学发布，使我们对反刍动物生物学有了崭新认识，更重要的是，中国是绵羊和山羊饲养及羊肉消费大国，这一研究有助于培育出更优秀的专门化肉羊新品种，同时极大地推动了绵羊相关的起源进化研究、新品种鉴定以及育种工作（Jiang et al.，2015）。

现代家马是5 500年前驯化而来，曾是人类最先进的交通工具，在运输、耕种、军事等人类活动中起到了不可替代的作用。长期以来，我国的科研工作者致力于家马资源的挖掘和鉴定。从基于微卫星、线粒体和Y染色体标记到全基因组SNP芯片和全基因组重测序，马匹资源结构更加清晰明了。早期基于微卫星标记，通过统计各种遗传参数、分析群体遗传分化程度和系统聚类，发现我国地方马种分成5个主要类群，长江流域及以南类群、青藏高原类群、西北类群、东北类群和内蒙古类群(Ling et al.，2011)。同时发现中国马具有丰富的遗传多样性和广泛的支系分布，推测我国可能是家马的一个驯化中心，并支持家马多起源的理论；Y染色体是研究父系起源的关键素材，研究发现家马Y染色体一种新的单倍型（单倍型B），主要分布在中国的西南、长江流域及其以南区域，即我国矮马的聚集地，这一研究说明了我国西南矮马遗传资源的特殊性和重要性(Ling et al.，2010)。除此之外，我国藏马的母系起源也很丰富，并且新界定出支系K，支持藏马本地起源和外地起源假说(Yang et al.，2018)。随着高通量测序技术的普及和大规模重测序分析的开展，近期研究在家马起源假说上有了突破性进展，推演出我国家马群体是在大约3 700年前同时分开，推翻了中国马驯化起源晚于殷商时期的假说，并鉴定到藏马低氧耐受的致因突变(Liu et al.，2019)。

2. 畜禽遗传资源适应性研究进展

随着基因组技术在国内的大规模应用，使得猪、鸡、牛、羊等重要畜禽遗传资源的鉴定评价和适应性研究取得了突破，特别是猪遗传资源的优异性状和适应性机制的研究处于世界领先水平。目前，我国自主完成了猪、鸡、牛、牦牛、绵羊、山羊、北京鸭、双峰骆驼、鹅、家蚕等的基因组评价与相

关适应性遗传机制的研究，在 *Science*、*Nature*、*Nature Genetics*、*Nature Biotechnology* 等国际顶尖期刊共发表了10余篇科研论文（表9），挖掘了一批与中国猪种高纬度适应性、中国普通牛与牦牛高原适应性、绵羊反刍与脂肪代谢、鹅肝脂肪代谢、双峰驼干旱适应性等密切相关的基因与生物学通路，阐明了适应性形成的遗传机制，也为畜禽品种资源的遗传改良和种质创新奠定了科学基础。

表9 畜禽遗传资源适应性研究典型文章

畜种	时间	发表期刊	研究进展
猪	2015年	*Nature Genetics*	中国猪种适应性
牛	2018年	*Nature Communications*	牛起源与适应性
牦牛	2012年 2015年	*Nature Genetics* *Nature Communications*	牦牛驯化与高原适应性机制
马	2019年	*Molecular Biology and Evolution*	藏马驯化历史和低氧耐受机制
鸡	2004年	*Nature*	鸡遗传图谱和基因组研究
鸭	2013年	*Nature Genetics*	北京鸭基因组评价
绵羊	2014年	*Science*	绵羊基因组与反刍代谢基因研究
山羊	2012年	*Nature Biotechnology*	山羊基因组评价
双峰驼	2012年	*Nature Communications*	双峰驼基因组评价与干旱适应性
鹅	2015年	*Genome Biology*	鹅基因组评价与肝脏脂肪代谢

3. 畜禽遗传资源优异性状的研究进展

随着基因组测序工作的完成，重要经济性状形成的基因解析正在成为研究的热点。我国已自主利用全基因组关联分析等技术鉴定了一批与畜禽产肉、产蛋、产奶、繁殖、生长等重要经济性状相关的功能基因和分子标记。在猪上，共确定了4个具有育种价值的因果基因并进行了推广应用：①仔猪断奶腹泻（K88）抗病基因，可以选育对大肠杆菌K88断奶前仔猪腹泻有抗性的种猪；②多肋骨数基因，上市猪增加1根肋骨，产肉增加1千克左右，体长增加1.5厘米，增加经济效益；③酸肉改良基因，通过影响糖酵解和pH，减少屠宰后滴水损失，增加肉品产量；④健康脂肪酸基因，可以优化猪肉脂肪酸组成，增加健康型不饱和脂肪酸含量，更有益人类健康。上述研究成果获得《仔猪断奶前腹泻抗病基因育种技术的创建及应用》等国家级奖励5项。

在鸡上，鉴定了绿壳基因、乌骨基因、凤冠基因、矮小 *dw* 基因，矮小致死、蛋鱼腥味等主效基因，应用于蛋鸡育种实践过程中；在复冠、缨头、绿壳、胡须、地方鸡抱巢性等性状的分子遗传机制解析取得了突破，并形成了相应的分子诊断技术；在抗病遗传研究方面也有了显著进展，完成了我国地方鸡品种的禽流感抗性基因频率分布及Mx遗传变异选择研究及马立克氏病的抗病机制研究。在 *PLoS Genetics* 等国际顶尖期刊上发表了多篇论文，并获得《鸡分子标记技术的发展及其育种应用》等多项国家级奖励。

猪、鸡等重要畜禽遗传资源鉴定评价研究迅速带动了其他畜种重要经济性状的遗传解析、标记挖掘和品种改良的进程。如北京鸭"快大"基因、绵羊多羔基因、马的体尺基因等重要经济性状的因果基因和分子标记也相继被鉴定；肉牛MSTN双肌基因、奶牛Weaver早期流产基因、奶牛产奶量基因及其标记等已经应用于育种；绵羊高繁殖率基因 *Booroola*、羊美臀基因 *Calipagy* 等与羊经济性状有关的功能基因被分离和克隆；44个主效基因已应用于商业化检测。

（二）畜禽新品种（配套系）培育

目前，研究人员以地方品种为主要素材，培育了川藏黑猪配套系、Z型北京鸭、中畜草原白羽肉鸭等140个新品种、配套系。地方品种的推广和应用稳步推进，293个地方畜禽品种得到初步的产业化开发。猪、鸡、牛和羊地方品种的专门化选育和开发利用受到各方重视。

家禽的新品种培育取得了可喜的成果。利用国内丰富的地方品种资源，先后育成了京系列、农大3号、新杨绿壳等蛋鸡配套系和温氏新兴黄鸡、岭南黄鸡、雪山鸡等优质黄羽肉鸡新品种、配套系共计67个，使中国蛋鸡、肉鸡自主育种迈上一个重要台阶，使中国蛋鸡产业摆脱了对外国品种的依赖，并形成规模巨大的优质肉鸡产业。水禽育种成效也很显著，中畜草原白羽肉鸭、中新白羽肉鸭（图11）等自主培育品种在料重比、胸肉率、皮脂率等关键生产性能指标上比引入品种更具有明显优势，更加符合国内大众消费需求，打破了外国公司的技术与品种垄断，实现了白羽肉鸭品种的国产化。

图11　我国培育的中新白羽肉鸭配套系

同时，家畜的新品种培育也稳步推进，共培育出了鲁烟白猪、松辽黑猪、天府肉猪等13个新品种和13个配套系；培育了夏南牛、延黄牛、辽育白牛、蜀宣花牛、云岭牛5个专门化肉牛品种；育成了20余种不同生产方向的羊品种，如新疆毛肉兼用细毛羊、中国美利奴羊、云南半细毛羊、新吉细毛羊、晋岚绒山羊、苏博美利奴羊等毛羊品种和巴美肉羊、昭乌达羊、察哈尔羊等肉用绵羊品种和南江黄羊、简阳大耳羊等肉用山羊品种。近期，我国自主培育的民猪新品种、节粮黄羽肉鸡新品种、巴美肉羊新

品种等均获得国家科学技术进步奖二等奖。

总体来说，家畜和特种动物的新品种培育由于世代间隔较长，培育难度较大、速度较慢。

（三）标志性科技成果

1. 畜禽遗传资源调查与保存

（1）1987年　家畜家禽品种资源调查及《中国家畜家禽品种志》　国家科学技术进步奖二等奖　中国农业科学院畜牧研究所　第一次全国范围全面开展畜禽品种资源调查工作，历时9年，涉及29个省（自治区、直辖市），对各地方畜禽品种形成历史、生态环境、数量、分布、生物学特征、生产性能和利用现状等七个方面均做了详细调查，发掘了一批畜禽品种，经过筛选及"同种异名"和"同名异种"的归并，共计收录282个品种，其中马、驴43个，牛45个，羊53个，猪66个，家禽75个。为国家制订畜禽品种区划、保存和利用畜禽资源培育高产优质的新品种，奠定了良好的基础。

（2）1987年　中国主要地方猪种质特性的研究　国家科学技术进步奖二等奖　东北农学院　历时5年，168次综合试验，撰写《中国地方猪种种质特性》一书，基本明确了10个品种（类群）的种质特性，并对我国一些地方猪优势（繁殖、生长发育、生理生化、抗逆性、行为特性、肉质特性等17个专题）分别进行了总结，为本地猪开发利用提供了依据，为创立具有中国特点的品种学奠定了基础。

（3）2001年　畜禽遗传资源保存的理论和技术　国家科学技术进步奖二等奖　中国农业大学　从理论到技术、从宏观到微观，对畜禽遗传资源的保存和利用做了系统研究，提出了保种的优化设计，解决了保种群体的大小、世代间隔的长短、公母畜最佳的性别比例和可允许的近交程度等一系列理论问题，并把计算机技术、分子生物技术、实验动物模拟和地理信息系统综合应用于畜禽遗传资源的保存与管理，为今后对遗传资源的保护与开发利用提供了科学依据。

2. 畜禽遗传资源优异基因挖掘与利用

（1）2003年　猪高产仔数 FSH-β 基因的发现及其应用研究　国家技术发明奖二等奖　中国农业大学　以国际上繁殖力最高的我国地方品种二花脸猪和欧洲商业品种猪等为研究素材，利用候选基因策略，在国际上率先发现了猪 FSH-β 基因是影响猪产仔数（包括总产仔数、产活仔数）的主效基因或遗传标记。研究表明，第1胎和经产胎次总产仔数和产活仔数 BB 基因型明显高于 AA 基因型（$P<0.01$），差异均达到了2头以上。但对初生重和20日龄体重没有产生任何作用，表明该基因只对产仔性状有影响。目前，研究母猪的规模达到2万头以上。

（2）2005年　猪重要经济性状功能基因的分离、克隆及应用研究　国家科学技术进步奖二等奖　江西农业大学　系统研究了16个影响猪重要经济性状的功能基因，创建了4项用于种猪生长、肉质及抗病性状选育改良的分子育种专利技术，并在全国生猪主产省份推广应用。包括在国际上首次精细定位了 SCD、$PGK1$ 和 $PGK2$ 基因，并分离、克隆了全长序列；发现中国地方白毛猪-荣昌猪的白毛基因存在显著的遗传差异；构建了中国地方猪种资源基因组 DNA 库等，该研究成果对我国猪种改良具有重要意义。

（3）2008年　中国地方鸡种质资源优异性状发掘创新与应用　国家技术发明奖二等奖　河南农业大学　在地方鸡的育种上，利用地方特色明显的优异性状如黄麻羽、青黑胫、矮小基因、绿壳、粉壳等发掘创新，培育包装性状突出、生产性能优良、具有自主知识产权、应用广泛的核心品系，并创建一系列制种模式，为中国地方鸡种质资源保护和开发利用提供新思路、新方法和新材料，对抵御外来鸡种侵略、防止我国特有优质鸡种质资源流失、提升优质鸡行业核心竞争力意义重大。

（4）2009年　鸡分子标记技术的发展及其育种应用　国家技术发明奖二等奖 中国农业大学　在"863"等计划的支持下，历时15年，发现了可用于鸡生长、脂肪、肉质、抗病等重要性状改良的分子标记，开发了相应的诊断试剂盒，在国内9家蛋鸡和肉鸡育种龙头企业中推广应用，每年新增收益1.9亿元；特别是性连锁矮小基因和慢羽基因产业化，为我国蛋鸡新品种成功育成提供了重要的理论指导和分子育种方法；发展了国际先进的基因精细定位和基因功能验证技术体系，以及高通量分子标记检测技术平台，为我国鸡分子标记育种持续创新奠定了重要基础。

（5）2011年　仔猪断奶前腹泻抗病基因育种技术的创建及应用　国家技术发明奖二等奖 江西农业大学　研究首次在国际上发明了高精准度的仔猪断奶前腹泻 (ETEC F4ac) 抗病基因育种新技术，并利用该技术选育改良了覆盖我国所有20个生猪主产省的84个核心育种群，使受试种群的腹泻易感个体比例下降20%以上，仔猪腹泻发病率显著下降，实现了我国种猪抗病育种技术的重要自主创新，有力推动了我国种猪业的行业科技进步和可持续发展。

（6）2012年　猪产肉性状相关重要基因发掘、分子标记开发及其育种应用　国家技术发明奖二等奖　中国农业科学院北京畜牧兽医研究所　该成果通过创建基因资源高效发掘及分子标记开发利用技术体系，解决了产肉性状基因发掘困难和可用标记缺乏等难题，利用分子辅助育种技术，在"基因"的微观世界里做起了大文章。不但创建了高效基因资源发掘技术体系，实现了大规模发现猪产肉性状相关基因，还开发出 10 个适用性广、高效简便、成本低廉的新的产肉性状基因标记，构建了猪分子标记辅助育种体系。大大加快育种进程，降低选种成本，为我国猪品种改良提供了重要的分子标记和有力的技术支撑，对充分挖掘优异基因资源和发展我国种猪业具有重要的战略意义。

（7）2016年　良种牛羊高效克隆技术　国家技术发明奖二等奖　西北农林科技大学　该成果发明了提高克隆胚发育能力的系列方法、牛羊克隆胚高效发育技术和牛羊体细胞基因精确编辑等技术，用其技术克隆顶级种牛1 083头，克隆顶级种羊1 658只，其克隆的群体规模远大于国内外已有报道。张涌团队克隆的牛羊胚胎、冻精和克隆公羊推广范围已多达全国19个省（自治区、直辖市）的39个市县，已先后生产良种牛15.3万头、良种羊14.4万头，产值效益达上百亿元，对提升我国牛羊种质创新和良种繁育水平发挥了重要作用，为培育优质抗病牛羊新品种、抢占制高点做好了战略储备。

（8）2018年　地方鸡保护利用技术体系创建与应用　国家科学技术进步奖二等奖　河南农业大学　经实践，提出"研究与单流向"利用保护和"通用核心系"培育理念，创建地方鸡保护利用技术体系，实现了地方鸡保护与利用可持续发展；创新地方鸡"快速平衡"育种技术，突破本品种选育进展慢以及高产与优质难兼顾的技术瓶颈。该研究团队还培育了11个通用核心系，授权发明专利25项，解决了地方鸡直接利用性能低、逐一选配套困难多等技术难题；育成2个国家审定新品种，推动了地方鸡品种自主创新、标准化生产和产业化开发。项目成果的推广应用，为我国地方鸡资源多样性保护和优质禽产品生产做出了重要贡献。

（9）2018年　猪整合组学基因挖掘技术体系建立及其育种应用　国家技术发明奖二等奖　华中农业大学　该项目围绕"绿色健康养殖"理念，针对我国养猪生产中种猪抗病力弱、优质健康种猪缺乏等问题，综合利用各类基因组学技术，开发了10个用于优质健康猪培育、具有自主知识产权的分子育种标记筛选出猪重要候选基因589个，向GenBank提交基因序列80条，鉴定到24个与产肉、免疫性状显著关联的基因突变，取得10个具有自主知识产权的分子育种标记。该项目建立高效的优质健康猪培育的整合育种技术，在优质健康猪相关技术发明及其育种应用方面取得了重要进展。

四、畜禽遗传资源未来发展方向

（一）加强畜禽遗传资源的收集保存

重点对西北、青藏高原等地理偏远、环境脆弱地区的抗逆性畜禽遗传资源进行全面普查和系统收集。对畜禽驯化起源中心、多样性中心的优异遗传资源进行有效引进和保存。对我国珍稀、特有的地方资源及其野生近缘种加大生物技术保种力度，进行抢救性收集和长期保存，通过制作冷冻胚胎、精液、体细胞等遗传材料尽快将其保存起来，为开发利用打好基础。进一步查清我国畜禽遗传资源家底，大幅提升资源保存总量、优化资源结构，明确不同畜禽遗传资源的多样性，预测资源变化趋势，建立资源多样性动态监测和网络预警机制，提出遗传资源保护与利用策略，根据畜禽遗传资源濒危状况判定标准，及时有效预警资源濒危风险，提高地方畜禽遗传资源保护的针对性和前瞻性。

（二）加快畜禽遗传资源的深度发掘

大力开展地方畜禽遗传资源种质特性研究、评估分析与优良基因挖掘。创新完善畜禽遗传资源保护理论，深入开展畜禽和蜜蜂保种技术研究，加快猪、马等畜种的胚胎、精子、细胞等遗传物质超低温冷冻保存技术研发，解决制约地方畜禽遗传资源保护与利用工作发展的技术瓶颈，不断提升资源保护与利用科技创新水平。构建动物突变体库、嵌合体家系、野生近缘种和培育品种杂交系等资源群体，突破畜禽遗传资源精准鉴定、基因发掘与种质创新的关键技术，建立规模化发掘控制畜禽产肉产蛋性能、繁殖力、肉品质、抗逆、抗病、饲料报酬率等性状的新功能基因，利用畜禽体细胞库和干细胞库，建立快速功能基因验证平台。

（三）强化畜禽遗传资源创制能力

以经济效益优良、种质特性优异的地方畜禽品种为核心，在资源深度发掘、重要经济性状调控机制研究、动物群体协同进化规律、畜禽驯化选择信号等研究基础上，建立基因组选择技术、分子设计、基因组编辑技术等现代种质创新体系，创制优质、高效、抗病、节粮等目标性状突出的新种质。

（四）优化畜禽遗传资源保存机构配置

健全保护保存体系，应保尽保。以扩建、升级或新建等方式加强国家级种质资源长期库、区域性基因库、原产地保护点等资源机构的保存能力和基础设施配套。科学布局国家畜禽遗传资源保存机构，在北京设立国家级种质资源长期库，在东北区和华北区设立生猪、奶牛、肉牛和肉羊区域性基因库；在华南区设立家禽和猪的区域性基因库；在长江中下游区、西北区、北方农牧交错区、西南区设立草食畜的区域性基因库；在青藏区设立牦牛、藏系绵羊、绒山羊等高原特色的区域性基因库，服务于国家畜牧业结构性调整的目标。建立超低温遗传物质保存与复原技术体系。国家级长期保存库、区域性基因库和原产地保护点的互联互通数据库，拓展畜禽种质资源保护和共享利用平台的资源互通、信息共享、动态预警功能。

参考文献

国家畜禽遗传资源委员会. 2011. 中国畜禽遗传资源志·猪志 [M]. 北京：中国农业出版社.

国家畜禽遗传资源委员会. 2011. 中国畜禽遗传资源志·羊志 [M]. 北京：中国农业出版社.

王仁湘, 1981. 新石器时代葬猪的宗教意义——原始宗教文化遗存探讨札记 [J]. 文物 (02) :79-85.

辛亚平, 张英汉, 王自良, 等, 2004. 牛血液蛋白多态性与数量性状的关系 [J]. 黄牛杂志 (04):23-26.

Ai H, Fang X, Yang B, et al., 2015. Adaptation and possible ancient interspecies introgression in pigs identified by whole-genome sequencing[J]. Nature genetics. 47(3): 217-225.

Bactrian Camels Genome Sequencing and Analysis Consortium, Jirimutu, Wang Z, et al., 2012. Genome sequences of wild and domestic Bactrian camels[J]. Nature Communications, 3: 1202-1209.

Cai X, Chen H, Lei C, et al., 2007. mtDNA diversity and genetic lineages of eighteen cattle breeds from Bos taurus and Bos indicus in China[J]. Genetica, 131(2):175-183.

Cai X, Chen H, Wang S, et al., 2006. Polymorphisms of two Y chromosome microsatellites in Chinese cattle[J]. Genetics Selection Evolution, 38(5):525-534.

Chen N, Cai Y, Chen Q, et al., 2018. Whole-genome resequencing reveals world-wide ancestry and adaptive introgression events of domesticated cattle in East Asia[J]. Nature Communications, 9(1):2337.

Dong Y, Xie M, Jiang Y, et al., 2013. Sequencing and automated whole-genome optical mapping of the genome of a domestic goat (Capra hircus) [J]. Nature Biotechnology, 31(2):135-41.

Groeneveld LF, Lenstra JA, Eding H, et al., 2010. Genetic diversity in farm animals--a review[J]. Animal Genetics, 41 Suppl 1:6-31.

Guo J, Du LX, Ma YH, et al., 2005. A novel maternal lineage revealed in sheep (Ovis aries) [J]. Animal Genetics, 36(4):331-6.

Huang Y, Li Y, Burt DW, et al., 2013. The Duck Genome and Transcriptome Provide Insight into an Avian Influenza Virus Reservoir Species[J]. Nature genetics, 45(7):776-783.

Jiang Y, Xie M, Chen W, et al., 2014. The sheep genome illuminates biology of the rumen and lipid metabolism[J]. Science, 344(6188):1168-1173.

Ling, Y, Ma Y, Guan W, et al., 2010. Identification of Y chromosome genetic variations in Chinese indigenous horse breeds[J]. The Journal of heredity, 101(5):639-643.

Lu L, Chen Y, Wang Z, et al., 2015. The goose genome sequence leads to insights into the evolution of waterfowl and susceptibility to fatty liver[J]. Genome Biology, 16(1):89.

Mei C, Wang H, Liao Q, et al., 2017. Genetic Architecture and Selection of Chinese Cattle Revealed by Whole Genome Resequencing[J]. Molecular Biology and Evolution, 35(3):688-699.

Naderi S, Rezaei HR, Pompanon F, et al., 2008. The goat domestication process inferred from large-scale mitochondrial DNA analysis of wild and domestic individuals[J]. Proceedings of the National Academy of Sciences of the United States of America, 105(46):17659-17664.

Qiu Q, Zhang G, Ma T, et al., 2012. The yak genome and adaptation to life at high altitude[J]. Nature Genetics, 44(8): 946-949.

Sun W, Chen H, Lei C, et al., 2008. Genetic variation in eight Chinese cattle breeds based on the analysis of microsatellite markers[J]. Genetics Selection Evolution, 40(6):681-692.

Wei C, Wang H, Liu G, et al., 2015. Genome-wide analysis reveals population structure and selection in Chinese indigenous sheep breeds[J]. BioMed Central Genomics, 16(1):194.

Wong K S, Liu B, Wang J, et al., 2004. A genetic variation map for chicken with 2. 8 million single-nucleotide polymorphisms[J]. Nature, 432(7018):717-722.

Wu D D, Ding X D, Wang S, et al., 2018. Pervasive introgression facilitated domestication and adaptation in the Bos species complex[J]. Nature Ecology & Evolution, 2(7):1139-1145.

何晓红　马月辉　张桂香　陆　健　薛　明　韩　旭　刘　刚

生猪种业篇

猪在十二生肖属相中作为压阵排在最后，在中国传统文化中具有重要地位。历代留传下来的有关猪的文献典籍浩如烟海，如《氾胜之书》《齐民要术》《三农纪》《本草纲目》等都有涉及猪与神话传说、语言文字、民俗风情以及饮食文化的关系。

"猪粮安天下。"生猪产业是畜牧业最重要的组成部分，中国是世界上最大的养猪大国和猪肉消费大国，全世界48%的猪养在中国，49%的猪肉被中国人消费。猪肉是城乡居民"菜篮子"里最重要的组成部分，在中国所有的肉类消费当中，有60%左右来自猪肉产品，生猪产业对于畜牧业和社会稳定发展都具有十分重要的意义。

我国是驯化猪最早的国家之一，是世界上养猪数量最多的国家，也是世界上猪种资源数量最多的国家。我国地域辽阔，南北地理、气候差异大。我国是以汉族为主的多民族国家，历史上有过多次民族大迁徙，从而发生过多次人口流动，猪随人移，猪的各个类群间发生多次杂交和基因交流，遂形成了数量众多的地方猪类群、品系和品种。它们是我国劳动人民经过几千年的选育留给我们的宝贵财富。

一百多年来，中国人民饱受战争的动乱之苦。养猪业虽是我国农村广大农民的主要副业，但国人对此缺乏正确的统计和研究，更无人去整理、保护、鉴别和研究这些遗传资源。

新中国成立后，我国社会安定，生产发展。养猪生产也得到很大发展，养猪数量大幅增长。1950年，我国人口5.5亿人，存栏生猪6 401万头，其中能繁母猪约540万头，出栏生猪32 220万头，猪肉产量166.5万吨，人均猪肉占有量3.02千克。经过近70年的发展，至2018年，我国人口13.95亿，比1950年增加8.45亿，增幅153.64%；存栏生猪42 817万头，增加36 416万头，增幅568.91%；其中能繁母猪存栏达2 940万头，增加2 400多万头，增幅超过444.44%；年出栏生猪6.938亿头，增加3.718亿头，增幅115.47%；猪肉产量5 404万吨，增加5 237.5万吨，增幅3 145.65%；人均猪肉占有量38.73千克，增加35.71千克，增幅1 182.45%，发生了翻天覆地的变化（表1）。

表1　中国的猪肉生产（1950年／2018年）

年度	1950年	2018年[①]	2018年比1950年增加	增幅（%）
人口（亿）	5.5	13.95	8.45	153.64
存栏生猪（万头）	6 401	42 817	36 416	568.91
能繁母猪（万头）	540[②]	2 940	2 400	444.44
出栏生猪（亿头）	3.22	6.938	3.718	115.47
猪肉产量（万吨）	166.5	5 404	5 237.5	3 145.65
人均猪肉占有量（千克）	3.02	38.73	35.71	1 182.45

注①据国家统计局公报2019年2月28日；②按存栏生猪数的8.5%估算。

新中国成立后，我国猪肉供应经历了几个阶段。新中国成立初期，居民整体生活水平低，"部分人无钱吃肉"；1958—1960年三年困难时期，大家"凭票吃肉"；1992年后，猪肉供应数量不断增长，实现了"敞开吃肉"；2001年后，随着经济社会发展进步，优质畜产品消费需求增加，人们追求"吃优质肉"。种猪生产方式，在1840年前全部依靠地方品种；1840—1976年，以地方品种为主，少量引入品种；1977—2005年，传统养殖向现代养殖方式转变过渡，大量引入品种、地方品种数量减少；2006—2019年，现代规模化、标准化养殖快速发展，进入引入品种与地方品种开展自主育种创新的阶段。

一、我国生猪种业发展历程

"国以农为本，农以种为先。"种业是农业的基业，种猪业是畜牧业发展的基准和保障，良种筑基石。我国养猪数量和猪肉产量在70年中能大幅增长，其中重要的一个因素是猪种结构的调整、猪种改良和对地方猪种资源的保护。70年发展大致可分为以下3个阶段。

（一）蹉跎岁月创业期（1949—1977年）

1. 新中国成立初期各项基础工作的恢复与发展

1949—1957年，我国国民经济逐步恢复，养猪生产走上正轨。1957年，我国存栏生猪1.45亿头，出栏肉猪7 131万头，种母猪数量达1 000万头以上（按存栏生猪数的8.5%计算），人均猪肉占有量6.25千克。国家开始重视对猪种资源的调查。

20世纪50年代，中国农业科学院曾组织各地有关院校、科研、生产单位对各地的地方猪种进行原产地分布、数量、外貌、生产性能等进行调查。1956年，由上海科学技术出版社出版了《祖国优良家畜品种》（第一、二、三集）（中国畜牧兽医学会编，其中包括猪的品种）。1960年，由中国农业科学院畜牧研究所编辑了《中国猪种介绍(第一集)》（科学出版社出版）。

20世纪70年代后期，各地又进行多次调查、补充，1976年由上海人民出版社出版了《中国猪种（一）》（系统介绍了我国19个地方猪种和6个培育猪种）。1978年上海科学技术出版社又出版了《中国猪种（二）》（李炳坦等主编，系统介绍了我国15个地方猪种和7个培育猪种）。

在猪的育种技术方面，20世纪60年代前，我国猪的育种实践缺乏系统、科学的遗传学理论指导，对性状的遗传改良几乎无规律可循，种猪选种多凭借育种者个人的经验依据表型进行，选种的准确性差，选种效率低下，选择进展和改良速度缓慢。在之后的几十年里，我国猪育种的根本性变化在于选种有了数量遗传学作为理论基础（彭中镇，2008），数量遗传学对促进我国猪育种技术进步与育种效率的提高起到了重要作用。

2. 猪育种科研大协作并育成一批新品种

20世纪70年代，在著名学者吴仲贤、许振英、盛志廉等的推动下，数量遗传学开始向我国猪育种领域传播和渗透，对促进我国猪育种工作发展和观念改变起到了历史性作用。其间，全国猪育种科研协作组及全国动物数量遗传理论及其应用科研协作组在养猪界对传播、普及数量遗传学与育种技术起到了重要作用。

1972年成立的全国猪育种科研协作组，对推进全国和地区性的猪育种科研大协作起到了重要作用。协作组先后制订了《全国猪育种科研协作计划（草案）》，提出了《关于优良猪种选育若干技术问题的意见》，为全国统一种猪测定技术、测定标准、计算方法和种猪选育方法奠定了重要基础。此后，华北、东北、西北、西南地区及各省（自治区、直辖市）猪育种科研协作组也相继成立，同时一些正在选育的猪种也组建了育种协作组。全国猪的育种科研协作呈现了生机勃勃的景象。

1973年，在广东省佛山市顺德区召开的全国猪育种科研协作组第二次会议暨第一次学术讨论会上，许振英教授、吴仲贤教授提出了我国猪育种工作必须大力普及现代遗传学特别是数量遗传学知识的倡议。许振英教授介绍了加拿大拉康比猪的育成经验，提出了多世代表型选择法；吴仲贤教授以"数量遗传学在养猪育种中的应用"为题，论述了数量遗传学的理论与方法如何应用于猪的育种实践；陈润生教授做了题为"三江白猪育种方案的理论依据与技术关键"的报告，阐述了数量遗传学理论指导下的育种思路与措施。这些学术报告为我国现代遗传育种理论的应用，猪群体继代选育技术的推广，猪杂种优势利用的广泛开展和肉用型、瘦肉型猪的大发展起到了重要的引导、奠基和里程碑作用。

1974—1975年，受农业部委托，东北农学院先后举办了三期全国猪育种技术训练班，第一次在国内向猪育种工作者介绍数量遗传学基本知识和现代猪育种的新进展，对于改变我国猪育种工作的观念和方法起到了重要作用。

（二）励精图治、开拓创新期（1978—2005年）

在这28年中，我国种猪数量大幅增加，品种结构发生极大变化。引入品种逐步成为主导品种，地方品种数量急剧减少。

1978年，党的十一届三中全会后，中国走上改革开放的道路。特别是1985年取消了生猪饲养的"派购政策"，大大调动了广大从业者的养猪积极性。国外瘦肉型猪种大白猪（大约克夏猪）、长白猪、杜洛克猪等引入我国。据农业部统计，我国从1991年至2000年，共引进种猪约1.6万头，其中大白猪约10 000头、长白猪3 779头、杜洛克猪2 198头，平均每年引入1 600头左右。2000年以后引入数量更多。

*1972—1982年，通过科研、教学、生产单位的大协作，开展了大量富有成效的猪育种工作。先后通过了一批培育猪种的省级鉴定和验收：哈尔滨白猪（1975）、新淮猪（1977）、上海白猪（1978）、浙江中白猪（1980）、新金猪（1982）、东北花猪（1980，包括黑花猪和沈花猪）、伊犁白猪（1982）、新疆白猪（1982）、北京黑猪（1982）、汉中白猪（1982）、宁夏黑猪（1982）、赣州白猪（1983）、吉林花猪（1978）等13个新品种。1982年在山东省泰安市召开了全国猪育种科研协作组十年总结暨学术交流会，进一步修订了《全国猪育种科研协作计划》和《关于优良猪种选育若干技术问题的意见》，提出继续做好地方猪种选育、研究筛选猪高效杂交组合、进一步建立健全良种繁育体系，加强遗传理论与选种方法、猪品系繁育等研究。

1983—1990年，又相继育成了三江白猪（1983）、甘肃白猪（1988）、广西白猪（1985）、芦白猪（1983）、湘白猪I系（1989）、山西黑猪（1983）、湖北白猪（1986）、福州黑猪（1978）、吉林黑猪（1978）、泛农花猪（1983）等10个新品种（系）。其中，我国第一、二个瘦肉型猪新品种三江白猪（1983）和湖北白猪（1986）的育成开创了我国猪新品种选育从总体思路到具体措施都较好地体现数量遗传学理论指导作用的先例（彭中镇，2008；李炳坦，1992）。

全国猪育种科研协作组从1972年9月成立到1992年10月结束，前后经历了整整20年。其间开展了大量全国性猪育种的专题性协作科研工作，为恢复当时的养猪生产秩序、促进我国猪育种技术进步和养猪产业发展做出了卓越贡献（赵志龙，2007）。

2005年，全国母猪数量达到4 893万头，比1980年增加了2 731万头；同时，猪的品种结构发生了大调整。1980年前，我国的母猪品种主要是地方品种，占80%以上，至2005年，在这4 800多万头母猪中，可以分为三大类。第一类，引入品种及其杂交母猪逐年增加，占全部母猪的70%～80%；第二类，地方品种母猪，逐年减少，下降至5%以下；第三类，地方品种母猪和引入品种公猪杂交，经过选育的培育猪群，占10%～20%。

---

* 因工作的延续性，整体性，1972—1977年猪育种工作未做单独统计，均统计到励精图治、开拓创新期。

在这段时期，法国等国家对中国地方猪种的高繁殖性能产生极大的兴趣。法国农业部先是派专家到中国考察分布在江苏、浙江的梅山猪、嘉兴黑猪等，然后提出要购买这些产仔数高的地方猪种，或用法国的肉牛来交换。中国有关部门考虑到猪种资源的保护，当时没有同意。最后采取赠送几头地方猪种给法国的方案。1979年10月18日，我国农业部向法国农业部赠送了梅山猪、金华猪、嘉兴黑猪各3头。在上海举行了交接仪式（文汇报，1979年10月19日），这是中国猪种第三次与外国猪种发生基因交流。第一次是公元1—4世纪，中国猪种与古罗马猪种的基因交流，欧洲育成了罗马猪[或称那不勒顿（Neapoliton）猪]；第二次是在18世纪时，中国猪种（广东猪种）与欧、美猪种的基因交流，使英国育成了巴克夏猪、约克夏猪（王林云，2014）。

梅山猪自从1979年进入法国后，就受到法国畜牧界的高度重视，法国用梅山猪"血统"为主的中国猪基因培育出了两个中欧合成系——嘉梅兰(Tiameslan)和太祖母(Taizumu)。嘉梅兰猪分别于1983年和1985年两次建群(品系1和品系2)，其初始的几个世代分别独立选育，直至1988年两系进行合并。太祖母基础群始建于1995年，经过10多年的选育，其窝产仔数可达14.6头（张似青，赵志龙，2005）。后来，培育出新的产仔高的法国大白猪。

近年来，从丹麦和法国引进的大白猪和长白猪都有较高的产仔数。如2011年，湖北省农业科学院畜牧兽医研究所从法国引进了79头大白猪，经过两个世代的选育，大白猪的初产总产仔数14头，经产14.9头（雷彬 等，2016）。2013年8月，广东省惠州市广丰农牧有限公司从丹麦引进60头长白猪母猪，2016年测定结果表明，长白猪母猪总产仔数达14.27头，产活仔数12.23头（赵剑洲 等，2016）。

美国农业部也对中国的地方猪种产生了兴趣。1989年3月21日和3月26日分两次将99头梅山猪，经上海虹桥机场启运至美国迪卡公司和美国农业部。

在这个时期，我国养猪界的科学家、企业家，对上述三大类猪种分别进行了调查、保护和研究。

1. 对我国地方猪种的调查、保护和研究

（1）编写《中国猪品种志》 农林部在1976年就将畜禽品种资源调查和编写《中国家畜家禽品种志》列为重点科研项目，由中国农业科学院畜牧研究所组织实施。1979年，全国29个省（自治区、直辖市）开始了新中国成立后第一次全面、系统的调查，中国猪种资源的调查和《中国猪品种志》的编写是其组成部分之一。

1986年出版的《中国猪品种志》（张仲葛主编，上海科技出版社出版），除了更全面地介绍各个地方猪品种的产地、分布、性能之外，还在总论中第一次对地方猪种按地理分布进行分类，把我国48个地方猪种按其地区、性能分为华北型、华南型、华中型、西南型、江海型和高原型六大类型。便于今后更好地研究和利用地方猪种，同时比较完整地记录了我国12个培育品种和6个引入品种。

（2）对我国主要地方猪种的相关研究 1979年，农业部立项"中国主要地方猪种质特性的研究"，开始对我国几个地方优良猪种的种质特性进行了系统研究，对若干数量性状和质量性状进行了研究。受农业部委托，以东北农学院许振英教授为首的十个教学、科研单位，组织10个学科200多位科学家对民猪、二花脸猪、嘉兴黑猪、金华猪、姜曲海猪、大围子猪、河套大耳猪、内江猪、大花白猪等的繁殖、肉质等多项性能进行研究，1989年11月出版了《中国地方猪种种质特性》（许振英主编）。大量的科学数据深刻地揭示了我国地方猪种的若干优良特性，该项研究获得1987年国家科学技术进步奖二等奖。

在全国猪育种科研协作基础上，1991年成立了中国畜牧兽医学会养猪研究会（现为中国畜牧兽医学会养猪学分会），1992年成立了中国养猪行业协会。

（3）成立国家家畜禽遗传资源管理委员会猪品种审定专业委员会　1996年1月4日，农业部批准成立了"国家家畜禽遗传资源管理委员会"，协助行政管理部门总体负责家畜遗传资源管理工作，下设有猪品种审定专业委员会，工作机构设在全国畜牧兽医总站。其主要任务是对地方猪种资源保护和对培育猪种进行鉴定和审定。

但根据什么"标准"去认定这些新品种和配套系？这是一个新的课题。近代关于品种的概念，首先是在西方出现的，开始形成大约在中世纪，进一步完善是在18世纪，这个时期着重研究繁育方法。它是随着对家畜改良工作的发展而提出来的。20世纪50年代，苏联畜牧学家提出过关于"猪品种的定义"，80年代初期，我国畜牧工作者对品种的定义又做了进一步的说明。但仔细去研究这些"定义"，就会发现，所谓"人类劳动的产物""育种价值""动物类群""适应性相似""性状相似""遗传性稳定"，这些都是"软指标"，随意性很大。没有衡量"质量性状和数量性状同质或稳定的硬指标"。能否提出一些"硬指标"？国家家畜禽遗传资源管理委员会猪品种审定专业委员会做了一些探索，详见《畜禽新品种配套系审定和畜禽遗传资源鉴定办法》（2006年5月30日通过，农业部令第65号）和《畜禽新品种配套系审定和畜禽遗传资源鉴定技术规范（试行）修订稿》（畜资委〔2010〕3号）中"猪新品种配套系审定和遗传资源鉴定条件"。

1997—2007年，根据上述的"质量性状和数量性状的审定硬指标"，猪品种审定专业委员会审定了一批新品种或配套系，包括南昌白猪、光明猪配套系、深农猪配套系、军牧1号白猪、苏太猪、冀合白猪配套系、大河乌猪、中育猪配套系、华农温氏Ⅰ号猪配套系、鲁莱黑猪和滇撒猪配套系（表2）。

表2　我国通过审定的猪新品种及配套系（1999—2006年）

序号	名称	公告时间	第一培育单位
1	南昌白猪	1999年	江西省畜牧兽医局
2	光明猪配套系	1999年	深圳光明畜牧合营有限公司
3	深农猪配套系	1999年	深圳市农牧实业公司
4	军牧1号白猪	1999年	中国人民解放军农牧大学
5	苏太猪	1999年	苏州市太湖猪育种中心
6	冀合白猪配套系	2003年	河北省畜牧兽医研究所
7	大河乌猪	2003年	云南省曲靖市畜牧局
8	中育猪配套系	2005年	北京养猪育种中心
9	华农温氏Ⅰ号猪配套系	2006年	广东华农温氏畜牧股份有限公司
10	鲁莱黑猪	2006年	莱芜市畜牧办公室
11	滇撒猪配套系	2006年	云南农业大学动物科学技术学院

畜禽遗传资源保护是一项长期性、公益性、社会性的事业，我国政府积极将此项工作纳入国民经济和社会发展规划中予以支持。为了加强畜禽遗传资源的保护与管理，国家先后出台了一系列管理法规和政策性文件。

（4）《种畜禽管理条例》发布与实施　1992年6月，在联合国环境与发展大会上，包括中国在内的167个国家共同签署了《生物多样性公约》，并于1993年正式启动了动物遗传资源保护与管理全球战略。

1994年4月，为了加强畜禽品种资源保护、培育和种畜禽生产经营管理，提高种畜禽质量，促进畜牧业发展，国务院发布了《种畜禽管理条例》。

1996年，农业部下发了《加强全国畜禽良种繁育体系建设意见》，对建立配套完善的畜禽良种繁育体系，培育、推广、利用畜禽优良品种，提高良种化程度提出了具体措施意见。

1998年，农业部制定了《全国畜禽良种工程建设规划1998—2002年》，将畜禽品种资源的保护和开发利用列为畜禽良种繁育体系建设的重要组成部分。随后根据《种畜禽管理条例》的规定，结合各省市实际，不少省市也制订了相关管理办法，1998年7月陕西省人民政府制订《陕西省种畜禽管理办法》，2000年6月江苏省人民政府实施《江苏省种畜禽管理实施办法》，2001年1月甘肃省制订并实施《甘肃省种畜禽管理办法》，2005年5月浙江省人民政府公布实施《浙江省种畜禽管理办法》。

2000年8月22日，农业部根据《种畜禽管理条例》第二章第十二条的规定，公布了《国家级畜禽品种资源保护名录》（中华人民共和国农业部公告第130号），其中有19个猪种资源，包括：八眉猪、大花白猪（广东大花白猪）、黄淮海黑猪（马身猪、淮猪）、内江猪、乌金猪（大河猪）、五指山猪、太湖猪（二花脸、梅山猪）、民猪、两广小花猪（陆川猪）、里岔黑猪、金华猪、荣昌猪、香猪（含白香猪）、华中两头乌猪（通城猪）、清平猪、滇南小耳猪、槐猪、蓝塘猪、藏猪。

（5）成立地方猪保护与利用协作组　2000年，全国存栏母猪4 187.8万头。但地方品种的母猪数量急剧减少，只占总母猪数的5%以下。有的面临灭绝的危险。在这种情况下，养猪界的一些同行心里都很着急。中国畜牧兽医学会养猪学分会的几位领导先到广东省东莞市、江西省玉山县、山东省莱芜市等地考察，和当地从事地方猪种保护的领导、技术员交谈。筹划成立"地方猪种保护与利用"协作组。最后，决定以中国畜牧兽医学会养猪学分会的名义，于2002年创议成立"地方猪种保护与利用"协作组，得到30余家单位的响应。2002年11月8日，"第一届地方猪种保护与利用研讨会暨协作组成立大会"在广东省东莞市召开，并聘请了协作组顾问。2003年以后，协作组根据各单位的申请，先后在山东省莱芜市（2004年11月）、江西省玉山县（2005年11月）、江苏省东海县（2006年9月）、湖南省湘潭市（2007年11月）、辽宁省丹东市（2009年8月）、广西壮族自治区陆川县（2010年10月）、湖南省长沙市（2011年10月）、黑龙江省哈尔滨市（2012年9月），除2008年外，每年举办一次学术讨论会。

2. 引入品种的选育

（1）建立种猪测定中心　1985年，中国武汉种猪测定中心在华中农业大学落成，并开展种猪集中测定工作。该中心是由中国粮油进出口总公司与华中农业大学合作投资兴建，中粮利用中丹第三批纯政府贷款1 000万丹麦克朗投资引进了当时最先进的仪器设备和种猪测定设施，原为"湖北种猪测定中心"，后更名为"中国武汉种猪测定中心"。

（2）成立四个全国性的猪育种协作组　1992年，农业部畜牧兽医司发文(1992农〔牧种〕字第159号)要求成立大约克夏猪育种协作组、长白猪育种协作组、杜洛克猪育种协作组和太湖猪育种协作组(后者2003年起改为"中国地方猪种保护和利用协作组")。1993年，这四个全国性的猪育种协作组正式成立。

（3）首届种猪拍卖会在广东省举行　1996年1月18日，第一届种猪拍卖会在广东省种猪测定站举行。据广东养猪行业协会的第一任理事长、原广东省畜牧技术推广站站长彭立人先生介绍，当广东省从国外引进了瘦肉型种猪与工厂化养猪技术后，省畜牧主管部门每年都要到这些猪场去进行调查与项目验收，在此过程中，发现了一些问题，比如种猪性能测定，如果让每个猪场都去测定，在当时很难实现。于是产生了建立中心测定站的想法，中心测定能够帮助更多的猪场，同时召开拍卖会，为企业创造一个公开、公正展示种猪性能的平台。

3. 中国瘦肉猪新品系的选育

在1985—1995年期间，由国家科学技术委员会、农业部下达任务，进行"中国瘦肉猪新品系的选育"，由中国农业科学院畜牧研究所等单位牵头，组织全国多个单位协作，分别培育出SⅠ（浙江）、SⅡ（湖北）、SⅢ（北京）和SⅣ（杭州）4个瘦肉型父系和DⅢ（浙江）、DⅣ（湖北）、DⅤ（黑龙江）、DⅥ（北京）、DⅦ（江苏）5个瘦肉型母系。1995年通过部级鉴定。

1999年，华中农业大学熊远著教授当选为中国工程院院士。熊远著教授主持育成瘦肉型母本新品种湖北白猪，主持培育的杂优杜湖猪，在20世纪80年代成为畅销港澳的名优瘦肉猪。20世纪80年代初提出中国专门化品系选育的技术路线与方法，主持培育出多个专门化父母本品系。并先后建立了中国第一个种猪测定中心、农业部种猪质检中心、农业部猪遗传育种重点实验室、国家家畜工程技术研究中心和一个产学研相结合的育种试验场。

（三）凝心聚力、保护发展期（2006—2019年）

2006年后，我国养猪业继续发展，生猪存栏数达到5亿头左右，出栏肉猪达到6亿多头。全国能繁母猪数量一直保持在4 200万～4 800万头，最多时2012年年底达到5 043万头。瘦肉型种猪数量继续大量增加，从国外进口种猪数量也逐步增加。据农业部统计，自2001年到2018年，共进口种猪117 117头，年均6 500多头；进口量超过1万头的年份是2008年（13 796头）、2012年（15 103头）、2013年（19 177头）和2017年（11 086头），主要引自美国、加拿大、法国、丹麦、英国等国家，品种包括大白猪、长白猪、杜洛克猪、汉普夏猪、皮特兰猪、巴克夏猪等。

为了保护和合理利用畜禽遗传资源，规范畜牧业生产经营行为，保障畜禽产品质量安全，维护畜牧业生产经营者的合法权益，促进畜牧业持续健康发展，由中华人民共和国第十届全国人民代表大会常务委员会第十九次会议于2005年12月29日通过了《中华人民共和国畜牧法》（以下简称《畜牧法》），自2006年7月1日起施行。

《畜牧法》把"畜禽遗传资源保护"单独列为一章（第二章），以法律的形式提出"国家建立畜禽遗传资源保护制度。各级人民政府应当采取措施，加强畜禽遗传资源保护，畜禽遗传资源保护经费列入财政预算。"（第九条）。同时明确指出，"畜禽遗传资源保护以国家为主，鼓励和支持有关单位、个人依法发展畜禽遗传资源保护事业。"（第九条）。对运用法律手段保护畜禽遗传资源做出了全面规定。

随后，根据《畜牧法》相关规定，农业部制定发布了《畜禽遗传资源保种场保护区和基因库管理办法》《畜禽新品种配套系审定和畜禽遗传资源鉴定办法》等一系列配套法规。

2007年5月，农业部成立了"国家畜禽遗传资源委员会"，下设"猪专业委员会"。

在这个时期，重点开展了以下工作。

1. 对全国畜禽遗传资源进行第二次全面调查，编辑出版了《中国畜禽遗传资源志·猪志》

为了摸清我国畜禽遗传资源的现状和近三十年来所发生的变化。从2004年下半年起，农业部组织全国农业、科研、教学各部门的领导和专家，再一次对全国畜禽遗传资源进行了调查。2008年12月和2009年1月，分别在广州、海口、南宁、武汉等地就"两广小花猪""海南猪""香猪""陆川猪""华中两头乌猪"的"分、合"问题与有关省的领导、专家召开座谈会，统一对这些猪品种的编写原则。2009年5月8—13日，国家畜禽遗传资源委员会猪专业委员会组织有关专家对重庆市的猪种资源进行了考察；5月14—19日，组织有关专家对贵州省的猪种资源进行了考察；6月14日，组织有关专家对江西省的猪种资源进行了考察；6月18日，组织有关专家对安徽省的猪种资源进行了考察。2010年3月下旬，国家畜禽遗传资源委员会猪专业委员会又组织专家去云南实地考察了高黎贡山猪和明光小耳猪等。经过多次讨论和审定，最终于2011年5月，由中国农业出版社出版了《中国畜禽遗传资源志·猪志》一书，除总论外，收录了76个地方品种、18个培育品种和6个引入品种。重点记述该猪种资源在近30年来的群体数量和性能上的变化，便于人们了解这些品种的动态变化情况。

2. 审定了一批新品种和配套系

国家畜禽遗传资源委员会猪专业委员会成立后，先后对鲁烟白猪、鲁农Ⅰ号猪配套系、渝荣Ⅰ号猪配套系、豫南黑猪、滇陆猪、松辽黑猪、苏淮猪、天府肉猪配套系、湘村黑猪、龙宝1号猪配套系、苏姜猪、晋汾白猪、川藏黑猪配套系、温氏猪配套系501、江泉白猪配套系、吉神黑猪、宣和猪、苏山猪进行了审定（表3）。

表3 我国通过审定的猪新品种及配套系（2007—2019年）

序号	名称	公告时间	第一培育单位
1	鲁烟白猪	2007年	山东省农业科学院畜牧兽医研究所
2	鲁农Ⅰ号猪配套系	2007年	山东省农业科学院畜牧兽医研究所
3	渝荣Ⅰ号猪配套系	2007年	重庆市畜牧科学院
4	豫南黑猪	2008年	河南省畜禽改良站
5	滇陆猪	2008年	云南省陆良县种猪试验场
6	松辽黑猪	2010年	吉林省农业科学院
7	苏淮猪	2011年	淮安市淮阴种猪场
8	天府肉猪配套系	2011年	四川铁骑力士牧业科技有限公司
9	湘村黑猪	2012年	湘村高科农业股份有限公司
10	龙宝1号猪配套系	2013年	广西扬翔股份有限公司
11	苏姜猪	2013年	江苏农牧科技职业学院
12	晋汾白猪	2014年	山西农业大学
13	川藏黑猪配套系	2014年	四川省畜牧科学研究院
14	温氏猪配套系501	2015年	广东温氏食品集团股份有限公司
15	江泉白猪配套系	2015年	山东华盛江泉农牧产业发展有限公司
16	吉神黑猪	2018年	吉林精气神有机农业股份有限公司
17	宣和猪	2018年	宣威市畜牧兽医局
18	苏山猪	2019年	江苏省农业科学院

3. 优化确定了地方猪遗传资源保护名录，开展了抢救性保护

为了加强我国珍贵、珍稀或濒危地方猪种资源的保护，我国自2000年公布首批《国家级畜禽品种资源保护名录》（简称《名录》）以来，结合资源动态变化，按照连续性、可操作性、突出重点的原则，在广泛征求专家及各省意见的基础上，相继于2006年、2014年对《名录》进行了修订，进一步优化了地方猪遗传资源保护名录。

与2000年的《名录》相比，2014年修订的《名录》中，42个地方猪遗传资源被列为国家级保护品种，分别比2006年和2000年的《名录》增加了8个和23个品种。42个国家级猪遗传资源保护品种分别为：八眉猪、大花白猪、马身猪、淮猪、莱芜猪、内江猪、乌金猪（大河猪）、五指山猪、二花脸、梅山猪、民猪、两广小花猪（陆川猪）、里岔黑猪、金华猪、荣昌猪、香猪、华中两头乌猪（沙子岭猪、通城猪、监利猪）、清平猪、滇南小耳猪、槐猪、蓝塘猪、藏猪、浦东白猪、撒坝猪、湘西黑猪、大蒲莲猪、巴马香猪、玉江猪（玉山黑猪）、姜曲海猪、粤东黑猪、汉江黑猪、安庆六白猪、莆田黑猪、嵊县花猪、宁乡猪、米猪、皖南黑猪、沙乌头猪、乐平猪、海南猪（屯昌猪）、嘉兴黑猪和大围子猪。

目前，通过遗传物质交换、建立保种场等方式，全国累计抢救性保护地方猪品种19个：马身猪、大蒲莲猪、河套大耳猪、汉江黑猪、两广小花猪（墩头猪）、粤东黑猪、隆林猪、德保猪、明光小耳猪、湘西黑猪、仙居花猪、莆田猪、嵊县花猪、玉江猪、滨湖黑猪、确山黑猪、安庆六白猪、浦东白猪和沙乌头猪。利用现代生物学技术，开展深度基因组重测序，成功构建了68个地方猪种的DNA库，为地方猪种质特性遗传机制研究和优良基因挖掘奠定了基础。

4. 确定了国家级畜禽遗传资源保护区和保种场

我国共优化确定了57个国家级地方猪遗传资源保种场，9个国家级遗传资源保护区，2个国家级遗传资源基因库；成功构建了68个地方猪种的DNA库；在83个地方品种中，42个为国家级保护品种，地方猪遗传资源保护工作取得了显著成效。国家通过畜禽种质资源保护、畜禽良种工程专项和其他项目及各级人民政府的配套经费，使我国的地方猪遗传资源得到有效保护。

2008年11月，确定了第一批国家级地方猪遗传资源保种场35个和国家级地方猪遗传资源保护区3个。2011年5月，确定了第二批国家级地方猪遗传资源保种场5个和国家级地方猪遗传资源保护区3个。2012年8月，确定了第三批地方猪遗传资源保种场4个。2015年3月，确定了第四批国家级地方猪遗传资源保种场8个；变更了国家级畜禽遗传资源保种场、保护区建设单位7个，其中地方猪遗传资源保种场3个。2015年12月，确定了第五批国家级地方猪遗传资源保种场2个。2017年6月，确定了第六批国家级地方猪遗传资源保种场1个。2019年4月，确定了第七批国家级地方猪遗传资源保护区1个。

5. 构建了我国地方猪品种登记网络平台

我国政府十分重视地方猪遗传资源的保护工作。根据第二次全国畜禽遗传资源普查结果，我国现有地方猪种83个。但由于引入品种具有生长速度快、瘦肉率高以及饲料转化率高等方面的优势，目前引入品种在我国的饲养量占据绝对优势，地方品种饲养量逐年减少。如何有效和针对性地开展地方猪品种保护工作是当时需要解决的问题。2011年，依托上海交通大学，全国畜牧总站开始建设中国地方猪品种登记网络平台，以随时了解全国地方猪种的动态。2013年这一工作在上海市、江苏省和浙江省启动，共有国家级保种场10个、保护区1个，地方品种8个。2015年国家级保种场全面开展登记。至2017年年底，全国已有40家地方猪保种场的8.22万头种猪的数据进行了登记，登记条目达130.8万条（鲁绍雄，李继良，2018），对我国乃至世界猪种遗传资源的保护起到了重要作用。

二、种猪联合育种与遗传资源保护的技术进步

种猪是生物活体。如何保护它们的遗传多样性，一个世代一个世代地延续下去，不断地改进和提高性能，向符合人类要求的方向发展，这是一个世界性的问题。目前的猪种资源保护和改进技术可以

分为活体保种、精子、卵子、胚胎的冷冻、DNA分子标记技术、基因工程技术等。这些技术又依品种不同而有不同的应用。其中，活体保种仍是最有效的保种方式。

（一）全国种猪联合育种与生猪遗传改良计划

改革开放以后，为适应我国瘦肉型猪发展的需要，各地相继从国外引进了一批大白猪、长白猪和杜洛克猪并建立了相应的原种猪场。为了有效地保持和提高这些优良种猪的性能，发挥这些种猪在我国养猪生产中的作用，减少从国外重复引种带来的疾病风险，培育适应我国市场和生产条件的大白猪、长白猪和杜洛克猪等种猪，1993年成立了大白猪、长白猪、杜洛克猪育种协作组。在此后的13年间，3个协作组成员单位由最初的15个扩大到155个，成员单位辐射了全国近2/3的省（自治区、直辖市），各育种协作组开展了形式多样的专题学术报告、经验交流和技术培训，积极推进种猪性能测定、遗传评估技术和联合育种，为后来的全国猪联合育种奠定了重要基础。

1997年，我国提出了建立全国种猪遗传评估体系和联合育种计划，并开始逐步实施。全国畜牧兽医总站于2000年5月印发了《全国种猪遗传评估方案(试行)》，对我国种猪遗传评估测定的性状、测定数量及统一遗传评估方法等做了规范；2004年，全国种猪遗传评估中心建设完成，初步搭建了全国联合育种框架；2006年10月在原长白猪、大白猪和杜洛克猪3个品种育种协作组基础上，整合成立了全国猪联合育种协作组。协作组成立以来，开展了大量卓有成效的工作，有力地推进了我国生猪联合育种进程。至2017年，全国猪联合育种协作组成员单位已达327家。2009年8月，农业部颁布了《全国生猪遗传改良计划（2009—2020）》，并制定了《〈全国生猪遗传改良计划(2009—2020)〉实施方案》，进一步明确和细化了我国生猪遗传改良计划的总体思路、目标、工作要求和重点工作任务。于2010年开始实施，将我国生猪遗传改良工作上升到前所未有的地位。

近10年来，在全国生猪遗传改良计划领导小组、专家组、全国种猪遗传评估中心、国家生猪核心育种场、农业部种猪质检中心、各级畜牧主管及技术推广部门共同努力下，大力实施全国生猪遗传改良计划，努力打造良种基础，重点做了四项基础工作。

一是遴选精英。选出98家国家生猪核心育种场和4个全国生猪遗传改良计划公猪站，核心群数量达15万头，成为全球最大的生猪育种核心群；选出22位育种专家，成立专家组。

2010—2018年，经过严格筛选确定的国家生猪核心育种场共计98家（原来共计105家，2016年撤销1家不合格核心育种场，2017年和2018年共撤销6家不合格核心育种场）；核心群母猪规模15万头左右，成为全球最大的生猪育种核心群。国家生猪核心育种场分布于20个省区和4个直辖市，数量较多的省份是：广东（12家）、山东（9家）、湖北（8家）、四川（7家）、福建（7家）、湖南（6家）、河南（6家）和安徽（6家）。

2017—2018年，遴选全国生猪遗传改良计划种公猪站4家，标志着改良计划在优秀种猪资源共享方面艰难地迈出了具有决定意义的一步，将对全国生猪遗传改良起到重要的推动作用。

二是夯实基础。展开数据、生产测定和技术收集的基础性工作，培训测定员、数据员、育种主管上千名。

通过培训、现场技术指导等工作，规范技术操作；更新育种理念，增强育种的自觉性；优化育种软件，简化种猪登记及性能测定记录。种猪登记和性能测定数量发生跨越式飞跃，从2010年到2018年，登记的种猪增加了25倍，性能测定数据增加了22倍，为开展遗传评估、选种选配打下坚实的基础。

2011—2018年，累计开展种猪生产性能测定员培训班22期，培训学员1 200余人；开展种公猪站高级管理培训班4期，培养公猪站高级管理人员200余名；开展数据管理员培养班5期，培训学员200余名，确保每家核心场有一名经过培训的数据管理人员。经过近10年的培训，为核心场培训了中坚技术力量，宣传了现代育种理念，营造了良好的育种氛围。

三是建立机制。建好全国种猪遗传评估中心，服务育种企业；同时，核心育种场实行了专家联系制度。

2018年，全国种猪遗传评估中心注册猪联合协作组成员单位达到390个，累计登记种猪870万头，共收集数据1 400万条。核心育种场每月及时上传育种数据至全国种猪遗传评估中心。以国家生猪核心场为主，对全国猪场每个星期遗传评估两次，每月发布一次性能测定数据质量报告，并协助全国畜牧总站出版全国种猪遗传评估报告，每季度发布1期全国种猪遗传评估报告。至2018年年底，已完成遗传评估计算任务159次，单次计算任务数据量1 064万条，48小时之内将用户上传数据结果通过平台反馈给用户。全国种猪遗传评估仍以单场为主，2018年开始区域性跨场联合遗传评估。

核心场指定联系专家除不定期开展技术指导外，全国畜牧总站还组织专家组赴核心场开展有针对性的技术指导，调整选留比例，优化育种流程和方案。同时对核心场开展严格的督导检查，对于不履行义务、不认真开展育种工作的企业，坚决予以淘汰。

四是促进交流。以全国生猪遗传改良计划公猪为纽带，带动遗传物质交流，推动联合育种。

全国生猪遗传改良计划公猪站，种猪质量优秀、设施设备先进、技术力量雄厚、生物安全等级高、产品质量可追溯。通过精液交流，提高了场间关联率，推动了联合育种。

2011年，杜洛克猪、长白猪和大白猪的全国平均场间关联率分别为0.04%、0.06%和0.06%，到2018年已分别提高到0.36%、0.44%和0.46%，增长了9倍、7倍和8倍，且形成了由多个有遗传联系场组成的遗传关联组，杜洛克猪、长白猪和大白猪关联组包含的猪场数量分别占核心场数的35%、28%和34%，可以开展区域性的联合遗传评估和联合育种。

综上，种猪生产性能测定和遗传评估的理念日益深入人心，区域联合、战略联盟不断涌现。选育进展显著，联合育种取得成效。生长速度加快，背膘由厚变薄，总产仔数增加。加拿大1980—2010年30年的生猪改良结果表明，生长速度一年缩短1天，产仔数每年增加0.1头。与此相比，我国杜洛克猪生长速度平均每年缩短1天，大白猪和长白猪产仔数每年增加0.10头和0.17头，效果更为明显。基本上摆脱了"引种-退化-再引种-再退化"的尴尬局面，进入"引种-适应-改良-提高"的良性循环。

（二）猪育种软件的研发与应用

在现代集约化的养猪生产中，要想满足猪场的日常生产管理和育种管理，亟须使用方便简洁、符合猪场实际需求、易于操作和维护的猪场生产管理和育种管理的系统软件。

改革开放以来，我国多家单位、公司和企业紧密合作、联合攻关，相继研发了一些用于猪场生产管理和育种分析的软件，并出现了一些功能全面、成熟、商品化的软件。

1991年，王林云等研制了猪育种生产微机系统，包括饲料配方子系统、配种预产子系统、种猪数据库子系统和数理统计子系统。1993年，雏鸣峰等研制了AMBLUP和SMBLUP软件，用于种猪EBV的计算。1995年，中国农业科学院畜牧研究所和北京养猪育种中心联合研制开发了现代化猪场管理系统（IPGMIS）。1997年，李学伟等研制了种母猪遗传评估软件（MTSOWEBV），该软件利用多性状动物模型BLUP方法计算种母猪各重要繁殖性状的EBV，并按各性状的经济重要性，估计种母猪年生产能力的综合育种值。1998年，广东省农业机械研究所研制了工厂化猪场计算机管理信息系统（PPMIS），同年，孙德林和李炳坦研制开发了工厂化养猪计算机信息管理系统（杨泽明，2001）。2000年，四川农业大学与重庆市养猪科学研究院联合研制开发了种猪场网络管理系统（NET-PIG）（李学伟，2000）。南宁市网通科技公司和广西西江畜牧水产公司合作研发了猪场管理应用软件"猪场超级管家"。海辰博远公司研发了猪场管理系统软件"猪场专家2008"。中国农业大学刘少伯和葛翔等专家研制了金牧猪场管理软件（pigCHN）（孙晓燕，姜勋平，2009）。

目前，推广使用较普遍的是中国农业大学动物科学技术学院和南京丰顿科技股份有限公司联合研制的GBS（general breeding system）育种软件。GBS是在中文Windows操作系统下的猪场生产管理与育种数据分析系统软件，集种猪、商品猪生产和育种数据的采集与分析于一体，非常适合于大型种猪生产企业使用，并支持联合遗传评估和联合育种，支持多种网络环境；可以在性能测定的基础上利用多性状动物模型BLUP对育种值进行估计；同时为了适应不同企业发展和各种统计分析的要求，系统公开数据结构并提供多种与其他数据转换的接口；另外，Windows窗口标准界面设计直观易懂，用户使用起来简单方便，采集数据更加快捷、准确（杨泽明，2001）。

GBS系统软件是在充分结合世界养猪先进发达国家的种猪科学管理经验基础上，总结我国生猪育种经验和经营管理理念，运用现代计算机技术实现生命周期内的种猪生产繁育过程的全方位监管，使种猪生产和发展更加规范化、科学化、透明化。GBS系统软件根据其功能应分为育种系统和管理系统两大板块。育种系统主要负责基础信息、种猪生产、生产性能、育种分析方面的实践操作；管理系统主要负责猪群管理、销售管理、疫病防治方面的日常管理。GBS种猪场管理与育种分析系统软件涵盖了种猪场发展所需的各个层面。

综上所述，纵观我国生猪发展历程，猪育种和生产管理软件从无到有，由粗糙到精细，一直处于不断优化完善的过程中。GBS等猪育种软件的研发与应用对促进我国种猪质量提高及养猪产业发展起到了重要作用。

2015年，在信息技术快速发展的中国大地上，又出现了一款具有全新设计理念的猪场管理软件——"微猪科技"（wepigcn）。这是一款可用手机微信，也可用电脑作为终端的管理软件。它是由3位福建的年轻人——黄福江、甘毅勇、张佳共同创建的（张金辉，2016）。

（三）分子生物学技术在我国猪育种中的应用

一般认为家畜的育种工作从18世纪就开始了。1900年以前，种畜的选种几乎是采取"见好就留"的表型选择方式，育种者的经验在很大程度上影响着选种决策和育种效果。而后伴随着数量遗传学、统计学、计算科学以及基因分析等科学技术的发展和交叉融合，遗传评估和选种方法得以不断发展，从最初的表型选择(phenotype selection)，历经指数选择(index selection)、最佳线性无偏预测(best linear unbiased prediction，BLUP)选择，发展到标记辅助选择 (marker-assisted selection，MAS)，乃至基于覆盖整个基因组分子标记的基因组选择 (genomic selection，GS)。在这一发展历程中，遗传评估所用的信息量逐渐增大，选种的准确性逐步提高，从而大大提高了选种的准确性和育种效率。

猪的性状是在个体发育过程中逐渐形成和表现出来的。因此，选种是贯穿猪只发育过程的连续行为。在现代猪育种中，种猪的选留主要依据遗传评估结果，兼顾后备种猪的体型外貌、血缘分布和生长发育等情况分阶段进行。伴随着遗传评估等育种技术的发展，种猪选种方法大致经历了表型选择、指数选择、BLUP选择等发展阶段，并正在步入以标记辅助选择和全基因组选择为主的分子育种阶段，种猪遗传评估与选种方法的进步，有效提高了猪选种的准确性和选种效率，促进了种猪质量的提高和养猪产业的发展。

由于标记辅助选择可用的有效标记数目很少，且它们所解释的遗传变异比例很小，因此传统的标记辅助选择预估育种值的能力有限。为了解决标记辅助选择所面临的缺陷，Meuwissen 等于 2001 年首次提出了全基因组选择的概念。随着高密度 DNA 芯片技术和高通量测序技术的发展及 SNP 分型成本的大幅下降，为标记辅助选择提供了大量覆盖整个基因组的遗传标记信息，使得基因组选择引起了国内外研究者的高度关注。

全基因组关联分析(genome-wide association study，GWAS)方法的成功建立为在全基因组范围内寻找影响目标性状的变异位点提供了强有力的工具。GWAS 的概念于 1996 年由 Risch 和 Merikangas 提出；2005 年，*Science* 报道了第一例 GWAS 相关研究——视网膜黄斑病的 GWAS 研究（Klein *et al.*，2005）；随后，GWAS 方法被广泛应用于人类疾病和动植物复杂性状的遗传机制研究（鲁绍雄，李继良，2018）。

猪基因组测序的完成和猪 SNP 芯片 (Illumina Porcine SNP60) 的产生，为猪基因组选择应用提供了便利条件。自 2010 年以来，世界各国的猪育种工作都开始尝试将全基因组选择作为新的育种手段加以应用。PIC 作为全球最大的种猪改良公司，拥有全球最大的猪育种数据库，包括了超过 2 000 万头猪的表型、系谱数据和基因型分型信息。该公司对产仔总数、生长速度、采食量和眼肌面积等不同性状进行了全基因组选择，其 GEBV 估计的准确性是常规方法的两倍（王晨 等，2016；鲁绍雄，李继良，2018）。

在国内，由于种猪企业数量多、规模小，目前为止全基因组选择研究仅在我国少数猪育种公司展开。广东温氏集团作为我国规模最大的猪育种和商品猪生产的产业化公司之一，在国家"十二五"科技计划和国家"863"计划重大专项的重点支持下，于 2011 年在我国率先启动猪的基因组选择研究（宋志芳 等，2016; 周磊 等，2018）。研究人员采用高密度 SNP 芯片对杜洛克种猪进行全基因组扫描，获得覆盖整个基因组的 DNA 标记信息，通过与对应的重要经济性状的表型信息进行 GWAS 分析，估计出染色体片段上每个标记的效应，最后建立 GBLUP 选择方法。2013 年，我国首例采用全基因组选择技术选育的 1 头杜洛克公猪诞生。随后，温氏集团新兴育种公司建立了 1 100 头杜洛克猪的参考群体，并主要针对日增重、背膘厚、饲料转化效率等性状展开全基因组选择。与此同时，北京养猪育种中心在首农集团三元种业开始实施猪全基因组选择；以美系大白猪为选育对象，建立了近 900 头的参考群体；第一批应用全基因组选择选育的公猪已经完成，部分后备猪也已经开始应用全基因组选择进行选育。2017 年，在全国畜牧总站（全国生猪遗传评估中心）的组织协调下，"猪全基因组选择育种平台"项目在 2017 年全国猪联合育种协作组年会上正式启动。该平台汇聚了全国 7 家科研单位和 31 家生猪核心育种场，以期利用全基因组选择技术将分子育种技术运用到全国范围的生猪育种中，从而提高选种准确率和加快世代选育的遗传进展。

全基因组选择技术平台建立。由全国畜牧总站牵头，国家猪基因组选择平台专家组负责模拟数据，提供公共数据集，利用模拟软件 popsim，生成了 3 万个个体的单群体和 10 万个个体的混合群体公共数据集。中国农业大学、中国农业科学院北京畜牧兽医研究所、华中农业大学和江西农业大学四个团队参加了一步法基因组程序测试。目前，上述四个单位均可对外承担计算服务。

全基因组选择参考群体建设。截至 2018 年年底，参加全国全基因组选择项目的团队有 22 家种猪企业完成了参考群体组织采样工作，共收集种猪组织样品达 48 688 份，建立了组织样本库。对这些样本的表型数据进行了整理，建立表型数据库，完成 13 392 张芯片检测，覆盖生长、饲料转化率、繁殖等主选性状 4 个以上。构建猪全基因组选择参考群。所累积的表型数据覆盖生长、饲料转化率、繁殖等性状。

"中芯一号"自主育种芯片发布并推广应用:"中芯一号"基因组育种芯片于2018年6月28日正式到货,该芯片依据标记位点对目的性状贡献的大小,把基因位点归类分为因果基因、紧密关联位点、一般关联位点和基因组分布位点四类,由 Illumina Infinium XT 平台设计完成。预试验结果表明,"中芯一号"由江西农业大学黄路生院士牵头,国内12家科研机构共同参与,包含442个重要性状的功能基因,5.1万个位点,基因位点转化效率99.29%,位点检出率和个体检出率大于95%,芯片稳定可靠,重复力好。"中芯一号"在基因组选择育种应用时,分子亲缘关系矩阵依据位点的类别给予不同的权重,可提高基因组育种值的准确率和精准度,将助力"华系种猪"的培育。2018年8月16日,在内蒙古赤峰召开了家猪"中芯一号"技术创新及育种应用工作会。

总而言之,虽然全基因组选择在猪育种中还处于初级阶段,但是它具有加快猪遗传改良速率的巨大潜能,尤其是当前常规BLUP方法难以选择的性状(如产仔性状、饲料转化率、胴体及肉质性状等),这种优势表现得更加明显。可以预计,随着高通量测序技术与DNA芯片技术的快速发展和基因分型成本的进一步降低,全基因组选择将会在猪育种产业中得到更加广泛的应用(鲁绍雄,李继良,2018)。

江西农业大学黄路生教授2004年在猪的重要经济性状功能基因的分离克隆及应用研究方面取得一定成果,获江西省科学技术进步奖一等奖。

自从1953年 Watson 和 Crick 提出了DNA的双螺旋模型以来,人类对生物的遗传规律的认识还很粗浅。目前绝大多数的研究仅局限于某一SNP或核苷酸与某一生物性状相关性的横向研究,而对于生物在世代延续中这些SNP或核苷酸在亲代和子代之间如何变化的纵向研究,则鲜有报道。生物在纵向延续中,"子代似亲代,子代非亲代",双亲对子代的影响并不是对等的;正交和反交的后代性状也不一样(Li mei,Wang Linyun,2018)。对于一个猪种,多数人只研究它5～15年的变化,如果我们去研究它20～30年甚至更长时间的变化,就会发现有许多不同的变异和结果。人类对生物的遗传规律的认识,还只是刚刚入门。

(四)我国地方猪遗传资源保存

利用冷冻保存胚胎、精液、卵子、体细胞以及DNA文库等是保存地方猪种遗传资源的另一项技术。全国畜牧兽医总站畜禽牧草种质资源保存利用中心(简称"畜草中心")经农业部批准,于1992年立项建设,项目建设得到世界银行中国农业支持服务项目的支持而建成,1997年2月经农业部人事劳动司批准成立事业单位。"畜草中心"致力于国内外优良畜禽(胚胎、精液、卵子、体细胞以及DNA文库等)、牧草优良种质资源的收集、保存与开发利用。该中心以雄厚的科技力量为依托,在完成畜禽、牧草保种任务的同时,积极推广国内外优良畜禽、牧草和草坪草新品种,广泛开展技术交流、技术培训和技术服务。根据我国畜禽遗传资源现状,"中心"开展了猪冷冻精液、胚胎常规冷冻方法与玻璃冷冻的比较研究,筛选出适宜的配方和冷冻处理方法,探讨了家畜品种的濒危等级划分规则,提出了不同濒危等级、不同层次的保种方案和措施,建立了一套家畜生物技术保种技术规程和遗传物质安全管理规范,同时建立了猪的DNA数据库,截至2013年7月,"中心"保存有60个中国地方猪品种和引入品种近3 600个个体的DNA,并保存有部分体细胞等遗传素材(刘娣,郑小明,2018)。此外,有多所高等农业院校和省里的畜牧研究所也保存有一定数量的不同地方猪品种个体的DNA。但要把这些冷冻的胚胎、精子、卵子、DNA文库等复原到活体,能否成功?还有许多技术问题要攻克。

三、我国种猪业未来发展前景光明、任重道远

养猪业是中国农业生产的重要组成部分，种猪业更是养猪业中的核心部分。展望未来，中国的种猪业发展方向，主要包括以下几方面。

1. 总量控制

在生态文明条件下，中国到底要养多少猪？是年出栏7亿头肉猪，还是6亿头肉猪？是年存栏5 000万头母猪？还是3 000万头母猪？这是需要研究的问题。2020年我国人口将达14.5亿，以人均猪肉占有量35千克（2000—2009年的平均数为34.72千克，2000—2015年平均为36.48千克），每头肉猪平均产肉77千克计，年出栏肉猪需6.59亿头，年猪肉产量5 075万吨。如每头母猪1年提供出栏肉猪20头，只要饲养母猪3 296万头已足够。如果再进一步降低人均猪肉占有量至30千克标准，年生产猪肉只要4 350万吨，年出栏肉猪只要5.65亿头，母猪存栏数只要2 825万头已足够。如果每头母猪1年提供出栏肉猪22头，母猪数量还可以进一步减少。今后，控制母猪总量、提高每头母猪年提供的断奶仔猪数（PSY）和降低生产成本仍是我国养猪业的重要课题。

2. 提高养猪效率

中国是养猪大国，但不是养猪强国。目前，我国养猪业的整体水平与世界先进水平相比仍有较大的差距，生猪生产总体上仍处于数量增长为主、集约化程度较低的状况。与发达国家相比，在生产效率和成本控制方面存在较大差距，主要体现在PSY和饲料转化率上。在PSY指标上，2018年丹麦平均达到了33.57、荷兰30.55、德国30.10、法国28.49、美国26.80、西班牙27.45、芬兰27.46，欧盟的平均水平是27.77，而我国行业协会定点监测的规模养殖场2018年PSY仅在23～24头。除了PSY，在母猪年提供出栏生猪数量方面也同样存在较大差距，例如，丹麦和荷兰每头母猪年提供出栏生猪分别达到31.42头和29.01头，美国24.54头，而我国全国平均仅为18头左右。

育肥期饲料转化率方面，西班牙为2.48、巴西为2.50、荷兰为2.56、丹麦为2.63、美国为2.68、法国为2.75、德国为2.79、芬兰为2.70、欧盟平均为2.83。而我国生产水平较高的定点监测规模猪场饲料转化率为2.9左右。与国外先进国家相比，我国生猪养殖效率仍有很大提升空间。

3. 调整猪品种结构

在我国目前3 000万头能繁母猪中，70%以上是引入品种及其杂交母猪，5%以下是地方品种，20%～25%是地方品种母猪和引入品种杂交的培育（或正在培育）猪种。这种结构在我国还会长期存在，今后应根据我国国情，适当扩大含有一定地方猪血统比例的培育（或正在培育）猪品种。不但可以降低饲养标准，减少豆粕的使用量，减少对国外进口大豆的依赖度，还可以改善肉质，经济效益也可适当提高。

4. 建设保种场要以中等规模为主，多点分散

单个种猪场要办多大？一直是养猪界争论的问题。对单个种猪场来说，不是越大越好，防疫责任大，一旦烈性传染，全群覆没。粪便、污水的处理难，对环境污染也较大。坚持"多点分散、中等规模"是较好的方针。不主张5 000～10 000头母猪养在一个场。

在欧洲多数是中等规模的猪场，饲养母猪50～600头，肉猪500～5 000头。中等规模猪场在粪污

处理、疾病控制、种猪精细选育、人员管理等方面均有其优势。如要更大效益，则可多办几个中等规模的猪场。

5. 加强对地方猪种小群体保种和引入猪种繁育体系的理论研究

我国多数地方猪种的保种群体正在变得越来越小，只有100～200头母猪，5～6个公猪血统（有的更少）。血统越来越近，近交系数越来越高。生产性能下降，特别是产仔数，越来越低。动物小群体保种是一个世界性的难题。我国有许多地方猪种和培育猪种已经消亡或正在消亡，如项城猪、河西猪、大普吉猪、横泾猪、虹桥猪、福州黑猪等，包括20世纪50—70年代育成的几个猪种，如泛农花猪、芦白猪等，已经消亡。有的处于濒危状态。

目前，在地方猪种的保种上有许多错误的观点。包括①保种就是要保纯种，每个种猪个体都要"嘴筒一样长，耳朵一样大，产仔一样多，个儿一个样。"把猪群封闭起来，不能对外交流。公猪不能对外卖。②杂种猪不好，纯种猪好。③用动物克隆的方法来保种。④猪在世代延续中是不会变的。只要坚持纯繁，永远就是这样（王林云，2015）。

事实上，这些都是错误的。我们仔细去研究一个猪种群体的世代延续情况，就会发现：从核苷酸序列上来分析，世界上没有2头猪是完全相同的。"纯种"与"杂种"是相对的。"一母生九仔，九仔不相同"。我国地方猪种内部过去都存在不同类型，不同类型间的杂交是保持遗传多样性的重要方法。杂种猪要比纯种猪好。只有通过适当的杂交，才能提高产仔数。近年来，我们进口的法系大白猪、丹系长白猪的高产仔性能都是通过杂交而来的。克隆猪能达到保种目的吗？闭锁猪群，不对外交流，近交繁殖，只能使猪群越来越退化。因此，加强对地方猪种的小群体保种理论的研究是今后的重要内容。

对引入猪种的评估工作也应总结经验，探索有中国特色的育种理论（王林云，2017）。

6. 推动"十四五"生猪种业规划和新一轮生猪遗传改良计划发布

农以种为先，我国生猪产业经过非洲猪瘟的影响，种业结构受到破坏，优质种源的供应成为约束产业发展的关键要素。为此，借助全行业转型升级的契机，对"十四五"及下一代生猪种业进行合理规划，推动农业农村部尽快颁布《国家"十四五"生猪种业规划》和新一轮《全国生猪遗传改良计划》两个纲领性文件，建立以种公猪基因传递为主、父母代母猪内循环供应的下一代良种猪繁育体系模式，推动全基因组选择、基因组设计育种、智能化表型测定等种猪选育新技术，加大对地方猪遗传资源保护力度，继续采集保存我国地方猪种的DNA、精液、体细胞及肠道菌群等遗传材料，丰富地方品种保护手段，完善猪遗传资源保种体系，奠定未来我国生猪种业的基础。

参考文献

李炳坦，1992. 中国培育猪种[M]. 成都：四川科学技术出版社：49，97，139.

李学伟，2000. 种母猪遗传评估软件的研制[J]. 西南农业学报，13(1):66-68.

贺鹏飞，王起山，薛明，等，2014. 中国地方猪品种登记网络平台的构建[J]. 上海交通大学学报（农业科学版），32(5): 89-94.

黄若涵，2015. 2014年种猪进口数较上年下降6成，"加系"进口量首超"美系"[J]. 猪业科学，32(2): 47-48.

鲁绍雄，李继良，2018. 改革开放40年中国猪业发展与进步·猪育种技术进展[M]. 北京：中国农业大学出版社：116-128.

刘娣，郑小明，2018. 改革开放40年中国猪业发展与进步·地方猪资源保护与利用[M]. 北京：中国农业大学出版社:43.

雷彬，宋忠旭，孙华，等，2016. 法系大白猪性能测定研究初报[J]. 湖北农业科学，55(4): 1224-1226.

彭中镇, 2008. 30年来我国猪育种工作进展与展望 [J]. 猪业科学, 1: 92-95.

孙晓燕, 姜勋平, 2009. 猪育种软件的研究与应用 [J]. 现代农业科技, 15:359-361.

王林云, 2014. 基因交流是改变猪性状的重要动力 [J]. 猪业科学 (7): 38-42.

王林云, 2015. 关于猪小群体保种的顶层设计 [J]. 畜牧与兽医, 47(4):1-4.

王林云, 2017. 试论我国和欧美国家种猪育种体系的差别及网式育种 [J]. 中国猪业, 12(8):44-49.

王晨, 秦轲, 薛明, 等, 2016. 全基因组选择在猪育种中的应用 [J]. 畜牧兽医学报, 47(1):1-9.

杨泽明, 2001. 猪育种信息管理与分析系统软件的研究与开发 [D]. 武汉: 华中农业大学.

张仲葛, 1976. 我国养猪业的历史 [J]. 动物学报, 1.

张似青, 赵志龙, 2005. 中国猪在法国的应用概况 [J]. 国外畜牧学—猪与禽, 25(5):52-56.

张宁, 黄若涵, 2014. 2013年我国养猪行业总体概况 [J]. 猪业科学, 31(2):47.

张金辉, 2016. 微猪科技让养猪变得轻松高效 [J]. 猪业科学, 33(11):60-63.

张勤, 丁向东, 陈瑶生, 2015. 种猪遗传评估技术研发与评估系统应用 [J]. 中国畜牧杂志, 51(8):61-65.

赵志龙, 2007. 难忘的岁月——忆"全国猪育种科研协作组"光辉20年 [J]. 猪业科学, 11: 92-95.

赵剑洲, 谢水华, 2016. 丹系长白猪在华南地区生长性能与繁殖性能的初步观察 [J], 养猪, 1: 41-43.

Li mei, Wang Linyun, 2018. Some novel rules of the biological heterozygous effects [J]. Indian Joural of Animal Research, 52(6):811-815.

Klein R J, 2005. Complement factor H polymorphism in agerelated macular degeneration [J]. Science, 2005, 308(5720):385-389.

王林云　彭中镇　王爱国　杨公社　邱小田　张勤

JIAQIN
ZHONGYE PIAN

家禽种业篇

家禽是具有重要经济价值的家养动物，多种多样的家禽资源为我们的生活提供了丰富的肉和蛋，满足了我们生活的需要。我国地方家禽遗传资源十分丰富，这些资源既是我国生物遗传资源的重要组成部分，也是家禽生产和可持续发展的基础，还是满足未来不断出现新需求的重要基因宝藏。在中国，家禽往往并不仅只代表普通的家禽，它们还是一种文化符号，在提升人们的审美观念、增加人们的生活情趣、形成众多民俗等方面发挥作用。我国养鸡业起源于新石器时代的早期，大约可以追溯到7 000多年以前，鸡的选种工作在远古时代已同时开始。家禽种业的发展与社会进步和百姓生活息息相关。

一、我国家禽种业发展历程

新中国成立后，家禽种业发生了翻天覆地的变化，遍览家禽种业70年的奋斗历程，可以清晰地感受到行业发展的强劲脉搏。回顾70年蜕变过程，我国家禽种业可以独具特色的三个阶段加以呈现。

（一）改革开放前阶段（1949—1978年）

这一阶段，我们的蛋鸡种业和水禽种业有一定的发展，取得了一些成就，但是肉鸡种业从20世纪60年代起才进入了萌芽阶段。

1. 1949—1978年我国鸡的育种

20世纪初之前，为我国鸡的古代育种期，处于以自然选择起主导作用的经验育种阶段。由于我国各地自然生态条件各异，社会、经济和文化不同，人们对鸡的选择和利用也不尽相同，形成了体型外貌、用途各异的地方品种。虽然我国鸡种质资源众多，部分品种有蛋用或肉用倾向，但这一时期，仍以兼用为主，未形成专用型品种。20世纪初到70年代，一般认为是鸡的近代育种时期。这一时期，开始从国外引入专用型蛋鸡品种，我国鸡育种工作有开展但不系统。20世纪20—30年代，相继从国外引入多个优良鸡种，其中以白来航鸡为主。随着一些留学欧美和日本的有志之士回国，带回了国外近代养禽和育种知识，国内开始模仿国外开展纯系育种，但进展缓慢。主要蛋鸡品种（配套系）是新狼山鸡和大骨鸡杂交改良。

（1）新狼山鸡选育　　新狼山鸡系华东农业研究所于1953年起开始用澳洲黑鸡对狼山鸡进行导入杂交所选育的新鸡种，期望能培育出适合长江下游地区放牧饲养、产卵多、卵重较高，而成熟期也较早的优良卵肉兼用鸡种。1955年已初步获得了一定的成效，平均年产卵量达192.4枚，最高产量323枚，平均卵重55.6克，平均体重公鸡2.94千克，母鸡1.92千克，平均成熟期208天，生活力、觅食能力均较强。

（2）大骨鸡杂交改良　　20世纪50年代东北农学院引入来航鸡、澳洲黑鸡、洛岛红鸡和新汉县4个品种公鸡与大骨母鸡杂交，其后代的生活力均大为提高。杂种鸡与大骨鸡比较，孵化率比大骨鸡高12.3%～18.2%，雏鸡成活率高13%～24%。以洛岛红鸡为最好，鸡的抗病力强，对环境有更好的适应能力。幼禽的生长速度（以90日龄体重做比较）有三个杂种比大骨鸡高4.2%～20.8%，而以澳洲黑鸡为最好，新汉县杂种则稍低于大骨鸡。提出为了更快地将大骨鸡改良为优秀的兼用型品种，采取了两条腿走路的模式开展工作，即一方面进行大骨鸡的纯种选育；另一方面可在有条件的农场采用引入杂交方式，引用来航鸡和洛岛红鸡进行杂交改良试验，肯定效果后再进行大规模杂交。

2. 1949—1978年我国水禽的育种

20世纪70年代以前，我国水禽育种以体型外貌和主要生产性能为主要选择内容，且仅限于单一品种或一个品系的选育。

（1）狮头鹅　广东省于1956年建立狮头鹅种鹅场，开始按体型外貌及主要生产性能选留种鹅，建立核心群，长期坚持工作，是我国育种工作时间最长的种禽场。

（2）金定鸭　从1958年开始，厦门大学生物系对金定鸭进行选育，首先从体型、羽色、蛋壳颜色等特征进行选择，逐渐使之趋于一致，产蛋性能也相应提高，至70年代末，金定鸭的产蛋量与绍兴鸭大致相同，是国内产蛋量最高的蛋鸭品种。

（3）绍兴鸭　绍兴鸭育种开始于20世纪70年代末，由于品种基础好，育种进展较快，80年代初就已经成为高产品种，并按羽色分成两个品系。

（4）雁鹅　雁鹅的育种工作始于1959年，由安徽省农业科学院畜牧兽医所进行保种选择，至1965年已在安徽省建立了23个繁殖点，遗憾的是这项工作未能持续下去。

（5）北京鸭　北京鸭的育种从1963年开始，由中国农业科学院畜牧研究所和北京市农业科学院畜牧兽医所共同执行，在农业部拨款建设的种鸭场先后组建两个血缘不同的基础性能测定群，各经一年的测定后建立两个品系并开始连续继代选育，计划形成配套系。但是，1968年起选育工作因十年动乱而中断。进入70年代，北京鸭育种工作开始恢复。当时，中国农业科学院畜牧研究所、北京市畜牧兽医站、北京市农场局和北京市食品公司等单位对双桥、前辛庄、青龙桥、圆明园和西苑等鸭场种鸭进行按场系选育。这是北京鸭这个古老品种在国内首次由政府支持有计划地开展育种，较英国的樱桃谷肉鸭（北京鸭型肉鸭）的育种在时间上大约迟了5年。70年代由北京市畜牧局、北京市农场局、北京市食品公司等建立了一批种鸭场，恢复北京鸭育种工作。

3. 1949—1978年相关重大政策及事件

新中国成立后，由于受到政府的重视，养禽业迅速恢复和发展起来。1952年年底，全国家禽数量恢复到3.0亿只。1957年年底，全国家禽数量增至7.1亿只。

1959年1月，国家为大力发展家禽业，党中央书记处召开了家禽会议，同年3月《人民日报》发表了高速发展家禽业的评论。1959年12月7—10日，中央农业、农垦两部在北京召开了全国第一次家畜家禽育种工作会议，全国27个省（自治区、直辖市）政府、科研院所、生产单位等200余人参加。会议指出，畜牧业大发展，迫切需要大量优良种畜种禽，加速推进育种工作，是加快畜牧生产发展的一项极为重要的任务。会议确定了全国家畜家禽育种应贯彻"本品种选育和杂交育种并举，全面开展家畜家禽育种工作"的方针，要求以最快的速度在最短时间内把我国畜禽品种的生产性能大大提高一步，并且培育出大量产品率高、适应性强、遗传性稳定的家畜家禽新品种，以适应我国畜牧业高速发展的需要。确定家禽的育种方向是，培育卵肉兼用或肉卵兼用品种，部分地区培育卵用和肉用品种。会议初步提出全国8～10年（即从1960—1969年）的家畜家禽育种工作任务、要求。在本品种选育方面，目标是选育出200个左右地方良种。

1960年2月，农业部和商业部联合发出通知，号召抓紧春孵。要求我国家禽业在1959年的基础上，要大力发展，并提出全国家禽数量达到15亿只的目标。1965年，上海开始建成红旗机械化鸡场。1972年，在广交会上，农业部科教局在现场召开会议，号召发展机械化养鸡。广州、南京、北京、沈阳等城市相继着手筹建机械化养鸡场。1975年，党中央发布20号文件并拨专款，要求各省建设机械化养鸡场。1977年4月，农林部和第一机械工业部在上海联合召开机械化养鸡座谈会，同年11月农林部委托江苏省家禽研究所、北京市畜牧局和上海市农业局在扬州联合召开机械化养鸡协作会议，起到了很大作用。

1977年，我国首次建成北京市原种鸡场，标志着我国鸡的育种已由"科研型"走向"产业化阶段"，率先采用了先进育种方法，进行规模化的育种。

（二）改革开放至《畜牧法》颁布阶段（1979—2006年）

1. 1979—2006年家禽育种成果与代表性品种

——蛋鸡

我国蛋鸡育种研究起步于20世纪70年代末，到90年代初达到鼎盛时期，其间育成了北京白鸡、北京红鸡、京白系列等多个优秀蛋鸡配套系，并曾一度占据国内70%以上的市场份额。此后，由于持续投入不足及育种主体的体制等多方面原因，大规模的蛋鸡育种工作基本停止，逐渐拉大了与国外的差距，其间仅育成新杨褐壳蛋鸡配套系、农大3号小型蛋鸡配套系等配套系，推广量不大，海兰、罗曼、伊莎等国外蛋鸡品种仍长期占据我国90%左右的市场份额。

（1）北京白鸡　1986年审定，由北京市畜牧局种禽公司培育，三系配套，属白壳蛋鸡系来航型鸡种，是80年代饲养的主要蛋鸡品种。商品代鸡开产日龄为160天，开产体重1 270～1 370克，入舍母鸡72周龄产蛋250～270个，平均蛋重58克，料蛋比（2.4～2.5）：1。

（2）北京红鸡　由北京市第二种鸡场育成，具有适应性广、抗病力强、蛋壳褐色、产蛋量高、羽色雌雄自别、遗传性能稳定等特点。商品代鸡72周龄产蛋数275～285枚，平均蛋重63～64克，料蛋比（2.5～2.6）：1。

（3）京白904　由北京市种禽公司育成的京白系列蛋鸡，为三系配套，父本为单系，母本两个系。突出特点是早熟、高产、蛋大、生活力强、饲料报酬高。在"七五"国家蛋鸡攻关生产性能随机抽样测定中名列前茅，甚至超过引进的巴布可克B～300的生产性能。测定结果如下：0～20周龄育成率92.17%，20周龄体重1.49千克，50%产蛋率日龄150天，72周龄产蛋数288.5个，平均蛋重59.01克，总蛋重17.02千克，料蛋比2.33：1，产蛋期存活率88.6%，产蛋期末体重2千克。

（4）京白938　是北京市种禽公司培育的白壳蛋鸡品种，商品代羽速自别雌雄。其主要生产性能指标如下：20周龄育成率94.4%，20周龄体重1.19千克，21～72周龄饲养日产蛋303个，平均蛋重59.4克，总蛋重18千克，产蛋期存活率90%～93%。

（5）京白939　是北京市种禽公司选育的粉壳蛋鸡配套系，父本为褐壳蛋鸡，母本为白壳蛋鸡，商品鸡可羽速自别雌雄。生产性能测定结果为：20周龄育成率95%，产蛋期存活率92%，20周龄体重1.51千克，21～72周龄饲养日产蛋数302个，平均蛋重62克，总蛋重18.7千克。

（6）新杨褐壳蛋鸡配套系　由上海新杨家禽育种中心等单位联合培育，四系配套，2000年通过国家审定，父母代羽色自别雌雄。新杨褐壳蛋鸡配套系具有产蛋率高、成活率高、饲料报酬高和抗病力强的优点，1～20周龄的成活率96%～98%，20周龄的体重1.5～1.6千克，产蛋期（20～71周龄）成活率93%～97%，开产日龄（50%）154～161天，高峰产蛋率90%～94%，72周龄入舍母鸡产蛋数287～296个，产蛋重18.0～19.0千克，平均蛋重63.5克，料蛋比（2.25～2.4）：1。

（7）农大3号小型蛋鸡配套系　由中国农业大学利用dw基因培育的矮小型蛋鸡，2004年通过国家品种审定，后转让给北农大科技股份有限公司。商品代羽速自别雌雄，产蛋期成活率94%～95%，50%产蛋日龄146～156天，72周龄入舍鸡产蛋数288～293个，平均蛋重55～58克，产蛋期平均日耗料90克左右，料蛋比（2.0～2.1）：1。

—— 肉鸡

我国肉鸡育种研究起步于20世纪60年代，到90年代得到了快速发展。1981年，作为农业部畜牧总局家禽育种技术咨询和指导机构的"全国家禽育种委员会"成立，先后提出"关于建立我国鸡繁育体系的建议""关于我国地方禽种的育种规划""引进鸡品种育种规划"，以及"我国黄羽肉鸡配套杂交组合的研究和繁育体系的建立"等国家"六五"攻关项目的设立，标志着我国以高校、科研院所为主体、公共财政经费资助为主的国家式肉鸡育种的开始。

我国肉鸡分为快大型白羽肉鸡、小型白羽肉鸡和黄羽肉鸡3种类型。

（1）快大型白羽肉鸡育种　快大型白羽肉鸡在我国主要用于生产分割鸡肉，多用于快餐、团餐、深加工制品，种源全部依靠进口。国内育种始于20世纪80年代。1980年，广东食品公司引进第一批AA父母代和祖代种鸡。1986年10月，北京大发畜产、正大集团与美国艾维茵国际家禽公司合建的北京家禽育种公司成立，次年从美国引进艾维茵原种鸡，标志着白羽肉鸡本土育种开始。2002年，我国自主培育艾维茵肉鸡占市场份额55%以上，后因禽流感、疾病净化等因素，种源受到影响，2004年自主育种退出市场，此后我国白羽肉鸡祖代鸡全面依赖进口。2019年，我国白羽肉鸡育种联合攻关项目正式启动，组建了圣农和新广2个白羽肉鸡攻关组。此前，圣农和新广均已拥有优秀的白羽肉鸡育种素材，在联合攻关项目支持下，全面发力。

（2）小型白羽肉鸡育种　小型白羽肉鸡是根据我国消费习惯，利用白羽肉鸡和蛋鸡品种选育形成，是与引入品种不同的类型，这是我国对世界家禽种业的一大贡献。小型白羽肉鸡最初是为了适应扒鸡加工，利用快大型肉鸡父母代父系公鸡做父本、高产商品代褐壳蛋鸡做母本而生产的。近年来，小型白羽肉鸡也受到肯德基、华莱士等国内外快餐巨头关注，纷纷开发小型白羽肉鸡产品。经过三十多年的发展，小型白羽肉鸡已成为我国肉鸡生产中的三大主导类型之一，每年出栏量一般在12亿～15亿只。北京市华都峪口禽业有限责任公司联合中国农业大学，创新利用蛋、肉鸡育种资源优势，综合应用现代育种技术，自主培育具有自主知识产权的、适合我国消费习惯的首个小型白羽肉鸡品种"WOD168"，该配套系于2018年9月12日获得《畜禽新品种（配套系）》证书。山东益生种畜禽股份有限公司培育的"益生909"已经进入品种审定程序。随着小型白羽肉鸡产业的发展壮大，越来越多的企业开始涉足专门化的小型白羽肉鸡育种。

（3）黄羽肉鸡育种　黄羽肉鸡全部利用我国地方鸡品种生产，主要为家庭消费，以及高端酒店、饭店制作菜品。我国黄羽肉鸡系统育种工作始于20世纪80年代，育种工作主要围绕着羽色、体型和性发育等进行，采用的育种方法大多以外观选择为主，选种主要目标根据市场要求进行。90年代初期，将快大白羽肉鸡引进杂交选育，最有代表性的成果是石歧杂鸡。黄羽肉鸡育种工作受市场区域性消费喜好的影响特别明显。以两广地区为例，肉鸡多以白切、清蒸和白水等食用，要求保持鸡的原汁原味，结合历史形成的活鸡消费习惯，育成的黄羽肉鸡都具有了早熟、淡黄羽和脚细短等特征。在我国西部地区，大部分消费者认为黑脚与土种鸡有关，黑色胫（铁脚、青脚）、麻鸡是对活鸡的普遍要求，育种企业随之育成了小型、中型和大型青脚麻鸡。我国黄羽肉鸡育种单位和企业数量众多，已经拥有审定品种的单位有30～40家。在我国肉鸡产业前50强企业中，有23家从事黄羽肉鸡生产，其产量约占总产量的50%。到2019年，通过国家审定的黄羽肉鸡品种有58个，极大地满足了我国多样化市场需求。

其间育成的主要肉鸡品种（配套系）：

（1）康达尔黄鸡128配套系　深圳市康达尔（集团）养鸡有限公司培育，1999年通过国家畜禽遗传资源委员会审定。该配套系为中速型肉鸡，具有肉质优良、均匀度好、抗病力强、成活率高等特点。商品代所有鸡只耳叶白色，"三黄"（毛黄、胫黄、皮黄）特征明显。

（2）新兴矮脚黄鸡配套系　由广东温氏食品集团有限公司南方家禽育种有限公司培育，二系配套，2002年通过国家畜禽遗传资源委员会审定。商品代肉鸡公鸡属于正常型，具有单冠、黄羽、胸宽、体形团圆、皮黄、胫黄特点；母鸡属于矮小型，具有明显三黄特征，体形团圆。

（3）岭南黄鸡Ⅰ号配套系　由广东省农业科学院畜牧研究所岭南家禽育种公司培育，2003年通过国家畜禽遗传资源委员会审定，商品代肉鸡2003年测定结果：岭南黄Ⅰ号公鸡56日龄体重1 341克，料重比1.95∶1；母鸡70日龄体重1 523克，料重比2.65∶1。

（4）京星黄鸡102配套系　由中国农业科学院畜牧兽医研究所和上海市农业科学院畜牧兽医研究所共同培育，肉用型，三系配套，2003年通过国家畜禽品种审定委员会审定。商品代公鸡50日龄出栏，出栏体重为1 500克，料重比为2.03∶1；母鸡63日龄出栏，出栏体重1 680克，料重比为2.38∶1。主要在北方和华东地区推广。

（5）邵伯鸡配套系　由江苏省家禽科学研究所主持培育，2005年通过国家畜禽遗传资源委员会审定（农09新品种证字第12号），通过在我国优质地方鸡种中导入 dw 基因，在国内外首次育成矮小型青腿麻羽优质肉鸡品系（S2系）并参与配套。商品代鸡出栏日龄70天、成活率达到95%、体重1.1～1.2千克、料重比（2.95∶1）～（3.2∶1）。

（6）鲁禽1号麻鸡配套系　以山东省地方品种琅琊鸡等为育种素材培育而成的中速型优质肉鸡配套系，2006年通过国家畜禽遗传资源委员会审定。国家家禽测定中心（北京）生产性能测定结果："鲁禽1号"麻鸡10周龄公鸡体重2.05千克，料重比2.3∶1；母鸡体重1.68千克，料重比2.5∶1。

——水禽

改革开放至《畜牧法》颁布近30年，是水禽种业起步和快速发展的黄金阶段。这一阶段，水禽产业面貌发生了翻天覆地的变化，无论是本品种选育还是配套利用，均获得了举世瞩目的成就。经过近30年的选育，水禽品种的生产水平得到了大幅度的提升。北京鸭出栏日龄提前10天以上，出栏体重增加0.8千克，饲料转化效率提升1倍。同时，培育了南口1号北京鸭配套系、Z型北京鸭配套系、三水白鸭配套系以及仙湖肉鸭配套系等，生产性能接近国际先进水平。这一阶段是蛋鸭产蛋数选育进展最显著的时期，绍兴鸭、金定鸭、山麻鸭、缙云麻鸭等优良蛋鸭品种，经本品种选育，产蛋性能提升15～20个以上，部分品种年产蛋数达到300个以上，饲料转化效率大幅度提升。肉鹅育种相对发展较慢，最大的成果是扬州大学利用国内鹅品种资源为素材，培育了肉质优、产蛋率较高的扬州鹅。

其间育成的主要水禽品种（配套系）有：

（1）三水白鸭配套系　2004年获得国家级新品种证书，是国家畜禽遗传资源委员会审定通过的第一个水禽配套系。三水白鸭配套系由三水区联科畜禽良种繁育场和华南农业大学动物科学学院联合开发，以引进的枫叶鸭和樱桃谷肉鸭为素材培育，两系配套，配套系商品肉鸭42日龄活重为3.21千克，料重比2.59∶1，全净膛率75.1%，半净膛率83.5%，腿肌率15.3%，胸肌率9.2%，腹脂率2.1%。

（2）仙湖肉鸭配套系　2004年获得国家级新品种证书，由广东佛山科技学院选育，以樱桃谷鸭和狄高鸭为基础素材，经9个世代的个体选择和家系选育，形成了A、B两个专门化品系，其中A系为父系，B系为母系。配套系在广东省亚热带气候的条件下饲养，配套杂交商品肉鸭49日龄平均体重达3.723千克，料重比2.70∶1，胸腿肌率达23.76%，达到国内外同类肉鸭的先进生产性能水平。

（3）南口1号北京鸭配套系　2006年获得国家级新品种证书，由北京金星鸭业中心选育，是为满足烤鸭市场培育的三系配套系，育种素材为北京鸭。北京鸭南口新品系培育也是"九五"国家重点科技项目，农业部2016年农业主导品种三个鸭品种之一。南口1号北京鸭配套系商品代生长速度快，38～42日龄出栏，体重在3千克以上，在北京鸭填鸭生产中，易育肥，皮肤细嫩，肉质鲜美，口感好，是炙烤型肉鸭唯一的原料鸭，配套系的生产性能接近国际先进水平。

（4）Z型北京鸭配套系　2006年获得国家级新品种证书，由中国农业科学院北京畜牧兽医研究所培育，Z型北京鸭的选育也是"七五"国家攻关课题"瘦肉型北京鸭新品系选育"的内容之一，农业部2016年农业主导品种三个鸭品种之一。培育单位在原始北京鸭基础上经过30个世代选育形成了Z1、Z2、Z4和W2四个专门化品系，由这四个专门化品系组成杂交配套系。商品代生长速度快、饲料转化效率高、肉质鲜嫩、胸腿肉率高，35日龄体重达到2.92千克，料重比2.1∶1；42日龄体重达到3.22千克，料重比2.26∶1，42日龄的胸肉率达到11.0%，腿肉率达到11.2%。

（5）天府肉鸭配套系　天府肉鸭配套系是四川省原种水禽场与四川农业大学家禽育种实验场以国内外优良鸭种为育种材料选育而成的肉鸭新配套系，分白羽配套系和麻羽配套系。1996年通过四川省畜禽品种审定委员会审定，同年被国家科学技术委员会列入"九五"重点科技成果推广项目。天府肉鸭具有生长速度快、饲料报酬高、胸腿比例高、饲养周期短、适于集约化饲养、经济效益高等优点，是制作烤鸭、板鸭的上等原料。天府肉鸭白羽配套系商品鸭42日龄体重2.9～3.0千克，料重比（2.2～2.4）∶1；49日龄体重3.2～3.3千克，料重比（2.5～2.6）∶1。天府肉鸭麻羽配套系商品鸭在放牧补饲条件下45日龄体重1.7～2.0千克，补饲后料重比（1.7～1.8）∶1。

（6）北京鸭　我国北京鸭育种工作开始于20世纪60年代，在中国农业科学院畜牧研究所和北京市畜牧兽医所的主持下开展工作，建立两个血缘不同的北京鸭基础群。在育种工作刚起步阶段，因"文化大革命"而被迫中断。进入70年代，北京鸭育种工作开始恢复。当时，中国农业科学院畜牧研究所、北京市畜牧兽医站、北京市农场局和北京市食品公司等单位对双桥、前辛庄、青龙桥、圆明园和西苑等鸭场种鸭进行按场系的选育。北京鸭的选育经历了3个阶段。

第一阶段：20世纪70—80年代，育种目标主要是成活率、活重、表型的同质性以及产蛋性能。育种主要是基于传统技术，当时培育的品系主要有：北京鸭双桥Ⅰ系，1984年测定结果为年产蛋量平均296个，蛋重93.69克，北京鸭双桥Ⅱ系作为父系，49日龄活重2.67千克。

第二阶段：20世纪90年代，育种目标强调胴体组分中肉和脂肪产量，开始关注除填鸭之外的分割市场。选择性状，除第1个时期的性状外，还有腿强壮度、肌肉和脂肪产量等胴体组分、饲料转化率、繁殖性能、孵化率、蛋重等性状。

第三阶段：2000年到现在，育种目标中除主要经济性状外，更加关注肉质营养、健康和安全等性状。

不同年代北京鸭出栏日龄、出栏体重和饲料报酬比较见表1。

表1　不同年代北京鸭出栏日龄、出栏体重和饲料报酬比较

年代	出栏日龄（天）	出栏体重（千克）	饲料报酬
20世纪50年代	90～120	2.5	6∶1

（续）

年代	出栏日龄（天）	出栏体重（千克）	饲料报酬
20世纪60年代	65～75	2.5	4：1
20世纪70年代	56～65	2.5～2.7	（3.7～4）：1
20世纪80年代	49～56	2.8～3.0	（3.4～3.6）：1
20世纪90年代	42～45	3.1～3.4	（3.2～3.4）：1
2010年	填鸭38～42	3.2～3.3	（2.7～2.9）：1
	喂鸭38～42	3.2～3.3	（2.2～2.3）：1
目前	36～40	3.3～3.5	（1.85～2.00）：1

（7）绍兴鸭　绍兴鸭属于麻鸭的小型品种，是我国饲养量最大的蛋用型鸭高产品种，也是农业部"十五"重点推广的蛋鸭良种之一，农业部2016年农业主导品种三个鸭品种之一。绍兴鸭有红毛绿翼梢（Re）系和带圈白翼梢（Wh）系两个品系。从1976年开始，浙江省农业科学院与浙江省绍兴市食品公司一起，分别育成了两个高产系（绍白高产系和绍红高产系），500日龄产蛋量由选育初期的246.8个提高到310.2个，产蛋期饲料转化比2.94：1。为了提高绍兴鸭的总蛋重和饲料利用比，1987年起，以已育成的两个高产系为基础群，育成两个大蛋系（绍白大蛋系和绍红大蛋系）；其主要生产性能进展明显，与基础群比较，大蛋系的300日龄蛋重提高6.2～6.8克；500日龄产蛋总重提高2.5～2.8千克；饲料转化比下降0.26～0.56；但产蛋个数下降14～18个，开产体重和300日龄体重也显著提高。1997—2002年，浙江省农业科学院对绍兴鸭进行了世代选育，形成了绍兴鸭青壳系，500日龄产蛋量329.3个，总蛋重22.1千克，产蛋期料蛋比2.62：1。

（8）金定鸭　金定鸭属蛋鸭品种，具有产蛋多、蛋大、蛋壳青色、觅食力强、饲料转化率高和耐热抗寒的特点，是一个优良的蛋鸭品种，也是农业部"十五"重点推广的蛋鸭良种之一。1988年，顺兴金定鸭有限公司成立，开展金定鸭的选育工作，经过近30年的选育，在产蛋量、料蛋比以及成年体重方面取得了较大进展，500日龄产蛋量提高15～20个以上，成年体重降低200～300克，料蛋比下降0.4～0.6。同时，金定鸭因产青壳蛋的特点，被众多培育青壳蛋鸭配套系的生产者所引种，并作为一个优秀的父本使用。

（9）扬州鹅　2006年获得国家级新品种证书，是以国内鹅品种资源为素材，包括四川白鹅、太湖鹅和皖西白鹅等，培育的第一个具有肉质优和产蛋率较高的肉鹅培育品种，主要集中了产蛋量高和一定的早期生长速度的优势，其仔鹅70日龄体重3.5千克左右，年产蛋70～75个。

（10）小型豁眼鹅快长系　豁眼鹅为中国白色鹅种的小型品变种之一，具有产蛋多、无抱性、繁殖力高、抗严寒、耐粗性，抗病力强等特点，以产蛋量高而闻名于世，适应在全国各地饲养。青岛农业大学科研团队，从20世纪90年代初开始，对五龙鹅进行调查、收集和整理，以此为基础培育出小型豁眼鹅快长系，在繁殖性能和生活力方面均保持了原有地方品种的高产特性；是农业部2016年农业主导品种两个肉鹅品种之一。该品系年产蛋量96个，蛋重为135克，种蛋受精率为95%，受精蛋孵化率为93%，4周龄成活率为95%，产蛋期成活率为95%。肉用仔鹅56日龄体重为3 000克，料重比为2.4：1

（不含粗饲料），成活率为98%。

（11）番鸭 我国番鸭和半番鸭主要饲养的品种是法国巴巴里番鸭和奥白星M18，各占饲养量的80%以上。我国番鸭和半番鸭的选育研究较少，主要是台湾省以及福建省农业科学院、福建农林大学开展了白羽半番鸭的选育研究。我国台湾省对于半番鸭的育种起步较早，据资料报道，台湾宜兰养鸭中心于1966年开始选育白羽半番鸭并成功固定了白色羽毛性状和体型。1985年正式命名为宜兰白鸭-台畜1号。1975年宜兰分所推广宜兰杂交鸭-台畜11号（俗称中心杂交鸭，从褐色菜鸭群中还分离出一种白色羽毛的菜鸭）受到市场欢迎，到1984年共推广种鸭42万只，几乎占据整个台湾省杂交鸭市场。但1982年左右白底黑色斑点的杂交鸭（俗称花杂交鸭）出现以后，市场占有率逐渐被花杂交鸭取代。目前三品种（中改）半番鸭几乎已达全白的水平（仅头部少许黑毛）。近年由于市场需求大体型半番鸭，大改（由中改与公北京鸭交配而得）半番鸭的市场占有率逐渐升高。但是，2000年前后，法国奥白星M14、M18大型半番鸭品系进入中国市场，并在四川成都和福建莆田组建合资公司，逐渐占领了白羽半番鸭的市场。福建省农业科学院畜牧兽医研究所以及福建农林大学，从20世纪90年代开始就致力于白羽半番鸭的选育和研究，主要研究进展如下。

中型白羽半番鸭母本新品系选育：利用白羽蛋鸭与北京鸭合成系为育种素材，选育出中型白羽半番鸭母本专门化品系，后代半番鸭白羽率从62%提高到98%，8周龄活重2 280克、料重比2.8 ：1；10周龄活重2 755克、料重比3.24 ：1，与台湾省生产水平一致。白羽半番鸭成功的选育，打破了法国和台湾省严禁种源外流的封锁。

小型白羽半番鸭母本新品系选育：利用白羽蛋鸭为育种素材，成功选育小型白羽半番鸭母本专门品系，年产蛋数达到280个，提供半番鸭苗180～200只，用此品系生产的半番鸭体型小（10周龄2.2千克左右）、白羽率高（达到90%）、屠体美观、肉质优良，是优质小型肉用仔鸭，是制作板鸭的最佳原料。

大型白羽半番鸭母本新品系选育：利用北京鸭为育种素材，选育大型白羽半番鸭母本专门品系，白羽率达到95%，种鸭产蛋数210～220个，年提供半番鸭苗105～115只。

2. 改革开放早期我国引入的国外高产品种

——引入的蛋鸡品种（配套系）

海兰褐壳蛋鸡：由美国海兰国际公司培育，四系配套。我国从20世纪80年代引进，是褐壳蛋鸡中饲养较多的品种之一。

罗曼粉壳蛋鸡：由德国罗曼家禽育种有限公司培育，粉壳蛋鸡配套系。1983年引入我国，商品代鸡羽毛白色，快慢羽自别雌雄。

伊莎褐蛋鸡：由法国伊莎公司育成，四系配套，1983年引入我国。产褐壳蛋，红褐羽，可根据羽色自别雌雄，以高产和较好的整齐度及良好的适应性而著称。

——引入的肉鸡品种（配套系）

爱拔益加（AA）鸡：是由美国爱拔益加育种公司，通过大型基础群的纯化、定向特色品系的选择和众多配合力测定而筛选出的一个优秀鸡种，四系配套。AA鸡是现今世界各国饲养面最广、饲养量最多的肉鸡品种之一。目前，我国饲养的AA鸡，基本上是1984年前美国AA公司老配套种鸡的后裔。在营养水平和用种措施较为粗犷的条件下，AA鸡仍表现出了较强的生产性能。

艾维茵鸡：由美国艾维茵国际有限公司培育，三系配套，白羽肉鸡。我国从1987年开始引进，目前在全国大部分省（自治区、直辖市）建有祖代和父母代种鸡场，是白羽肉鸡中饲养较多的品种。

罗曼肉鸡：由德国罗曼印第安河公司培育，白羽肉鸡配套系。

明星肉鸡：原产于法国，由法国伊莎公司育成，五系配套。

海佩克：是由荷兰海佩克家禽育种公司育成，四系配套。分三种类型，即白羽型、有色羽型和矮小白羽型。肉用仔鸡生长发育速度均较快，抗病力较强，饲料报酬高。

——引入的水禽品种（配套系）

樱桃谷鸭：樱桃谷鸭是英国樱桃谷公司在北京鸭的基础上，培育的一个优良肉鸭品种。樱桃谷肉鸭的选育始于20世纪50年代。樱桃谷鸭已经销售到世界100多个国家和地区。我国先后引进L2、SM樱桃谷鸭配套系种鸭。目前，樱桃谷鸭仍是我国饲养的主要肉鸭品种。

咔叽·康贝尔鸭：是世界著名的蛋鸭品种。随着我国地方蛋鸭生产性能的不断提升，康贝尔鸭在国内的饲养量已很少。

朗德鹅：原产于法国西南部的朗德地区，体型中等偏大，是当前世界上最适于生产鹅肥肝的品种。

3. 1979—2006年期间发生的家禽种业重大事件

（1）第一次全国家禽品种资源调查　1976年，农林部将家畜家禽品种资源调查列为重点研究项目，由中国农业科学院组织了14个省（自治区、直辖市）进行了部分畜禽的试点调查。1979年4月，农业部畜牧总局和中国农业科学院在湖南省长沙市共同召开了第一次"全国畜禽品种资源调查会议"，在全国29个省（自治区、直辖市）启动开展全面、系统的畜禽品种资源调查。1984年，确定了《中国家禽品种志》的内容、篇幅和格式等，1989年出版。这是我国第一部比较完整的记载家禽品种的志书。志书编写过程中，收集到家禽品种131个，其中鸭和鹅各27个，均为地方品种，列入志书的鸭品种有12个、鹅品种13个。

（2）"六五"家禽科研会议　1980年2月，农业部畜牧总局在北京召开"六五"家禽科研会议，确定蛋鸡攻关课题由北京市畜牧局主持，并由中国农业科学院畜牧研究所、东北农学院和上海市农业科学院畜牧兽医研究所共同承担。肉鸡攻关课题由中国农业科学院畜牧研究所主持，并由江苏省家禽科学研究所、上海市农业科学院畜牧兽医研究所和广东省家禽科学研究所共同承担。

（3）国家畜禽遗传资源委员会家禽专业委员会成立　1996年，国家家畜禽遗传资源管理委员会成立。2007年更名为国家畜禽遗传资源委员会，并设立猪、家禽、牛马驼、羊、蜜蜂和其他畜禽等6个专业委员会。

4. 1979—2006年期间家禽种业取得的标志性成果

——获奖成果

（1）1983年，"北京白鸡育种"获北京市政府一等奖。

（2）1985年，中国农业科学院畜牧研究所主持的"家畜家禽品种资源调查及《中国家畜家禽品种志》的编写"获得农业部科学技术进步奖一等奖。

（3）1987年，中国农业科学院畜牧研究所主持的"家畜家禽品种资源调查及《中国家畜家禽品种志》的编写"获得国家科学技术进步奖二等奖。

（4）1985年，厦门大学的"金定鸭培育"获得国家科学技术进步奖二等奖。

（5）1990年，四川农业大学主持的"建川杂种鸭养殖技术开发"获得四川省星火科技一等奖。

（6）1991年，福建省农业科学院畜牧兽医研究所等单位主持的"莆田黑鸭高产系选育"获得国家科学技术进步奖三等奖。

（7）1992年，"蛋鸡育种的理论与实践"获得农业部科学技术进步奖二等奖。

（8）1997年，四川农业大学主持的"大型肉鸭新品系选育及配套试验的研究"获得四川省科学技术进步特等奖。

（9）1999年，"节粮小型褐壳蛋鸡的选育"获得国家科学技术进步奖二等奖。

（10）1999年，"畜禽遗传资源保存的理论与技术"获得农业部科学技术进步奖一等奖。

（11）2000年，"伊利莎粉壳蛋鸡高产配套系选育"获得上海市科学技术进步奖三等奖。

（12）2000年，"高产蛋鸡新配套系的育成及配套技术的研究与应用"获得国家科学技术进步奖二等奖。

（13）2001年，"畜禽遗传资源保存的理论与技术"获国家科学技术进步奖二等奖。

（14）2002年，"洛岛红型纯系鸡自别雌雄及其相关基因的研究"获得北京市科学技术奖二等奖。

（15）2003年，"新杨褐壳蛋鸡配套系选育"获上海市科学技术进步奖二等奖。

（16）2003年，"优质肉鸡产业化研究"获国家科学技术进步奖二等奖。

（17）2005年，"节粮小型蛋鸡的选育"获全国农牧渔业丰收一等奖。

——1979—2006年期间通过审定的家禽品种（配套系）

1979—2006年期间通过审定的家禽品种（配套系）共有18个（表2）。

表2　2000—2006年我国通过审定的家禽品种（配套系）

序号	名称	公告时间	第一培育单位
1	新杨褐壳蛋鸡配套系	2000年	上海新杨家禽育种中心
2	农大3号小型蛋鸡配套系	2004年	中国农业大学动物科学技术学院
3	三水白鸭配套系	2004年	三水区联科畜禽良种繁育场
4	仙湖肉鸭配套系	2004年	广东佛山科技学院
5	南口1号北京鸭配套系	2006年	北京金星鸭业中心
6	Z型北京鸭配套系	2006年	中国农业科学院北京畜牧兽医研究所
7	扬州鹅	2006年	扬州大学
8	康达尔黄鸡128配套系	1999年	深圳市康达尔（集团）养鸡有限公司
9	江村黄鸡JH-3号配套系	2002年	广州市江丰实业有限公司
10	新兴黄鸡Ⅱ号配套系	2002年	广东温氏食品集团有限公司
11	新兴矮脚黄鸡配套系	2002年	广东温氏南方家禽育种有限公司
12	岭南黄鸡Ⅰ号配套系	2003年	广东省农业科学院畜牧研究所
13	岭南黄鸡Ⅱ号配套系	2003年	广东省农业科学院畜牧研究所
14	京星黄鸡100配套系	2003年	中国农业科学院北京畜牧兽医研究所
15	京星黄鸡102配套系	2003年	中国农业科学院北京畜牧兽医研究所
16	邵伯鸡配套系	2005年	江苏省家禽科学研究所
17	鲁禽1号麻鸡配套系	2006年	山东省农业科学院家禽研究所

（续）

序号	名称	公告时间	第一培育单位
18	鲁禽3号麻鸡配套系	2006年	山东省农业科学院家禽研究所

5. 1979—2006年期间实施有关家禽的重大政策和项目

2004年，国务院办公厅发布《关于扶持家禽业发展若干措施的通知》。

蛋鸡育种列入"六五"国家科技攻关项目。"高产蛋鸡配套系的选育"列入"七五"国家科技攻关项目。"主要畜禽规模化养殖及产业化技术研究与开发"子项目——"蛋鸡规模化养殖及产业化技术研究与开发"列入"九五"国家重中之重科技攻关项目。"蛋鸡健康养殖关键技术研究及示范"列入"十五"国家重大专项科技攻关项目。

肉鸡领域的重大项目主要有5项（表3）。

表3 "六五"至"十五"期间国家对肉鸡领域的重大支持项目

时间	计划名称	课题名称	主持人
六五（1980—1985年）	国家科技攻关	我国黄羽肉鸡杂交配套组合的研究和繁育体系的建立	杨忠源
七五（1986—1990年）	国家科技攻关	优质黄羽肉鸡新品系的选育（75-06-02-02）	杨忠源
八五（1991—1995年）	国家科技攻关	优质黄羽肉鸡品系选育和配套研究（85-012-04-01） 0～2周龄雏鸡饲料配制技术及营养参数研究	黄梅南
九五（1996—2000年）	国家重中之重科技攻关项目	黄羽肉鸡新品系选育（96-003-04-05）	文杰
十五（2001—2005年）	国家科技攻关计划	畜禽规模化优质高效养殖关键技术研究与产业化示范 家禽育种关键技术与育种新体系研究 黄羽肉鸡和水禽育种与养殖关键技术研究（2002BA514A09）	文杰

水禽领域的重大项目主要有3项："七五"国家科技攻关项目——"瘦肉型北京鸭新品系选育"，"九五"国家重点科技攻关项目——"瘦肉型北京鸭新品系选育"和"十五"国家科技攻关项目——"水禽育种与养殖关键技术研究"。

（三）《畜牧法》颁布后阶段（2006—2019年）

1. 2006年以来蛋鸡育种成果与代表性品种

进入21世纪以来，政府和有关育种单位开始重视蛋鸡育种工作，尤其是2012年《全国蛋鸡遗传改良计划（2012—2020）》的发布实施，极大地提高了蛋鸡育种界的积极性，蛋鸡品种自主创新能力明显增强，以企业为主体的商业化联合育种体系已经形成，北京市华都峪口禽业有限责任公司发展成为世界三大蛋鸡育种公司之一，京红、京粉系列等蛋鸡品种市场占有率不断提高，达到50%以上；为满足多元化市场消费需求，以地方鸡种为素材育成了多个地方特色蛋鸡品种。

——高产蛋鸡配套系

（1）京红1号蛋鸡　由北京市华都峪口禽业有限责任公司培育，2009年通过国家审定（农09新品种证字第21号），四系配套。商品鸡红羽，产褐壳蛋，金银羽自别雌雄。育雏育成期成活率98%，18周龄体重1.55千克左右，产蛋期成活率93%以上，90%以上产蛋率维持180天以上，72周龄入舍鸡产蛋数310个左右，产蛋总重19.5千克左右，产蛋期料蛋比2.2∶1，日均单只耗料120克左右。

（2）京粉1号蛋鸡　由北京市华都峪口禽业有限责任公司培育，2009年通过国家审定（农09新品种证字第22号），是在我国饲养环境下自主培育出的优良浅褐壳蛋鸡配套系，具有适应性强、产蛋量高、耗料低等特点。商品代72周龄饲养日产蛋数311个，产蛋总重19.5千克，产蛋期料蛋比（2.1～2.2）∶1。

（3）新杨白壳蛋鸡　由上海家禽育种有限公司、中国农业大学、国家家禽工程技术研究中心等单位培育，2009年通过国家审定（农09新品种证字第40号），外貌特征具有典型的单冠白来航蛋鸡特征，开产日龄142～147天，高峰产蛋率92%～95%，72周龄入舍母鸡产蛋295～305个，平均蛋重62克，19～72周龄日耗料105～108克/只，料蛋比（2.0～2.1）∶1。

（4）京粉2号蛋鸡　由北京市华都峪口禽业有限责任公司培育，2013年通过国家审定（农09新品种证字第52号），商品代鸡群体型紧凑、整齐匀称，羽毛颜色均为白色，蛋壳颜色为浅褐色，色泽均匀；耐高温，适合在我国南方地区进行规模化养殖，抗病性强，育雏育成期成活率为99%，产蛋期成活率96%；商品鸡72周龄产蛋数310～318个，产蛋总重19.5～20.1千克。

（5）大午粉1号蛋鸡　由河北大午农牧集团种禽有限公司、中国农业大学联合培育，2013年通过国家审定（农09新品种证字第53号），高产浅褐壳蛋鸡。商品代蛋鸡能实现羽速自别雌雄，生长、生产性能表现为均匀度好、成活率高、适应性强、产粉壳蛋、蛋重适中、蛋壳颜色鲜艳、蛋壳质量优良等特点。商品代蛋鸡在大群饲养条件下，0～18周龄成活率95%以上，产蛋期成活率92%以上，72周龄饲养日产蛋数310个以上，产蛋总重18.75千克以上，产蛋期料蛋比在2.3∶1以下。

（6）农大5号小型蛋鸡　由北京中农榜样蛋鸡育种有限责任公司和中国农业大学联合培育，矮小型蛋鸡，2015年通过国家审定（农09新品种证字第64号），体型小，红羽，无啄癖，成年体重为1.55～1.65千克，产蛋期日均采食量90克，开产日龄154天，72周龄饲养日产蛋数295.6个，产蛋总重16.2千克，平均蛋重54.9克，料蛋比2.04∶1。

（7）大午金凤蛋鸡　由河北大午农牧集团种禽有限公司培育，2015年通过国家审定，红羽产粉壳蛋鸡。不啄肛，全程死淘率低，适应性强。商品代蛋鸡育雏育成成活率98%以上，产蛋期成活率96%以上，72周龄饲养日产蛋数315个以上，产蛋总重可达20千克，产蛋期日平均耗料113克，高峰期料蛋比2.2∶1。

（8）京白1号蛋鸡　由北京市华都峪口禽业有限责任公司培育，2016年通过国家审定，采用了先进的分子遗传检测技术，去除了鸡蛋中的鱼腥味，抗病性强，死淘低，商品代羽速自别雌雄，0～18周龄成活率96%以上，产蛋期成活率95%以上，高峰产蛋率达94%～98%，72周龄鸡年产蛋316～326个，年产蛋总重19～20千克。成活率为95%以上，抗病性强。72周龄鸡重1 730～1 830克，产蛋期料蛋比为2.0∶1。

（9）京粉6号蛋鸡　由北京市华都峪口禽业有限责任公司联合中国农业大学共同培育，2019年通过国家审定，利用全基因组重测序技术找到羽色基因新突变，实现了精准育种技术的创新和突破，红羽产小粉蛋，具有产蛋多、蛋重小、体重适中的突出特点，充分满足养殖者对鸡蛋大小、产蛋数量、羽毛颜色等综合需求。全程平均蛋重55克左右，0～80周龄死淘率低于5%，开产至80周龄饲养日产蛋数380个，80周龄体重1 800克以上。

——地方特色蛋鸡配套系

（1）新杨绿壳蛋鸡　由上海家禽育种有限公司、中国农业大学、国家家禽工程技术研究中心等单位培育，2009年通过国家审定（农09新品种证字第41号）。父系来自经过高度选育的地方品种，母系来自引进的高产白壳蛋鸡，经配合力测定后杂交培育而成。商品代母鸡羽毛白色，但多数鸡身上带有黑斑，产蛋率达50%的日龄为162天，开产体重1.0～1.1千克，500日龄入舍母鸡产蛋量达230个，平均蛋重50克，蛋壳颜色基本一致。

（2）苏禽绿壳蛋鸡　由江苏省家禽科学研究所、扬州翔龙禽业发展有限公司、中国农业大学等单位联合培育，2013年通过国家审定，是完全以地方鸡种为素材培育的地方特色蛋鸡配套系。商品代鸡具有体型较小、"三黄"、群体均匀度好等特点，72周龄入舍母鸡产蛋数221个，平均蛋重45.7克，母鸡淘汰体重1 505克，绿壳蛋率99%以上。

（3）粤禽皇5号蛋鸡　由广东粤禽种业有限公司、广东粤禽育种有限公司共同培育，2014年通过国家审定，是以广东地方品种、国内高产节粮型蛋鸡和仙居鸡为素材培育而成。商品代蛋鸡为矮小型、浅褐色蛋壳。145日龄开产，18周龄体重1 178.7克，成年体重约1 407克，72周龄饲养日产蛋数达246个，产蛋期料蛋比2.7：1，产蛋期存活率为94.1%。

（4）新杨黑羽蛋鸡　由上海家禽育种有限公司培育，2015年通过国家审定，是以贵妃鸡为父本培育出的小型粉壳蛋鸡配套系。黑羽、黑脚、五趾，产蛋率高，72周龄入舍母鸡产蛋数287个，高峰期产蛋率可达90%以上，平均蛋重48.7克，蛋品质较好。

（5）豫粉1号蛋鸡　由河南农业大学、河南三高农牧股份有限公司、河南省畜牧总站联合培育，2015年通过国家审定。以固始鸡为基本育种素材，引进高产蛋鸡杂交选育而成，三系配套。育雏育成期成活率为94%～95%，商品代高峰产蛋率83%～85%，72周龄饲养日产蛋数240个，产蛋总重11.6千克，料蛋比2.5：1，产蛋期成活率92%～93%。

（6）栗园油鸡蛋鸡　由中国农业科学院畜牧兽医研究所、北京百年栗园生态农业有限公司、北京百年栗园油鸡繁育有限公司和北京市畜牧总站联合培育，2016年通过国家审定。商品代可以羽速自别雌雄，母鸡为矮小型，冠羽丰满，羽毛黄色或浅褐色，成年体重1.65千克，72周龄产蛋225～242个，平均蛋重50～52克，产蛋期料蛋比为（2.72～2.80）：1。

（7）凤达1号蛋鸡　由荣达禽业股份有限公司和安徽农业大学共同培育，2016年通过国家审定，以贵妃鸡为父本，粉壳蛋，72周龄产蛋量280～290个，产蛋期料蛋比2.4：1，平均蛋重50～51克，蛋黄比例31%～32%。

（8）欣华2号蛋鸡　由湖北欣华生态畜禽开发有限公司和华中农业大学共同培育，2016年通过国家审定，是利用江汉鸡、洪山鸡、巴波娜特黑康鸡、巴布考克鸡等国内外优良鸡种基因资源，运用现代数量遗传育种技术选育而成，三系配套。商品鸡可通过快慢羽自别雌雄，成年体重1 340克。开产日龄151天，72周龄饲养日产蛋数262.9个，产蛋总重13.28千克，平均蛋重50.4克，蛋壳粉色，产蛋期日均耗料85克/只，产蛋期饲料转化比2.50：1。

2. 2006年以来肉鸡育种成果与代表性品种（配套系）

在政策引导和市场机制的共同作用下，我国自主知识产权的新品种和配套系，在提高我国家禽生产水平和产品质量上发挥了积极作用。目前，我国黄羽肉鸡的国产化率接近100%，但白羽肉鸡种源仍主要依赖进口。

（1）新兴竹丝鸡3号　由广东温氏南方家禽育种有限公司主持培育，2007年通过国家审定，二系配套，优质肉、药兼用型。商品代肉鸡具有较好的特征，乌皮乌肉、白羽丝毛、80%以上的个体具有脚毛、凤头、复冠等特征，羽毛洁白，体态紧凑，生长速度较快。商品代公鸡70日龄出栏体重1.1千克以上，商品母鸡75日龄出栏，体重1.0千克以上，公母鸡出栏时的料重比为2.60∶1以下。商品代出苗的黑脚黑肉率达95%以上，凤头率80%以上，脚毛率80%以上，复冠率90%以上，出栏时羽毛丰满，符合市场的需求。

（2）粤禽皇3号鸡　由广东粤禽育种有限公司选育。2008年通过国家畜禽遗传资源委员会审定（农09新品种证字第19号）。商品代肉鸡能进行初生雏快慢羽自别雌雄，雌雄自别准确率达99%以上，成活率高，饲料转化率高，适合国内外对特优质肉鸡的市场需求。

（3）墟岗黄鸡1号　由鹤山市墟岗黄畜牧有限公司与华南农业大学动物科学系合作育成，2009年通过国家畜禽遗传资源委员会审定（农09新品种证字第24号）。商品鸡56日龄公鸡体重1 200～1 400克、料重比（2.0～2.2）∶1，母鸡体重1 000～1 100克、料重比（2.3～2.5）∶1；90日龄母鸡体重1 600～1 800克，料重比（2.8～3.0）∶1，成活率97%。

（4）岭南黄鸡3号　由广东省农业科学院畜牧研究所培育，2010年通过国家畜禽遗传资源委员会审定（农09新品种证字第33号），三系配套，各专门化品系均为自主培育。商品代公鸡17周龄体重1 380.64克，料重比3.80∶1，成活率95.67%，母鸡17周龄体重1 219.43克，料重比4.00∶1，成活率96.67%。

（5）京海黄鸡　由江苏京海禽业集团有限公司、扬州大学和江苏省畜牧总站共同培育，于2009年2月正式通过国家新品种审定。京海黄鸡是《畜牧法》颁布以来第一个通过国家审定、具有自主知识产权的鸡新品种。京海黄鸡体形紧凑，公鸡羽色金黄，母鸡黄色，主翼羽、颈羽、尾羽末端有黑色斑点；单冠、冠齿4～9个；喙短，呈黄色；肉垂椭圆形，颜色鲜红；胫细、黄色，无胫羽；皮肤黄色或肉色。商品公鸡110日龄体重为1 289克，母鸡为1 099克，料重比3.12∶1。

3. 2006年以来水禽育种成果与代表性品种

2006年《畜牧法》的颁布，对水禽育种的规范化起了重要的推动作用。这一阶段，经国家畜禽遗传资源委员会审定的新品种和配套系达6个。其中，苏邮1号蛋鸭、国绍1号蛋鸭配套系、天府肉鹅、江南白鹅配套系等的成功培育，开启了蛋鸭和肉鹅杂交配套利用的新模式，中畜草原白羽肉鸭配套系和中新白羽肉鸭配套系更是打破了国外对白羽肉鸭的垄断，中国水禽种业的国产化率达到了新高。

（1）中畜草原白羽肉鸭　由中国农业科学院北京畜牧兽医研究所和赤峰振兴鸭业科技育种有限公司联合培育，2018年获得国家级新品种证书（农10新品种证字06号），四系配套。具有瘦肉率高、饲料转化率高、肉质好等特点。商品代肉鸭成活率为98.6%，6周龄体重达到3.5千克，瘦肉率25.5%，料重比1.92∶1。

（2）中新白羽肉鸭　由中国农业科学院北京畜牧兽医研究所和山东新希望六和集团有限公司联合培育，2019年获得国家级新品种证书（农10新品种证字第7号），四系配套。商品肉鸭的瘦肉率和饲料转化率高、皮脂率低，并继承了北京鸭生长速度快、生活能力强的优点。商品代肉鸭6周龄的成活率为98.2%，平均体重3.3千克以上，料重比1.85∶1，瘦肉率28.5%，皮脂率18.4%，生产性能达到国际先进水平。

（3）苏邮1号蛋鸭　由江苏高邮鸭集团与江苏省家禽科学研究所等单位，以地方鸭种质资源为育种素材培育而成高产青壳蛋鸭配套系，2011年获得国家级新品种证书（农09新品种证字第44号），二系配套，是第一个通过国家审定的高产蛋鸭配套系。商品代具有开产早、产蛋多、蛋重大、青壳率高的优点，开产日龄117天，72周龄产蛋数323个，平均蛋重74.6克，青壳率95.3%，产蛋期成活率97.7%，产蛋期饲料转化比2.73∶1。

（4）国绍I号蛋鸭　由诸暨市国伟禽业发展有限公司和浙江省农业科学院等单位联合培育，2015获得国家级新品种证书（农10新品种证字第5号），三系配套。配套系集成了高产、青壳、早熟等优势性状，开产日龄108天，500日龄产蛋数达到327个，青壳率98%，料蛋比2.65∶1。

（5）天府肉鹅　由四川农业大学、四川省畜牧总站及四川德阳景程禽业有限责任公司等单位联合选育，2011年获得国家级新品种证书（农09新品种证字45号），是目前我国唯一通过国家审定的肉鹅配套系，两系配套。天府肉鹅种鹅开产日龄200～210天，第1年产蛋量就达85～90个，其父母代按公母配比1∶5，种蛋受精率在88%以上。商品肉鹅全身羽毛纯白，70日龄体重达3.6～3.8千克，饲料转化效率高。

（6）江南白鹅　由江苏立华牧业股份有限公司、常州市四季禽业有限公司以及江苏省优质禽工程技术研究中心联合培育，2018年获得国家级新品种证书（农11新品种证字2号），三系配套。适应性强、生长速度快、成活率高、肉质优良。配套系父母代鹅开产日龄210～220天，年产蛋量达70～80个；商品代肉鹅上市日龄63日龄达到3.7千克，料重比3.19∶1，成活率96%以上。

4. 2006年以来家禽种业重大事件

（1）全国第二次畜禽遗传资源调查　2006年，农业部印发《全国畜禽遗传资源调查实施方案》，开始了我国第二次大规模的资源调查。经过4年多的努力，基本查清了我国畜禽遗传资源的现状，为编撰《中国畜禽遗传资源志》奠定了坚实基础。2008年4月启动《中国畜禽遗传资源志·家禽志》的编写工作，于2011年出版。共收录鸡品种116个，其中包括地方品种107个、培育品种4个、引入品种5个。

（2）"京红1号"和"京粉1号"发布　2009年4月18日，中国畜牧业协会联合国家蛋鸡产业技术体系在北京人民大会堂隆重推出由峪口禽业培育的"京红1号"和"京粉1号"蛋鸡配套系，标志着国产蛋鸡育种进入了新的阶段。

（3）国家蛋鸡、肉鸡、水禽产业技术体系建设启动　2009年2月20—23日，国家蛋鸡产业技术体系建设启动，首席科学家由中国农业大学杨宁教授担任。体系主要由国家蛋鸡产业技术研发中心和综合试验站两部分构成。国家蛋鸡产业技术研发中心共设6个功能研究室、28个岗位科学家，从遗传改良、营养与饲料、疾病防控、生产与环境控制、加工以及产业经济等方面全面研究和解决蛋鸡产业中的技术问题。目前共设22个综合试验站，分布在全国14个省（自治区、直辖市），在110个示范县建立了220个示范基地，拥有技术推广骨干330人。

2009年2月20—23日，国家肉鸡产业技术体系建设启动。该体系围绕肉鸡良种繁育、疫病综合控制等大力实施研发与示范，以产学研相结合的方式推动我国畜牧业发展。首席科学家为中国农业科学院北京畜牧兽医研究所文杰研究员。该体系由1个国家肉鸡产业技术研发中心和19个综合试验站组成，其中研发中心设立1个首席科学家岗位、24个科学家岗位和5个功能研究室，全面组织协调肉鸡产业体系的建设，制订肉鸡行业发展规划，组织实施肉鸡行业科技计划，组织协调实验室的研究及各试验站的成果示范转化工作等。在华北、华东、华中等地区设立了19个综合试验站。

2009年2月22日，国家水禽产业技术体系建设在北京启动。首席科学家为中国农业科学院北京畜牧兽医研究所侯水生研究员。该体系由1个国家水禽产业技术研发中心、4个功能研究室和25个综合试验站组成。功能研究室分别为水禽育种、疫病防控、营养与饲养、环境控制与综合，设19个岗位专家。研发中心从遗传改良与繁育、营养与养殖、疾病综合防治、环境控制等多个方面，为水禽产业提供科技支撑。综合试验站则以建立良种繁育体系，开展健康养殖综合试验、示范，培训科技推广人员、科技示范户，调查收集生产问题与技术需求为主，起到科技示范与推广的作用。

（4）我国绘制完成世界首个鹅全基因组序列图谱　2011年6月3日，深圳华大基因研究院和浙江省农业科学院、象山县浙东白鹅研究所联合宣布完成了鹅全基因组序列图谱绘制工作。这是我国独立研究完成的全世界首个鹅全基因组序列图谱，这一研究成果对揭示家鹅繁殖、抗逆、生长、肉质、羽色等性状的遗传基础，鹅的驯化、不同鹅种的生物学分类、中国家鹅的起源、优良鹅种的选育等具有重要的科学价值。

（5）"北京鸭种质资源与育种创新成果暨品种转让与联合育种"新闻发布会在北京召开　2012年10月27日，由中国农业科学院北京畜牧兽医研究所主办的"北京鸭种质资源与育种创新成果暨品种转让与联合育种"新闻发布会在北京召开。北京鸭研究项目牵头人侯水生研究员及其团队经过13年潜心研究，培育出具有自主知识产权的"Z型北京鸭瘦肉型配套系"，其重要指标均达到或优于国外培育的北京鸭品种。中国农业科学院北京畜牧兽医研究所与塞飞亚、新希望六和两大龙头企业签署了"北京鸭品种转让与联合育种"协议，正式授权两家企业推广使用Z型北京鸭瘦肉型配套系，并开展联合育种工作。两家企业培育的中畜草原白羽肉鸭和中新白羽肉鸭配套系，分别在2018年和2019年获得国家新品种证书，打破了国外品种的垄断局面。

（6）全国蛋鸡、肉鸡、水禽遗传改良计划发布　2012年12月12日，农业部发布了《全国蛋鸡遗传改良计划（2012—2020年）》。2014年3月21日，农业部发布了《全国肉鸡遗传改良计划（2014—2025年）》。2019年4月30日，农业农村部发布了《全国水禽遗传改良计划（2020—2035）》。

（7）鸭全基因组序列公布　2013年6月，中国农业大学和华大基因研究院科学家领导的国际研究团队历时5年，成功破译鸭基因组序列。

（8）农业部公布国家蛋鸡、肉鸡核心育种场　2014年9月30日，农业部公布第一批国家蛋鸡核心育种场（5家）和国家蛋鸡良种扩繁推广基地（10家）名单，北京市华都峪口禽业有限责任公司、大午集团、华裕农业科技有限公司、宁夏晓鸣农牧股份有限公司等企业入围。

2015年10月10日，农业部公布江苏省家禽科学研究所家禽育种中心等15家单位为第一批国家肉鸡核心育种场，河北飞龙家禽育种有限公司等15家单位为第一批国家肉鸡良种扩繁推广基地。

（9）宁夏晓鸣农牧股份有限公司在新三板挂牌成功、温氏股份在深交所上市　2014年10月30日，宁夏晓鸣农牧股份有限公司在新三板挂牌成功，成为中国蛋鸡行业首家新三板挂牌企业。

2015年11月，温氏股份在深交所上市。

（10）国家首批主要动物疫病净化示范场名单公布　2015年8月19日，国家首批主要动物疫病净化示范场名单公布，北京市华都峪口禽业有限责任公司、宁夏晓鸣农牧股份有限公司被确定为国家首批禽白血病净化示范场。

（11）德青源金鸡产业扶贫计划项目首个试点县落户河北威县　2015年9月，德青源金鸡产业扶贫计划项目首个试点县落户河北威县。截至目前，此项目已在全国24个贫困县落地开工建设，全部满产后可带动10余万贫困群众脱贫。

（12）华裕农业科技有限公司和美国海兰国际公司正式确立合资合作关系　2016年5月3日，华裕农业科技有限公司和美国海兰国际公司的合资合作申请得到了中国商务部的最终批准,两家企业正式确立合资合作关系。合作公司称将在邯郸合作建设总投资21亿元的蛋鸡产业综合体项目。蛋种鸡市场鼎立格局由此形成。

(13) 首农、中信收购樱桃谷,肉鸭种源回归中国 2017年9月11日,首农股份与中信农业签署最终协议,双方联合收购英国樱桃谷农场有限公司100%股权,标志着这个百年前流失的品种已经通过海外并购回归中国,育种技术和专利权由我国全部掌控。

(14) 中国农业大学和北京市华都峪口禽业有限责任公司联合成功研发我国第一款具有自主知识产权的蛋鸡基因芯片 2018年,中国农业大学和北京市华都峪口禽业有限责任公司联合研发出"凤芯壹号"DNA芯片,这是我国第一款具有自主知识产权的蛋鸡基因芯片,打破了国外公司对商业化SNP芯片的垄断。与美国现有商业化芯片相比,基因组选择准确率平均提高了20%以上。应用"凤芯壹号",蛋鸡育种实现了可"定制"。

5. 2006年以来家禽种业取得的标志性成果

——获奖成果

(1) 2007年,"鸡重要经济性状功能基因组研究"获得教育部自然科学奖一等奖。

(2) 2007年,"罗曼蛋鸡良种引进繁育与配套高效养殖技术推广"获得陕西省农业技术推广成果一等奖。

(3) 2008年,"中国地方鸡种质资源优异性状发掘创新与应用"获得国家技术发明奖二等奖。

(4) 2009年,"鸡分子标记及其育种应用"获得国家技术发明奖二等奖。

(5) 2009年,"优质黄鸡种质资源保存、新品种选育及推广应用"获得上海市科学技术进步奖三等奖。

(6) 2010年,"蛋鸡高效杂交组合及保健功能蛋生产关键技研究"获得陕西省科学技术二等奖。

(7) 2010年,"北京鸭种质资源创新与应用"获得北京市科学技术一等奖。

(8) 2011年,"大型白羽半番鸭亲本专门化品系的选育研究"获得福建省科学技术进步奖二等奖。

(9) 2012年,"主要鹅种遗传资源的评价与创新利用"获得四川省科学技术进步奖一等奖。

(10) 2012年,"鸭脂肪代谢机理和调控技术研究及优质肉鸭配套系选育"获得浙江省农业厅技术进步奖一等奖。

(11) 2013年,"北京鸭新品种培育与养殖技术研究应用"获得国家科学技术进步奖二等奖。

(12) 2013年,"我国地方鸭种遗传资源的评价与创新利用"获得江苏省科学技术一等奖。

(13) 2014年,"大恒肉鸡培育与育种技术体系建立及应用"获得国家科学技术进步奖二等奖。

(14) 2014年,"农大3号小型蛋鸡配套系培育与应用"获得北京市科学技术一等奖。

(15) 2015年,"农大3号小型蛋鸡配套系培育与应用"获得国家科学技术进步奖二等奖。

(16) 2016年,"节粮优质抗病黄羽肉鸡新品种培育与应用"获得国家科学技术进步奖二等奖。

(17) 2016年,"地方鸡种保护利用技术体系创建及应用"获得河南省科学技术进步奖一等奖。

(18) 2018年,"地方鸡保护利用技术体系创建与应用"获得国家科学技术进步奖二等奖。

(19) 2018年,"优质肉鸡新品种京海黄鸡培育及其产业化"获得国家科学技术进步奖二等奖。

——审定通过的新品种及配套系

2009—2019年,我国通过审定的蛋鸡和水禽新品种及配套系见表4。2007—2019年,我国通过审定的肉鸡新品种及配套系见表5。

表4 我国通过审定的蛋鸡和水禽新品种及配套系（2009—2019年）

序号	名称	公告时间	第一培育单位
1	京红1号蛋鸡	2009年	北京市华都峪口禽业有限责任公司
2	京粉1号蛋鸡	2009年	北京市华都峪口禽业有限责任公司
3	新杨白壳蛋鸡	2009年	上海家禽育种有限公司
4	新杨绿壳蛋鸡	2009年	上海家禽育种有限公司
5	京粉2号蛋鸡	2013年	北京市华都峪口禽业有限责任公司
6	大午粉1号蛋鸡	2013年	河北大午农牧集团种禽有限公司
7	苏禽绿壳蛋鸡	2013年	江苏省家禽科学研究所
8	粤禽皇5号蛋鸡	2014年	广东粤禽种业有限公司
9	新杨黑羽蛋鸡	2015年	上海家禽育种有限公司
10	豫粉1号蛋鸡	2015年	河南农业大学
11	农大5号小型蛋鸡	2015年	北京中农榜样蛋鸡育种有限责任公司
12	大午金凤蛋鸡	2015年	河北大午农牧集团种禽有限公司
13	京白1号蛋鸡	2016年	北京市华都峪口禽业有限责任公司
14	栗园油鸡蛋鸡	2016年	中国农业科学院北京畜牧兽医研究所
15	凤达1号蛋鸡	2016年	荣达禽业股份有限公司
16	欣华2号蛋鸡	2016年	湖北欣华生态畜禽开发有限公司
17	京粉6号蛋鸡	2019年	北京市华都峪口禽业有限责任公司
18	苏邮1号蛋鸭	2011年	江苏高邮鸭集团
19	国绍1号蛋鸭	2015年	诸暨市国伟禽业发展有限公司
20	中畜草原白羽肉鸭	2018年	中国农业科学院北京畜牧兽医研究所
21	中新白羽肉鸭	2019年	中国农业科学院北京畜牧兽医研究所
22	天府肉鹅	2011年	四川农业大学
23	江南白鹅	2018年	江苏立华牧业股份有限公司

表5 我国通过审定的肉鸡新品种及配套系（2007—2019年）

序号	名称	公告时间	第一培育单位
1	新兴竹丝鸡3号	2007年	广东温氏南方家禽育种有限公司
2	新兴麻鸡4号	2007年	广东温氏南方家禽育种有限公司
3	粤禽皇2号鸡	2008年	广东粤禽育种有限公司
4	粤禽皇3号鸡	2008年	广东粤禽育种有限公司
5	京海黄鸡	2009年	江苏京海禽业集团有限公司

（续）

序号	名称	公告时间	第一培育单位
6	良凤花鸡	2009年	广西南宁市良凤农牧有限责任公司
7	墟岗黄鸡1号	2009年	广东省鹤山市墟岗黄畜牧有限公司
8	皖南黄鸡	2009年	安徽华大生态农业科技有限公司
9	皖南青脚鸡	2009年	安徽华大生态农业科技有限公司
10	皖江黄鸡	2009年	安徽华卫集团禽业有限公司
11	皖江麻鸡	2009年	安徽华卫集团禽业有限公司
12	雪山鸡	2009年	江苏省常州市立华畜禽有限公司
13	金陵麻鸡	2009年	广西金陵养殖有限公司
14	金陵黄鸡	2009年	广西金陵养殖有限公司
15	岭南黄鸡3号	2010年	广东智威农业科技股份有限公司
16	金钱麻鸡1号	2010年	广州宏基种禽有限公司
17	南海黄麻鸡1号	2010年	佛山市南海种禽有限公司
18	弘香鸡	2010年	佛山市南海种禽有限公司
19	新广铁脚麻鸡	2010年	佛山市高明区新广农牧有限公司
20	新广黄鸡K996	2010年	佛山市高明区新广农牧有限公司
21	大恒699肉鸡	2010年	四川大恒家禽育种有限公司
22	凤翔青脚麻鸡	2011年	广西凤翔集团畜禽食品有限公司
23	凤翔乌鸡	2011年	广西凤翔集团畜禽食品有限公司
24	五星黄鸡	2011年	安徽五星食品股份有限公司
25	金种麻黄鸡	2012年	惠州市金种家禽发展有限公司
26	振宁黄鸡	2012年	宁波市振宁牧业有限公司
27	潭牛鸡	2012年	海南(潭牛)文昌鸡股份有限公司
28	三高青脚黄鸡3号	2013年	河南三高农牧股份有限公司
29	天露黄鸡	2014年	广东温氏食品集团股份有限公司
30	天露黑鸡	2014年	广东温氏食品集团股份有限公司
31	光大梅黄1号肉鸡	2014年	浙江光大种禽业有限公司
32	桂凤二号肉鸡	2014年	广西春茂农牧集团有限公司
33	天农麻鸡	2015年	广东天农食品有限公司
34	温氏青脚麻鸡2号	2015年	广东温氏食品集团股份有限公司
35	科朗麻黄鸡	2015年	台山市科朗现代农业有限公司

（续）

序号	名称	公告时间	第一培育单位
36	金陵花鸡	2015年	广西金陵农牧集团有限公司
37	京星黄鸡103	2016年	中国农业科学院北京畜牧兽医研究所
38	黎村黄鸡	2016年	广西祝氏农牧有限责任公司
39	鸿光黑鸡	2016年	广西鸿光农牧有限公司
40	参皇鸡1号	2016年	广西参皇养殖集团有限公司
41	鸿光麻鸡	2018年	广西鸿光农牧有限公司
42	天府肉鸡	2018年	四川农业大学
43	海扬黄鸡	2018年	江苏京海禽业集团有限公司
44	肉鸡WOD168	2018年	北京市华都峪口禽业有限责任公司
45	金陵黑凤鸡	2019年	广西金陵农牧集团有限公司

6. 2006年以来有关家禽种业的重大政策和项目

2007年，《国务院关于促进畜牧业持续健康发展的意见》（国发〔2007〕4号）发布，明确对引进优良种畜禽、牧草种子免征进口关税和进口环节增值税。2007年10月24日，国家环境保护总局发布《全国生物物种资源保护与利用规划纲要》（环发〔2007〕163号）。2008年10月，农业部办公厅、财政部办公厅联合下发了"关于印发蛋鸡标准化规模养殖场改造以奖代补项目实施方案的通知"，开启了国家财政奖励补贴蛋鸡养殖户的工作。2010年起，中央财政支持开展种畜禽质量安全监督检验工作，在部分种禽企业开展种禽生产性能测定。2012年12月12日，农业部发布实施《全国蛋鸡遗传改良计划（2012—2020年）》。2016年6月22日，农业部发布了《关于促进现代畜禽种业发展的意见》（农牧发〔2016〕10号）。这些重大政策利好有力促进了家禽种业的健康持续发展。

（1）2006年以来在蛋鸡领域国家支持开展的重大项目主要有："十一五"国家科技支撑计划重点项目——"优质高产蛋鸡新品种选育"和"优质高效蛋鸡新品种选育与产业化开发"；"十二五"国家科技支撑计划项目——"主要畜禽新品种选育与关键技术研究"。科技部启动"畜禽健康养殖模式研究与示范"。国家"973"项目——"猪、鸡重要经济性状遗传的分子机制"。2018年7月至2020年12月，北京市华都峪口禽业有限责任公司牵头，联合14家科研单位和企业申报并获批国家重点研发计划"高产蛋鸡高效安全养殖技术应用与示范"。

2013年，河北省蛋鸡产业技术体系成立。2016年，江苏省蛋鸡产业技术体系成立。

（2）2006年以来在肉鸡领域国家支持开展的重大项目主要有："十一五"国家科技支撑计划重点项目——"优质肉鸡新品种选育""优质肉鸡新品种选育与产业化开发"。2009年，江苏雨润集团与濉溪县人民政府年屠宰加工3 000万只肉鸡产业化项目签约仪式在濉溪县翡翠明珠会议中心举行。"十二五"国家科技支撑计划项目——"主要畜禽新品种选育与关键技术研究"。"十三五"重点研发计划"畜禽重大疫病防控与高效安全养殖综合技术研发"重点专项——"优质肉鸡高效安全养殖技术应用与示范"。科技部启动"畜禽健康养殖模式研究与示范"。国家"973"项目——"猪、鸡重要经济性状遗传的分子机制""畜禽肉品质性状形成的代谢与调控机理"启动。

2016年，江苏省肉鸡产业技术体系成立。2019年，由中国动物疫病预防控制中心发起，山东省畜牧兽医局、烟台市人民政府和益生股份共同承担的"山东省烟台市白羽肉鸡主要疫病净化示范区建设项目"启动会在烟台市举行。

（3）2006年以来在水禽领域国家支持开展的重大项目主要有：2008年7月，农业部公告第1058号文，授牌第一批国家级畜禽遗传基因库，建设了国家级水禽基因库（江苏），建设单位为江苏畜牧兽医职业技术学院，以及国家级水禽基因库（福建），建设单位为福建省石狮市水禽保种中心。

"十一五"国家科技支撑计划：2008BADB2B00 畜禽新品种选育及快繁技术研究；2008BADB2B01 畜禽特色优异基因资源挖掘与种质创新；2008BADB2B07 优质水禽新品种选育与产业化开发。

2014年，江西省现代水禽产业技术体系建设启动。2016年年底，江苏省水禽产业技术体系建设启动。

二、家禽种业未来发展方向和途径

家禽种业方向已定，路径已明，加上行业工作者一贯的韧劲、拼劲、干劲，葆有的攻坚克难、奋勇争先的精神，定能把目标变成行动，把蓝图变成现实。

（一）蛋鸡种业未来发展的方向

以科学发展观为指导，以提高国产蛋鸡品种质量和市场占有率为主攻方向，坚持走以企业为主体的商业化育种道路，推进"产、学、研、推"育种协作机制创新，整合和利用产业资源，健全完善以核心育种场为龙头的包括良种选育、扩繁推广和育种技术支撑在内的蛋鸡良种繁育体系，合理有序地开发地方鸡种资源，净化主要垂直传播疾病，加强育种技术研发，全面提升我国蛋鸡种业发展水平，促进蛋鸡产业可持续健康发展。

到2035年，国产蛋鸡品种整体生产性能和育种技术达到国际先进水平，国产品种商品代蛋鸡市场占有率超过70%，完全摆脱对国外蛋鸡品种的依赖，国产品种与我国育种企业的国际竞争力显著提升。

（二）蛋鸡种业未来发展的途径

通过整合育种优势资源和技术，优化育种方案，完善育种数据采集与遗传评估技术，开发应用育种新技术，培育高产蛋鸡和地方特色蛋鸡新品种。持续选育已育成品种，进一步提高品种质量，促进蛋鸡品种国产化和多元化，扩大市场占有率，满足不同市场需求。

开展全基因组选择技术研究与应用，我国蛋鸡基因组选择育种还处于小规模试验应用阶段，已落后发达国家，需要奋起直追。建议设立畜禽全基因组选择育种专项，支持建立蛋鸡全基因组选择技术平台，缩小与国外差距。

打造一批在国内外有较大影响力的"育繁推一体化"蛋种鸡企业，遴选高产蛋鸡和地方特色蛋鸡核心育种场。核心育种场主要承担新品种培育和已育成品种的选育提高等工作。完善蛋种鸡生产技术，规范蛋种鸡生产管理，建设国家蛋鸡良种扩繁推广基地，保证蛋鸡品种遗传品质的稳定传递，提升蛋鸡业供种能力。满足蛋鸡产业对优质商品雏鸡的需要。

在育种群和扩繁群净化鸡白痢、禽白血病等垂直传播疫病，定期检验其净化水平。制订蛋鸡核心育种场主要垂直传播疫病检测、净化技术方案，完善疫病净化设施设备，开展育种核心群和扩繁群鸡白痢沙门氏菌、禽白血病等主要垂直传播疫病的净化工作。完善净化群体的环境控制和管理配套技术，提高雏鸡健康水平，长期维持净化成果。

制订并完善蛋鸡生产性能测定技术与管理规范，建立由核心育种场、标准化示范场和种禽质量监督检验机构组成的性能测定体系。核心育种场主要测定原种的个体生产性能。吸收一批农业农村部蛋鸡标准化示范场参与生产性能测定工作，主要测定国产品种和引入品种的父母代和商品代生产性能。种禽质量监督检验测定机构负责种鸡质量的监督检验。

（三）肉鸡种业未来发展的方向

以市场需求为导向，以提高育种能力和自主品牌市场占有率为主攻方向，坚持政府引导、企业主体的育种道路，推进"产、学、研、推"育种协作机制创新，整合和利用产业资源，健全以核心育种场和扩繁推广基地为支撑的肉鸡良种繁育体系，加强生产性能测定、疫病净化、实用技术研发和资源保护利用等基础性工作，全面提高肉鸡种业发展水平，促进肉鸡产业持续健康发展。

到2025年，培育肉鸡新品种40个以上，自主培育品种商品代市场占有率超过60%。提高引入品种的质量和利用效率，进一步健全良种扩繁推广体系。提升肉鸡种业发展水平和核心竞争力，形成机制灵活、竞争有序的现代肉鸡种业新格局。

（四）肉鸡种业未来发展的途径

1. 强化国家肉鸡良种选育体系

遴选国家肉鸡核心育种场。采用企业申报、省级畜牧兽医行政主管部门推荐的方式，遴选国家肉鸡核心育种场。建立长效的考核与淘汰机制，实行核心育种场动态管理。

培育新品种和选育提高已育成品种。通过整合育种优势资源和技术，优化育种方案，完善育种数据采集与遗传评估技术，开发应用育种新技术，培育肉鸡新品种。持续选育已育成肉鸡品种，进一步提高品种质量，推进肉鸡品种国产化和多元化，满足不同层次消费需求。

净化育种核心群主要垂直传播疫病。开展育种群主要垂直传播疫病的净化工作。完善环境控制和管理配套技术，巩固净化成果。

2. 健全国家肉鸡良种扩繁推广体系

打造在国内外有较大影响力的"育繁推一体化"肉种鸡企业。在企业自愿申报、省级畜牧兽医行政主管部门审核推荐基础上，以自主培育品种为主，兼顾引入品种，遴选国家肉鸡良种扩繁推广基地，提升肉鸡产业供种能力。

3. 净化扩繁群主要垂直传播疫病

持续开展肉种鸡主要垂直传播疫病的净化工作，提高雏鸡健康水平。

4. 构建国家肉鸡育种支撑体系

开展肉鸡生产性能测定。健全肉鸡生产性能测定技术与管理规范。核心育种场主要测定原种和祖代的生产性能。农业农村部家禽品质监督检验测试中心定期测定国家审定品种和引入品种父母代和商品代生产性能。种禽质量监督检验测定机构负责种鸡质量的监督检验。

研发肉鸡遗传改良实用技术。成立国家肉鸡遗传改良技术专家组，开展肉鸡育种实用新技术研发，为核心育种场提供指导，对测定场进行技术指导和培训，汇集各种来源的测定数据，及时掌握品种生产性能的动态变化情况。

保护利用地方鸡种资源。支持列入国家级和省级畜禽遗传资源保护名录的地方鸡种的保护和选育工作。利用分子生物学等先进技术手段，开展我国地方鸡种资源肉质、适应能力等优良特性评价，挖掘优势特色基因，为肉鸡新品种的选育提供育种素材。

（五）水禽种业未来发展的指导思想

坚持"以我为主、引育结合、自主创新"的发展方针，以市场需求为导向，以提高育种效率与品种生产效率为主攻方向，坚持政府引导、企业主体的商业化育种道路，构建产学研用融合发展的创新体系，加速创新要素聚集，健全以核心育种场和扩繁基地为支撑的水禽良种繁育体系。坚持强化政策扶持，强化科技支撑，夯实生产性能测定、疫病净化和资源保护利用等基础性工作，全面提升水禽种业发展水平。坚持以国际视野谋划和推动水禽种业创新，加快培育自主品牌，提升国际竞争力和影响力，部分品种实现并行、领跑。

（六）水禽种业未来发展的方向

未来水禽种业发展的方向，一方面是加强水禽育种技术研究，提高育种效率和生产性能；另一方面精确定位育种方向，培育更加丰富的品种类型，满足市场需求。

水禽育种技术：水禽育种面临最大的问题是测定技术发展与育种需求之间的巨大鸿沟。缺乏大型育种公司研究，加上国际水禽育种公司对测定设备的保密，导致了水禽育种设备的落后。水禽育种性状的自动化测定和鹅人工授精将是未来一段时间的主要研发工作。另外，水禽重要性状的遗传学基础研究，也是育种技术重点突破的问题。

水禽育种方向：我国鸭肉市场以大型白羽肉鸭为主体，但是不同地区鸭肉的消费习惯、食品类型差异较大，需根据瘦肉型、炙烤型、优质型等不同的市场需求，利用北京鸭、兼用型麻羽肉鸭等优良品种开展区域性、差别化育种。鸭蛋在我国华南、华中、华东、西南地区有巨大消费市场，也是我国多种特色餐饮重要的原材料。要根据我国蛋品加工、居民日常消费特点，培育高产、高饲料转化效率、早熟、体型小、青壳、高蛋壳强度、抗应激等蛋鸭专门化品系，在专门化品系基础上，组建生产效率高、蛋品质好的青壳蛋鸭配套系、抗逆性强的高产蛋鸭配套系等，同时，开展适宜笼养的蛋鸭新品系选育。从不同地区特色消费和加工需求出发，加强各地方鹅品种的本品种选育，提高地方品种的整齐度与生产性能。在此基础上，筛选育种素材，定向培育生长速度快、繁殖性能高、饲料转化效率高、肉品质好、羽绒生长发育快、适合肥肝生长的各种专门化品系，开展配合力测定，培育能够满足区域性消费特点的鹅配套系。

（七）水禽种业未来发展的途径

构建完善的水禽育种体系：建立水禽生产性能测定体系，制订水禽生产性能测定技术与管理规范；研发关键育种技术，重点突破抗病力、饲料转化率、肉品质、蛋品质相关性状的育种技术；保护利用地方水禽遗传资源，为水禽新品种的选育提供育种素材。以生产性能测定和遗传评估为基础，坚持常规育种与分子育种相结合，突出本品种选育和商业配套系培育。

提升育种创新能力：全面实施遗传改良计划，提升自主育种能力。开展国家核心育种场遴选，指导企业扎实开展生产性能测定等基础工作，支持和鼓励育种企业成立纵向或横向联合育种组织，探索建立水禽联合育种机制。

完善育种评价机制：依托国家畜禽遗传资源委员会，完善新品种和配套系审定制度，探索开展新品系审定。建立健全种水禽性能测定体系，加强第三方测定机构条件能力建设，提高集中测定的权威性和公正性。

加强种禽疫病净化：以核心育种场为重点，加强种用水禽健康管理，推动主要动物疫病净化，从生产源头提高水禽生产健康安全水平。坚持政府政策引导、企业自主参与、多方技术支撑，采取从场入手、分步实施、示范带动、合力推动等方式，开展种水禽疫病净化。将疫病净化与核心育种场建设、标准化示范创建等相结合，在政策、项目、技术等方面给予支持。积极开展种禽场主要动物疫病净化试点、示范，推动种禽场主动开展疫病净化，保障种禽质量。

加快优良品种推广：结合各地资源条件和养殖基础，明确优势区域主推品种，健全水禽良种推广体系。建设良种扩繁推广基地，引导种业企业与规模养殖场户建立紧密的利益联结机制，打造一批育繁推一体化种业企业。

培育壮大育种龙头企业：将水禽种业纳入现代种业发展基金支持范围，采取股权投资等方式，重点支持育种基础好、创新能力强、市场占有率高的种畜禽企业，整合资源、人才、技术等要素，培育一批大型水禽种业集团。鼓励种业企业建设现代化育种科研平台，推动企业与科研院校共建高标准实验室、育种研发中心和良繁基地。以优势品种为基础，以优势水禽企业为载体，通过繁育推广、市场推介、产业开发、媒体宣传等形式，打造一批具有国际竞争力的水禽种业品牌。

李慧芳　文杰　杨宁　段忠意　陈宽维　宫桂芬

NAINIU
ZHONGYE PIAN

奶牛种业篇

在影响奶业发展的诸多技术要素中，奶牛的遗传素质是最重要的影响因素。据国际公认的各技术因素对提高奶业生产效率的贡献率分析结果，良种和群体遗传改良技术的贡献率占40%以上。伴随奶牛群体遗传改良技术的发展进步，我国奶业发展主要经历了培育奶牛良种、持续进行选育提高的历程。

我国养牛挤奶的生产活动历史悠久，但专用奶牛品种的培育历史仅可追溯到19世纪中叶。经过百余年的不懈努力，培育了我国现代奶业的主导品种——中国荷斯坦牛，同时还培育了中国草原红牛、三河牛、新疆褐牛、中国西门塔尔牛和蜀宣花牛等5个乳肉兼用牛品种。近半个世纪以来，又紧跟国际奶牛育种科技发展趋势，构建了奶牛群体遗传改良技术体系，对于促进我国奶牛种业高质量发展具有重要意义。

一、世界奶牛品种培育概述

在人类长期饲养经过驯化的家牛的过程中，由于生态环境条件和社会经济条件不同，加上交通不便等因素所导致的地理隔离，分布于不同地区的同一牛种的小群体，经过一定时间的本群繁育，逐渐出现了在体型外貌特征、适应性、特别在生产性能等方面上的差异，于是形成了各种各样的家牛品种。在各畜种中，普通牛较早发生了品种分化，出现了乳用品种和肉用品种的培育方向。乳用牛品种最早出现在欧洲，17—18世纪出现了短角牛、娟姗牛、更赛牛、爱尔夏牛等诸多奶牛品种，其中以出现在荷兰与德国接壤地区的弗利生-荷斯坦牛最具代表性。鉴于这个品种牛只体型大、适应性强、生产性能高，受到世界各国奶农的青睐，迄今已成为全球分布最广、养殖量最大、生产性能最高的奶牛主导品种。值得注意的是，各国引进荷斯坦牛后，均按照本国的条件和需求，制订了各自的育种目标和育种方案，经过多年的系统选育，已经形成了各具特色的荷斯坦牛群。

二、我国黑白花牛（中国荷斯坦牛）培育历程

尽管中国人养牛的历史悠久，但绝大部分普通牛品种均是缺乏乳用遗传素质的地方黄牛，因此乳用牛品种的培育工作仅能追溯到19世纪中叶。随着欧洲商人和传教士的进入，带来一些奶牛挤奶自用，涉及的奶牛品种较多，有爱尔夏牛、娟姗牛、瑞士褐牛、短角牛等。除了母牛以外，还带来一些种公牛，以此维持引进奶牛的繁育。在各乳用品种中，人们更偏爱毛色为黑白花的荷斯坦，当时亦俗称荷兰牛。

荷斯坦牛引入我国后，一方面在小范围内进行纯种繁育，另一方面为了扩大奶牛的数量，也使用纯种荷斯坦公牛对地方黄牛进行杂交改良，经过一定世代的级进杂交后，进行杂种牛的横交固定。在此基础上，再经过长时间的选育工作，逐步形成了特性、特征表现一致、遗传稳定、生产性能高、适应性强的奶牛群，为育成中国黑白花奶牛品种打下了良好基础。中国黑白花奶牛育成的主要过程见图1。

概括来说，中国黑白花奶牛品种的育成可分为四个阶段。

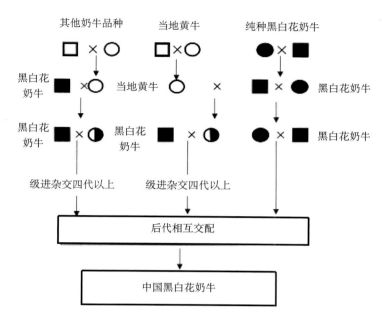

图1　中国黑白花奶牛育成示意图（引自秦志锐，《中国农业科学研究四十年，1991》）

注：1）"□"表示公牛，"○"代表母牛，全涂色代表黑白花奶牛，空白代表非荷斯坦牛。

2）其他奶牛品种是指荷斯坦牛以外的引进奶牛品种。

（一）引进、杂交改良的初级阶段（1840—1948年）

这一阶段经历了一个多世纪的时间。我国通过各种渠道从国外引进不同品种的奶牛，在自繁自养的同时，使用引入品种的公牛与地方黄牛的母牛杂交。鉴于荷斯坦公牛的杂交改良效果优于其他品种，在20世纪20—40年代，也曾多次有计划地引进成批的荷斯坦种牛，在一定地区有意识地培育荷斯坦牛的高代杂种群。据记载，新中国成立前，上海、北京、南京、天津等城市已经形成了城市型奶牛养殖与繁育中心。上海市有64家奶牛场，混合群存栏奶牛4 800头，日总产奶量17 645千克；北京市奶牛存栏1 500头左右，其中荷斯坦牛及其杂交改良后代1 100头，为后来育成"中国黑白花奶牛"形成了种群基础。

（二）有计划地杂交与横交固定阶段（1949—1971年）

据记载，1949年我国奶牛存栏约12万头，其中纯种荷斯坦牛仅2万余头。整体来看，奶牛群体规模小，品种混杂，且生产性能低下，健康状况不佳。国家为了发展奶牛养殖业，一方面在小型奶牛场中，对牛群推行严格的疫病防治措施，大力培育健康牛群；另一方面在大中城市郊区和主要垦区建立的大型国营农场中，重点建立奶牛集约化养殖场，使国营集约化奶牛场在当时的奶牛养殖业中占据了主导地位。在国营奶牛场体制下，对牛群进行了普查，包括牛只来源、生产性能、健康状况等，在此基础上建立了牛籍卡档案制度，还对部分牛只个体建立了产奶性能记录。但由于当时缺少全国统一的育种组织和相应的育种方案，各地奶牛育种处在各自为战、各树一帜的状况，尚未形成强有力的合力。1959年，当时的农业部召开了首次全国家畜家禽育种工作会议，做出了开展畜禽育种、加强种畜禽场建设、提高畜禽质量的决策。会议统一了思想，提出了全国各地要统一到一个育种目标上来，培育我国自主的奶牛品种的目标。从那时开始，我国奶牛育种工作就以北京、上海为中心，逐步向其他省份辐射，大大推动了奶牛品种改良工作的开展。

北京最早成立了奶牛育种组织。1961年，在北京市国营农场管理局主持下，"北京市国营农场奶牛育种小组"成立，对全市奶牛群进行普查和整群，制订了开展牛只个体登记、产奶记录和各种育种记录制度以及"自群选育为主，杂交改良为辅"的育种方针。随后，上海也成立了"上海牛奶公司育种领导小组"，重新修订了上海市牛奶公司良种登记标准，确定了核心群育种策略。以北京和上海两地的奶牛育种领导小组为雏形，农业部主持成立了中国黑白花奶牛新品种培育北方和南方协作组。在此基础上，分别制定了北京和上海的地方性标准——《黑白花牛鉴定标准》，该标准体现了中国黑白花奶牛品种最初的育种目标。

为了加快牛群遗传改良进度，从20世纪50年代末到60年代中期，我国从苏联和荷兰等国家引进了多批次的荷斯坦种牛，在培育黑白花奶牛的群体中开展有计划、有目的的杂交改良。与此同时，为迅速扩大奶牛群的规模，即所谓的"快速扩繁"，农业部和部分省（自治区、直辖市）地方政府还开展了直接使用纯种荷斯坦公牛与地方黄牛进行级进杂交的所谓"黄改奶"品种改良工作。这一举措对中国黑白花奶牛品种培育乃至数年后我国奶业的快速发展均具有深远的战略意义。

在牛群中有计划地进行杂交改良的同时，奶牛群的繁殖技术和管理体制也发生了重大变革。从20世纪50年代后期，大城市郊区国营牛场开始实行种公牛集中饲养管理和使用，在使用自然交配技术的情况下，集中管理的公牛比分散管理的公牛其使用效率从每头每年平均承担52.3头母牛的配种任务量提高到162头。到1965年，推行了业已成熟的鲜精人工授精技术，每头公牛每年平均配种母牛头数又翻了一番，达到336头。按照遗传育种学理论，群体中使用公牛头数降低，可提高种公牛的选择强度，提高种公牛的整体遗传水平，加快牛群的遗传进展。根据普查和统计分析，到20世纪60年代后期，中国黑白花奶牛培育群中已经出现了一定比例单产超过5 000千克的"高产牛"，这一生产性能高于当时苏联的平均水平，且不低于世界其他乳用品种牛的性能。因此，经过多世代杂交改良和育种技术的实施，中国黑白花奶牛牛群的整齐度、生产性能和遗传水平普遍提高，已经具备了选留符合预定标准的种公牛，进入品种培育的横交固定与选育提高阶段。

（三）横交固定后的选育提高阶段（1972—1984年）

1. 成立科研协作组开展育种工作（1972—1981年）

1972年10月，农林部科教局在北京召开了部分省、市奶牛场代表和专家参加的奶牛育种及冷冻精液人工授精技术科研座谈会，会上成立了由北方12个省（自治区、直辖市）参加的"北方地区部分奶牛场育种科研协作组"。1973年12月在天津召开的第二次北方协作组会议上，又将原协作组更名为"北方地区中国黑白花奶牛育种科研协作组"。1974年，农林部科教局、农垦局又在上海组建了由南方13个省（自治区、直辖市）参加的"南方地区大中城市奶牛育种科研协作组"。1977年，根据农林部科教局意见，又更名为"中国黑白花奶牛育种科研协作组（北方组）和（南方组）"。成立这两个育种协作组的目的是在良种奶牛登记、后备公牛选育和公牛后裔测定等方面开展联合育种，同时与科研院校一起协作，制订"黑白花奶牛鉴定办法""良种奶牛登记办法""选种选配方案"等技术规范，进一步完善育种工作。

奶牛育种协作组开展的工作可以归纳为以下几个方面：

一是制订育种目标和育种方案。根据北方、南方的牛群基础和自然条件，两个协作组分别于1973年和1974年制订了针对本地区的《黑白花牛育种实施方案》。在此基础上，农林部制订了全国统一的黑白花牛育种目标——"培育生产性能高、体质结实、外貌结构好、适应性广泛、利用年限长、遗传性稳定的中国黑白花奶牛新品种"。

二是建立大型公牛站，推广人工授精技术，加强种公牛选育。1973年，北京奶牛育种小组从原来3个农场级公牛站120多头公牛中严格选择20余头优秀公牛，集中饲养和生产冷冻精液，组建了北京市种公牛站。通过冷冻精液技术的实施，每头公牛承担的母牛配种数由原来的300余头提高到4 000余头。上海市种公牛站成立于1974年，共选择41头成年公牛进站，涵盖了13个公牛血统。随后其他地方也相继建立了特色各异的省市级种公牛站或家畜冷冻精液站。其中，1977年黑龙江省在哈尔滨市建成种公牛站，其存栏公牛头数和冻精生产规模均居当时国内首位。到1982年，全国各地先后建立了30个种公牛站，共饲养种公牛284头（含部分肉牛和黄牛）。在各种公牛站中，北京市及上海市种公牛站所饲养的优秀黑白花种公牛最多，冷冻精液推广范围最大，成为我国黑白花牛品种培育的主力公牛站。随着大型种公牛站的组建，大大提高了种公牛的选择强度，充分发挥了优秀公牛在牛群遗传改良中的作用，对加快牛群的遗传进展和育成黑白花牛起到了决定性作用。

三是改进冷冻精液生产技术。大型公牛站建立初期，正处在国际上牛精液低温冷冻技术日臻成熟时期，我国及时引进这一新技术，并在各公牛站推广应用。1974年北方协作组举办家畜冷冻精液培训班，起草了《牛精液冷冻技术操作意见》。北京市种公牛站承担了农林部下达的"冷冻精液人工授精繁殖技术"重点科技项目，1974年成功研制出0.5毫升细管冷冻精液。1980年，北京市种公牛站等多家公牛站先后从法国卡苏（IMV）兽医器械公司引进细管冻精全套生产设备，大规模批量生产细管冻精。为了保证冷冻精液质量，北方、南方协作组共同制定了《牛冷冻精液生产规程和质量标准》，这一文件成为1984年颁布国家标准《牛冷冻精液》（GB4143—1984）的雏形。据1975年在西安召开的第三次北方育种协作组会议上统计，用冷冻精液配种的母牛，占北方地区可繁母牛头数的21%左右。到1982年，全国奶牛群已基本普及应用冷冻精液人工授精。这一时期通过引进、培育和选育等育种措施，各地出现了许多遗传素质出类拔萃的优秀种公牛，每年承担配种母牛10 000头次以上。冷冻精液产品质量及人工授精技术同时得到提高，情期一次受胎率由40%左右提高到50%以上。

四是加强种公牛的选育。协作组成立后，特别是大型种公牛站的组建，为实施科学的选种技术提供了有利条件。两个协作组分别在北京和上海种公牛站试行了公牛后裔测定选育种公牛技术。尽管当时我国的奶牛群体遗传改良基础工作，诸如个体识别、品种登记、生产性能测定等尚不健全，但也探索性地制定了《公牛后裔测定技术操作规程》，并于20世纪80年代初对170余头后备公牛进行了后裔生产性能测定，探索了当年美国使用的"同期同龄牛比较法"（contemporary comparison，CC），"同群牛比较法"（herdmate comparison，HC）和"改进同期同龄牛比较法"（modified contemporary comparison，MCC）等方法估计性状育种值，借用美国的奶牛总性能指数（total performance index，TPI）公式，将产奶量、乳脂率及体型外貌评分三项性状育种值合并为TPI指数，按测定公牛的TPI指数排队，选留了60余头验证公牛。这在我国奶牛育种技术发展过程中，是一个重大的进步。

五是开展良种登记、规范饲养管理。在黑白花牛品种培育中的横交固定和选育提高阶段，除了培育优秀种公牛，母牛的遗传素质和生产水平也很重要，为此北方、南方两个协作组从1974年到1981年先后出版了9册良种登记册，共登记了44 024头母牛。在当时的基础和条件下，通过大量测定和记录，了解牛群性能水平，一方面反映了牛群的改良效果，另一方面对改良牛群横交固定提供了重要依据。中国黑白花奶牛育种科研协作组成立以来，在开展奶牛群体各项育种工作的同时，在改进和规范奶牛饲养管理工艺、奶牛饲养标准、奶牛疫病防治等方面也开展了大量科学研究工作。牛群的"两病"净化工作取得了良好的效果，到1981年年底，南方和北方牛群健康牛比例分别达到86%和97.1%。

六是开展科学研究，培训专业人员，编印技术刊物。中国黑白花奶牛培育工作协作组的组织形式打破了系统间、地域间和牛场间的界限，有利于产、学、研密切结合开展奶牛育种领域的科学研究，累计共取得300多项研究成果。北京市（1979年）、上海市（1980年）先后成立了奶牛研究所，共培训各类技术人员7 000多人次，培训内容包括育种理论及技术、外貌鉴定、冷冻精液生产、繁殖技术、饲料饲养、奶牛饲养管理技术、疾病防治等。这一时期，北方协作组编印了《奶牛技术》共14期，南方协作组编印了《南方奶牛技术资料》共12期，另加2期增刊。南、北方协作组还联合编印了《奶牛饲养》12期。

七是协作组运行期间，牛群规模和生产水平大幅度提高。据统计，1972年全国黑白花成母牛存栏7.3万头，奶牛单产（305日龄）平均达到3 335千克。经过协作组运行的10年（1972—1981年），通过实施一系列育种措施，牛群规模得到扩大，生产性能大幅度提高，到1981年全国黑白花成母牛总存栏达到27万多头，平均单产达4 461千克，其中协作组所辖地区的成年母牛存栏头数发展到18.6万头；平均单产达到4 700千克，特别是上海牛奶公司的6 779头成母牛单产达6 980千克。1981年经对协作组辖区牛群普查鉴定，有45%的成母牛（8.4万头）符合品种标准。产奶性能高、体型外貌好、遗传性能稳定、适应性强的中国黑白花奶牛群体初步形成。

奶牛育种科研协作组的10年工作，对奶牛新品种培育及以后的群体遗传改良工作，都是至关重要的阶段。但是，两个协作组的形式不利于实现统一育种目标、统一技术规程、统一使用遗传资源、统一规划育种产品市场。为此建立一个全国统一的奶牛育种组织，实施全国联合育种，尽快将黑白花改良牛群选育成合格的新品种是十分必要的。

2. 中国奶牛协会成立，统筹联合培育"中国黑白花奶牛"新品种（1982—1984年）

1982年，农牧渔业部决定在北方、南方两个奶牛育种科研协作组的基础上，组建成立"中国奶牛协会"（2002年更名为"中国奶业协会"），按照协会章程，协会下设秘书处及六个专业组。原北方协作组组长赵海泉先生出任首届奶业协会副理事长兼秘书长。奶业协会育种专业组由著名奶牛育种学家秦志锐先生领衔，吸收原育种科研协作组时期北方和南方组的育种专家和技术骨干参加。任务定位是在北方、南方协作组的工作基础上，制订和组织实施全国黑白花牛群体的联合育种，推进中国黑白花奶牛新品种的培育工作。

一是试行全国青年公牛后裔测定，改进遗传评定方法。1983年中国奶业协会育种组制定了《中国黑白花种公牛后裔测定暂行规范》（以下简称《暂行规范》）。《暂行规范》对青年公牛培育与选择、后测冻精分配与试配、女儿头数与性能测定、公牛育种值估计与遗传评定方法等做了详细规定，力求从技术上与国际接轨。同年开始试验性地组织了第一批3头青年公牛的后裔测定，其后将全国青年公牛联合后裔测定作为常态工作，到1985年已组织了3批共36头青年公牛。尽管测定的规模十分有限，但对日后建立群体遗传改良技术体系起到了引领作用。随着黑白花牛群体规模不断扩大和人工授精技术的普及，对冷冻精液的需求日益增加，1985年全国已有大小种公牛站35个，成年种公牛存栏366头（含部分肉用和兼用公牛），仅为1974年的1/4，种公牛总体遗传水平明显提高。如前所述，我国奶牛育种工作者，曾在中国黑白花奶牛品种培育过程中，探索了种公牛育种值估计与遗传评定。20世纪80年代初，欧美奶业发达国家开始在种公牛遗传评定中使用BLUP育种值估计法。1984年，北京农业大学张勤先生在他的科学研究中，使用公畜模型BLUP法成功地对部分青年公牛进行了育种值估计。自此开启了我国使用BLUP法对中国黑白花种公牛进行遗传评定的新时代。

二是编制品种标准，推行品种登记制度。1981年经北方、南方育种协作组协商，启动了中国黑白花奶牛品种标准编制工作，由北京农业大学周建民先生为主要起草人，形成了《中国黑白花奶牛》品种标准，农牧渔业部于1982年作为国家标准（GB/T 3157—1982）予以公布。依据《标准》，中国奶牛协会于1984年组织了中国黑白花奶牛第5次良种登记，共收录了母牛8 001头。数据表明，登记牛平均305日龄产奶量为7 022千克，乳脂率为3.57%，且牛只体型结构有了明显改进，尤其是乳房下垂及尻部过斜等缺陷已基本消除。登记结果成为其后中国黑白花奶牛品种审定的重要资料。

三是深入开展奶牛育种科研工作。中国奶业协会与北京、上海等9省（自治区、直辖市）奶牛协会以及相关院校所共同合作，在"中国黑白花奶牛培育"科研项目（1972—1985年）运行过程中，统一制订育种方案，统一各项育种技术，实施全国联合育种，并开展了大量的科研工作。参加人员涉及28个省（自治区、直辖市）及教学科研单位的280余名科技工作者，各协作单位共取得300多项研究成果，完成论文250余篇。

四是开展对外合作交流，培训技术人才。1984—1986年，先后派出50余人到美国、日本进行技术考察和研修，培养技术骨干，对促进国内奶牛业的科技进步起到了积极作用。在此期间，中国奶牛协会多次邀请国外奶牛育种专家来华讲学，例如，1985年邀请美国荷斯坦牛协会专家密克斯（Maurice Mix）先生来华，讲授了奶牛体型外貌鉴定新技术线性评分法。后来，科技工作者构建了我国的奶牛体型线性评分体系。中国奶业协会还举办了一系列培训班，涉及遗传育种理论与实践、生物统计、体型鉴定、冻精制作、饲养繁殖、日粮配方、疾病防治及电脑应用技术等，培育了一大批技术力量，提高了从业人员的素质，提升了奶牛业整体技术水平。

（四）新品种审定阶段（1985—1987年）

1. 品种审定

我国的黑白花牛群经历了引进杂交、有计划杂交和横交固定、系统选育提高三个阶段，历时上百余年，到1985年已发展到混合牛群存栏50.3万头，按照国家标准《中国黑白花奶牛》（GB/T 3157—1982），1984年在牛群中进行了较大范围的品种登记，共登记达到《标准》的成年母牛21 095头。成母牛平均产奶量（305日龄）为4 358千克，平均乳脂率达3.56%，特征特性良好且遗传稳定、特色鲜明，建立了以自主培育种公牛为主的开放式良种繁育体系，群体内遗传结构合理，各项育种措施基本健全有效，已具备了具有中国特色的奶牛新品种的基本条件。1985年经当时农牧渔业部品种审定，正式命名为"中国黑白花奶牛"新品种，成为我国奶业发展史中第一个自主培育的奶牛专用品种。中国黑白花奶牛培育成功以后，为了与国际接轨，1992年农业部发文将"中国黑白花奶牛"更名为"中国荷斯坦牛，英文为"Chinese Holstein"。

2. 科学技术成果获奖

在中国黑白花奶牛品种培育期间，农林部于1972年设立"中国黑白花奶牛培育"科研项目，并连续资助了12年。项目应用数量遗传学、生理学及营养学原理，开展了育种繁殖、饲养、疾病等研究工作，并根据研究结果，制定了切实可行的措施和规程，向全国推广应用，取得明显效果。

1985年11月在北京召开了中国黑白花牛培育研究（育种部分）成果鉴定会。"中国黑白花奶牛的培育"科研成果于1987年获农牧渔业部科技进步奖一等奖，1988年获国家科学技术进步奖一等奖。获奖主要完成单位共10个：中国奶牛协会、北京市奶牛协会、上海市奶牛协会、黑龙江省奶牛协会、江苏省奶牛协会、陕西省奶牛协会、山西省奶牛协会、辽宁省奶牛协会、天津市奶牛协会和新疆维吾尔自治区奶牛协会。获奖主要完成人员有：赵海泉、秦志锐、王伟琪、黄国卿、丁丽娟、熊汉林、张国钧、王煜、魏荣禄、洪广田、李亚力、杨校章、孙尚德、洪振中和冀一伦等15人。在完成"中国黑白花奶牛的培育"科研项目过程中，全国还有200多名科技人员和数百个奶牛场做出了贡献，对此，中国奶牛协会分别颁发了奖状予以表彰。部分奶牛资料图片及种公牛照片见图2至图8。

图2　1980年10月9日，北京市奶牛比赛会，为奶牛选手打分（左一：秦志锐，左三：姜华，左四：张邦恢）
（引自刘成果，《中国奶业史》专史卷，2013）

图3　1980年10月8日，北京市奶牛比赛会开幕式
（引自刘成果，《中国奶业史》专史卷，2013）

图4　1980年10月15日，北京市奶牛比赛会冠军牛
（引自刘成果，《中国奶业史》专史卷，2013）

图5　中国黑白花奶牛育种科研协作奖章
（引自刘成果，《中国奶业史》专史卷，2013）

图6　中国荷斯坦牛种公牛

图7　中国荷斯坦牛种母牛

图8 中国荷斯坦牛群体

三、我国奶牛群体遗传改良持续选育提高

1988年以来的几十年间，科学家总结出一套奶牛群体的遗传改良技术体系，即在牛群中实施准确规范的生产性能测定和体型鉴定，组织大规模的青年公牛基因组选择和后裔测定，并经过科学严谨的遗传评定技术选育出优秀种公牛，然后广泛地应用人工授精技术将优秀的遗传物质推广到全部牛群，全面改进牛群的生产性能。2008年，农业部发布了《中国奶牛群体遗传改良计划（2008—2020年）》。通过计划的实施，初步构建了奶牛群体遗传改良技术体系，积极推动和完善了奶牛群体遗传改良的基础性工作，包括制定各项技术工作的国家标准或技术规范，在全国范围内实施生产性能测定、体型鉴定及收集其他功能性状数据，以各种形式开展种公牛后裔测定，构建了具有自主知识产权的奶牛基因组选择技术平台等，使全国奶牛群体生产水平得到显著提高，2018年全国奶牛存栏1 037万头，成母牛平均年单产达到7 400千克，较2008年的4 800千克增加了2 600千克，增长幅度为54.2%。

（一）《中国荷斯坦牛》品种标准修订

1. 标准制定背景及任务来源

"中国黑白花奶牛"品种于1984年育成并经国家审定为新品种，此前于1982年制定了品种标准（GB/T 3157—1982）。为了与国际接轨，1992年将"中国黑白花奶牛"更名为"中国荷斯坦牛"。近十几年，为提高中国荷斯坦牛群的遗传水平和扩大奶牛群体数量，不断引进国外优秀育种材料。由于各地奶牛群体育种方案和选育措施很不一致，使得牛只的生产性能和遗传素质参差不齐，直接影响到牛群的进一步选育提高，同时牛群的规范化统计分析与品种登记难以实现。而原有的品种标准已不能适应当前中国荷斯坦牛遗传改良和生产的需要。

2002年，农业部《关于下达2002年农业质量标准项目和经费的通知》（农财发〔2002〕31号）文件下达后，中国农业大学和中国奶业协会组织了标准起草小组，广泛调研和收集了全国不同地区近2.5万头中国荷斯坦牛的体重、体尺和生产性能记录资料。根据统计分析结果，起草了符合我国荷斯坦牛生产需要的国家标准，经过相关专家多次评审和修改，完成了标准的送审稿。在农业部畜牧业司的主持下，专家组于2007年12月7日对国家标准《中国荷斯坦牛》送审稿进行了审定，专家组由金穗华

（组长）、韩广文、朱化彬、郑维韬、刘海良、胡明信、杜立新和杨明升等8位专家组成。2008年6月17日，《中国荷斯坦牛》品种标准（GB/T 3157—2008）正式发布，起草人为张沅、张勤、孙东晓、王雅春、张胜利、陆耀华、田雨泽和石万海。

（二）中国奶牛性能指数制订

中国荷斯坦牛的群体改良方向以满足市场对优质生鲜乳持续增长的需求为目标，坚持高产和高效的方向，持续提升产奶性能，育种目标性状从产奶量向乳蛋白量、乳脂肪量转变，强调平衡育种，加强对长寿性、抗病力、繁殖性能的选育。2007年，中国奶业协会育种专业委员会依据中国荷斯坦牛育种目标，提出了中国奶牛性能指数（China performance index，CPI）。

中国奶牛性能指数（CPI）

由于当时国内部分奶牛生产性能测定中心不具备检测体细胞数的能力，奶牛体型外貌鉴定亦未全面开展，CPI仅包含了产奶量、乳脂率和乳蛋白率等3个产奶性状。育种委员会对CPI做了3次修订。2008年将体细胞评分这一功能性状纳入选择指数中，2010年进一步增加体型总分、泌乳系统和肢蹄等3个体型性状。CPI中育种目标性状数的增加，是在育种体系数据类型和数据总量持续增加、数据收集效率不断提高的前提下实现的，是我国奶牛遗传评定和遗传改良持续发展的过程。CPI的计算公式如下：

$$CPI=20\times\left[\begin{array}{l}30\times\dfrac{\text{Milk}}{459}+15\times\dfrac{\text{Fatpct}}{0.16}+25\times\dfrac{\text{Propct}}{0.08}-10\times\dfrac{\text{SCS}-3}{0.16}\\+5\times\dfrac{\text{Type}}{5}+10\times\dfrac{MS}{5}+5\times\dfrac{FL}{5}\end{array}\right]$$

其中，Milk：产奶量育种值（EBV）；Fatpct：乳脂率EBV；Propct：乳蛋白率EBV；Type：体型总分EBV；MS：泌乳系统EBV；FL：肢蹄EBV；SCS：体细胞评分EBV。

中国奶牛基因组性能指数（GCPI）

2009年1月，美国首次公开发布奶牛基因组选择评定结果，之后，世界各国陆续开始应用基因组选择技术。中国荷斯坦牛基因组选择技术平台由中国农业大学承担研发，2012年1月通过教育部组织的成果鉴定，开始在全国范围内开展荷斯坦青年公牛基因组遗传评估。由此，中国农业大学和中国奶业协会遗传评估中心联合制订了中国奶牛基因组性能指数GCPI（Genomic China performance index）。GCPI计算公式如下：

$$GCPI=20\times\left[\begin{array}{l}30\times\dfrac{GEBV_{\text{Milk}}}{800}+15\times\dfrac{GEBV_{\text{Fatpct}}}{0.3}+25\times\dfrac{GEBV_{\text{Propct}}}{0.12}+5\times\dfrac{GEBV_{\text{Type}}}{5}\\+10\times\dfrac{GEBV_{\text{MS}}}{5}+5\times\dfrac{GEBV_{\text{F\&L}}}{5}-10\times\dfrac{GEBV_{\text{scs}}-3}{0.46}\end{array}\right]+200$$

其中，GEBV：各性状的合并基因组育种值；Milk：产奶量；Fatpct：乳脂率；Propct：乳蛋白率；Type：体型总分；MS：泌乳系统；F&L：肢蹄；SCS：体细胞评分。

研究与实践证明，繁殖性状、健康性状和长寿性状等"功能性状"对奶牛生产效益的影响十分重要，应加强研究、制定测定标准和规程，以便及时对GCPI指数进行修订。

（三）品种登记

中国荷斯坦牛品种育成过程中和之后，中国奶牛协会曾多次组织过全国奶牛的品种登记和良种登记，前后共出版过8册（卷）《良种奶牛登记簿》，对我国奶牛的育种工作起到了一定的作用。1992年，中国奶牛协会又制订了"中国荷斯坦牛登记办法"，并由农业部正式公布实施，但由于我国奶牛育种的整体基础工作不规范，品种登记工作并未真正开展起来。2002年，中国奶业协会设立全国良种奶牛登记及信息中心。后经扩建，于2005年运行并更名为"中国奶牛数据中心"。农业部授权中国奶牛数据中心负责实施我国奶牛品种登记工作，重新制订了全国统一的牛只登记编号系统，并制订了《中国荷斯坦牛品种登记实施方案》。2012年，中心自主研发的"中国奶牛育种数据网络平台"包括品种登记、奶牛生产性能测定（DHI）、牛场选配、后裔测定、体型鉴定、遗传评估及基因组检测等7个专业模块。2013—2019年每年新增登记牛15万头左右，2019年，中国奶牛数据中心登记的中国荷斯坦牛总头数达到父系可追溯183.2万头。国家标准《中国荷斯坦牛》（GB/T 3157—2008）中明确规定了品种登记的具体操作办法。

（四）生产性能测定（DHI）

奶牛生产性能测定，是对奶牛产奶性能和乳成分测定的一项技术，国际通常用奶牛群体改良（dairy herd improvement）的三个单词首字母"DHI"来表示，说明生产性能测定是奶牛群体遗传改良中最基础和最重要的工作。其主要技术内容是在奶牛个体每个泌乳月定期测量产奶量并采集牛奶样品，分析得到乳脂率、乳蛋白率、乳糖率、体细胞数等乳成分指标数据；同时根据奶牛个体测定数据进行分析和诊断，及时发现牛场管理中存在的问题，进行科学管理。

我国开展奶牛DHI测定工作起步较晚，1992年，在中日奶业技术合作项目的扶持下，天津奶牛育种中心率先在天津的17个国有奶牛场中启动了奶牛生产性能测定工作；1994年，随着"中国－加拿大奶牛育种综合项目（IDCBP）"的实施，先后在上海、北京、西安、杭州等项目参加单位逐步开展奶牛生产性能测定工作，建立了较完备的DHI测定实验室，制订了相关的DHI测定操作技术规程。1998年，在中加奶牛育种项目的支持下，中国奶牛协会组织相关单位成立了"全国奶牛生产性能测定工作委员会"。2005年，中国奶牛数据处理中心开发了《中国奶牛生产性能测定数据处理系统》和《中国荷斯坦牛生产性能测定分析系统》软件，解决了我国长期没有统一的奶牛生产性能测定数据处理和分析系统问题，大大提高了生产性能测定工作效率。2007年，农业部发布实施《中国荷斯坦牛生产性能测定技术规范》（NY/T 1450—2007）。全国畜牧总站制订了《奶牛生产性能测定实验室现场评审程序（试行）》，评审了34个DHI实验室，规范了奶牛生产性能测定工作。2019年，DHI参测牛场达到1 364个，参测奶牛头数达到127.7万头，测定日平均产奶量达到31.2千克，比2008年测定的日平均产奶量提高9.1千克，乳蛋白率和乳脂率分别达到3.34%和3.96%，体细胞数下降至24.2万个/毫升。

（五）体型鉴定

在奶牛遗传改良工作中，奶牛体型外貌性状虽然不具备生产性状那样大的经济意义，但是忽视奶牛的体型外貌性状也是片面的。正确、适当、科学地评定奶牛体型外貌，可望获得健康长寿的个体，会给奶牛生产管理带来益处。在我国，奶牛体型外貌评定方法早有应用，传统的"相牛经"方法属于"经验型"，20世纪80年代以前的鉴定方法多是以选择"理想型"的主观印象评定法，人为主观因素对评定结果影响较大。20世纪80年代以来，欧美国家普遍推行"体型线性评定方法"，它是根据奶牛的生物学特性，选择那些对奶牛生产性能发挥和经济效益有明显作用，又可以通过育种手段改进的体型性状，作为评定的主要性状。对于体型性状的表现，按其生物学特性的变异范围，定出性状的最大值和最小值，然后以线性的尺度进行评分。线性评分方法尽可能消除人为因素影响，被誉为"功能型"鉴定方法。

我国自20世纪80年代中期开展奶牛体型外貌线性评定法的研究和推广工作，奶牛育种科技工作者依据欧美国家现行的评分系统，建立了我国的体型线性评分体系，在各地培训了一批体型鉴定员。2000年以前，我国各地使用的多数是美国的50分制体型线性评定体系；2000年以后，逐步转为加拿大的9分制体型线性评定体系，并开展了一系列的科研工作。2006年制定了《中国荷斯坦牛体型鉴定技术规程》(GB/T 35568—2017)行业标准，规定了中国荷斯坦牛的体型鉴定主要方法、鉴定性状和评分标准。目前我国种牛遗传评定中使用的体型外貌资料均是来自线性评定方法的结果，线性评分系统的应用与推广也促进了奶牛群体整体的改进与提高。2018年，中国奶业协会发布了《中国奶牛体型鉴定员管理办法（试行）》。2019年，已有54名中国奶牛体型鉴定员通过资格考试，实现持证上岗，规范了奶牛体型鉴定工作，提高了奶牛体型鉴定数据的准确性和可靠性。至2019年年底，中国奶牛育种数据库中共收录体型鉴定记录408 550条。生产性能测定及体型鉴定数据不仅用于奶牛群管理、选配，而且为种公牛的遗传评估提供有效数据。

（六）后裔测定

1983—2012年，中国奶业协会共组织了47批全国青年公牛联合后裔测定，测定荷斯坦公牛1 566头。同时，自主区域性后裔测定工作蓬勃发展，2010年黑龙江、河北、山西、山东、宁夏等五省（自治区、直辖市）的种公牛站自行组建了"中国北方荷斯坦牛后裔测定育种联盟"，简称"北方联盟"。2013年，北京、上海、天津、内蒙古和新疆等省（自治区、直辖市）的5家种公牛站联合成立了"中国奶牛后裔测定香山联盟"，简称"香山联盟"，种公牛站或育种联盟成为青年公牛后裔测定工作的主体。育种联盟组建了专职队伍，完善了管理机制和工作方案，形成了较为有效的冻精交换、数据收集和女儿体型评定等后测数据的工作方法，加强了我国青年公牛后裔测定工作并促进了联盟成员间奶牛育种技术的交流与提高。2007年"农业部关于加强种公牛站生产经营管理的意见"中，明确要求自2012年起没有后裔测定成绩的奶用种公牛冻精不得上市销售。2017年制订了《中国荷斯坦牛公牛后裔测定技术规程》(GB/T 35569—2017)。截至2018年12月底，北方后裔测定联盟累计交换25批次、420头青年公牛、12.6万余剂后测冻精，并跟踪收集记录后测冻精的配种和产犊情况。香山联盟累计共交换155头青年公牛的4.2万余剂后测冻精。

2018年，获得种畜禽生产经营许可证的公牛站有42家，其中26个公牛站以培育荷斯坦牛种公牛为主。2018年荷斯坦牛全国存栏采精种公牛791头、后备公牛395头，具有年生产1 500万剂冷冻精液能力。而且，我国奶牛人工授精技术非常普及，奶牛人工授精的比例达95%以上，是奶牛群体遗传改良计划实施的重要支撑技术。

（七）遗传评定

在育种过程中，需要对个体进行遗传评定，评估种用价值的高低。遗传效应通常分为基因的加性效应、显性效应和上位效应，由于只有基因的加性效应能够稳定遗传给下一代，所以育种值估计即为加性遗传效应估计。遗传评估通过科学的数学模型和统计分析方法，基于育种目标性状表型值和系谱等信息，计算每个性状的育种值（estimated breeding value，EBV），再经过标准化和加权，计算得到总性能指数（CPI、GCPI）。

在过去的几十年间，奶牛遗传评定方法不断改进和完善，美国康奈尔大学的 Henderson 教授早在1949年就推导出了最佳线性无偏预测法（BLUP法）的理论公式，但由于计算技术的限制，直到1975年才首次在实际育种中使用公畜模型BLUP方法；1988年，美国、加拿大等国陆续开始使用动物模型（animal model）BLUP法进行奶牛的遗传评定，遗传评定准确性大大提高；1999年2月，加拿大开始应用测定日模型（test day model）进行奶牛遗传评定，其育种值预测的准确性更高。为解决各国间育种值的转换问题，联合国粮食及农业组织于20世纪80年代中期在瑞典农业大学成立了国际公牛评定中心（Interbull）组织，其职能是对各成员遗传评定系统的准确性进行监督和指导，专门负责国际公牛评估的科学研究、各国公牛评估系统育种值的换算和遗传统计模型的验证工作，从1995年开始，利用加拿大 Schaeffer L. R（1993）提出的多性状跨国遗传评定 MACE（muli-traits across country evaluation）方法进行国际公牛的遗传评定。目前，Interbull 组织已经成为全世界奶牛遗传评定的最高权威机构。

随着奶牛育种方法和计算技术的发展，我国奶牛育种中使用的育种值估计方法也经历了一个发展过程。20世纪50—60年代，由于受苏联米丘林学派影响，我国种牛的选择主要依据体型外貌的主观印象；到了70年代，我国科技工作者开始应用欧美国家的遗传评定方法对种牛进行遗传评定，70年代主要采用"同期同龄比较法"（contemporary comparison，CC），80年代初期改用预期差法（predicted difference，PD），并根据产奶量、乳脂率和体型外貌评分的PD值和权重，计算出总性能指数（TPI），按TPI值高低对公牛进行排序选择。自80年代中期，随着线性模型理论和方法的日趋完善，以及计算机技术的发展，BLUP法在我国奶牛遗传评定中得到应用，1988年开始使用公畜模型（sire model）BLUP法对全国联合后裔测定的青年公牛进行遗传评定，1996年北京奶牛中心在国内首先使用动物模型（animal model）BLUP法，充分利用多年的历史数据对所有有关的公牛和母牛进行统一遗传评定，这些为中国荷斯坦牛应用动物模型BLUP法进行遗传评定做了十分有意义的尝试。

2006年开始，中国奶业协会的中国奶牛数据中心开始利用与加拿大引进测定日模型奶牛遗传评估系统软件，对中国荷斯坦牛进行统一的遗传评定，进一步提高了我国奶牛遗传评定的技术水平和准确性。仅就奶牛遗传评定方法和计算技术而言，目前我国与国际先进水平基本同步。

（八）基因组选择技术

在传统的奶牛育种中，优秀种公牛需要经过后裔测定进行选择，其选择准确性高，但选择周期长、育种成本高、效率较低。进入21世纪以来，基于基因组高密度标记信息的基因组选择技术（简称GS）成为动物育种领域的研究热点。利用该技术，可实现青年公牛早期准确选择，而不必通过后裔测定，从而大幅度缩短世代间隔，加快群体遗传进展，并显著降低育种成本。自2009年开始，欧美主要发达国家就将GS技术全面应用于奶牛育种中。

在农业部的支持下，2008年开始，中国农业大学奶牛育种团队承担了我国奶牛基因组选择技术的研发。2012年1月13日，"中国荷斯坦牛基因组选择技术平台的建立"通过教育部科技成果鉴定，作为我国公牛遗传评估唯一方法并开始在全国推广应用，该成果构建了我国唯一的奶牛基因组选择参考群体，提出了基因组性能指数（GCPI），使我国奶牛育种进入了基因组选择时代。2016年"中国荷斯坦牛基因组选择分子育种技术体系的建立与应用"获国家科学技术进步奖二等奖（主要完成人：张勤，张沅，孙东晓，张胜利，丁向东，刘林，李锡智，刘剑锋，刘海良，姜力）。

截至2019年6月，我国共计对26个公牛站的3 031头荷斯坦青年公牛进行了基因组遗传评估，作为《中国乳用种公牛遗传评估概要》（图9）的主要内容。基因组选择参考群体规模目前达到8 000头，与欧美国家相比，参考群规模仍然较小，而且每年参加基因组遗传评定的青年公牛数量也不足300头，迫切需要进一步持续扩大参考群规模，完善和优化基因组选择技术平台，提高荷斯坦青年公牛及核心育种场和规模化牧场母牛的基因组遗传评估数量。

目前，采用通用软件DMU_GBLUP的方法计算青年公牛的直接基因组育种值（DGBV），并使用EBV计算出逆回归育种值（DRP）作为估计标记效应依变量。青年公牛系谱由各公牛站提供，中国奶牛数据中心根据加拿大CDN数据库中Interbull的最新数据获得系数指数。GCPI的创新性在于将常规育种信息与基因组信息合并到育种值预测中，提高了育种值预测的可靠性。

图9 《2019年中国乳用种公牛遗传评估概要》
（农业农村部种业管理司、畜牧兽医局和全国畜牧总站联合发布）

（九）国家奶牛核心育种场建设

为加强自主培育种公牛工作，积极推进中国奶牛群体遗传改良工作，2018年农业农村部启动国家核心育种场建设工作，下发了"关于开展遴选国家奶牛核心育种场的通知"。全国畜牧总站组织申报和遴选工作，通过奶牛场申请、资料审核、现场考察验收、终审评估等环节，遴选确定了第一批10家国家奶牛核心育种场，包括9个荷斯坦牛场和1个新疆褐牛场，覆盖48 820头奶牛，分布在全国9个省（自治区、直辖市），弥补了我国奶牛育种工作的短板，对于提升自主培育种牛能力、保障奶牛优良种源供给、提高良种化水平具有重要意义。

参考文献

张沅，1996.动物育种学各论[M].北京：北京农业大学出版社.

张胜利，张沅，石万海，等，2009.中国奶牛遗传改良与技术发展[J].中国奶牛，S1:16-24.

刘成果，2013.中国奶业史（专史卷）[M].北京：中国农业出版社.

张沅，张勤，孙东晓，2012.奶牛分子育种技术研究[M].北京：中国农业大学出版社.

张胜利 孙东晓 陈绍祜 王雅春 张书义 李姣 李竞前

ROUNIU
ZHONGYE PIAN

肉牛种业篇

我国是世界上最早养牛的国家之一。新中国成立以来，党和政府十分重视黄牛（普通牛）的生产发展和利用，针对不同时期国计民生的需求，提出了一系列促进牛业发展的方针政策和奖励措施，使中国黄牛这一瑰宝得到了发展壮大。

一、我国肉牛种业发展历程

新中国成立70年来，我国黄牛选育、改良和肉牛种业的发展大致可分为以下4个阶段。

（一）缓慢发展期

1949—1973年属于养牛业和种业的缓慢发展期，也是耕牛期，即黄牛主要作为役畜来养殖。在此阶段，国家主要是实施役畜保护措施，于1955年实行了凭淘汰证收购牛的政策，规定黄牛于13岁以上、水牛18岁以上才能淘汰用于牛肉生产。

（二）初步探索期

1973—1985年，国家逐步开始重视牛种的改良，开启了肉牛产业及种业的探索发展。先以荷斯坦牛改良本地牛为主，随后从美国、加拿大、德国等国多批引入肉牛品种，仅1973—1974年就引进肉用品种10个，共234头，分布在19个省（自治区、直辖市）。同期，国家计划委员会批准建立了多家肉牛生产基地，开展专用肉牛品种繁育和本地黄牛改良工作。1975年国家农业主管部门批准成立了全国良种黄牛选育协作组（1979年更名为中国良种黄牛育种委员会）。委员会以建立健全育种组织，完善良种黄牛繁育体系，统一各品种育种方向、鉴定方法和良种登记办法，并协助各品种产区分别制定了种畜国家标准和企业标准等为主要工作内容。1979年，国务院发布《关于保护耕牛和调整屠宰的通知》，耕牛屠宰解禁。1983年，国家开始实行黄牛议购和议销。这些有力举措迅速增加了牛的养殖数量和牛肉产量，加快了肉牛产业发展，加速了黄牛改良工作，培育出了草原红牛、三河牛、新疆褐牛等兼用型牛新品种。

（三）蓬勃发展期

1986—2010年是黄牛改良的蓬勃发展阶段。上一阶段的黄牛的改良工作尽管取得了一些成绩，但就全国而言，多数地区仍处于杂交改良比较盲目、改良方向并不明确的状态，使一些地区走了弯路。1986年，农牧渔业部发布了《全国牛的品种区域规划》〔农（牧）字第63号文件〕。各地区有了明确的改良方向和正确的改良方法，牛产业和种业进入了蓬勃发展的阶段。到2006年，我国牛肉产量达到800万吨左右，占世界牛肉产量的12%，比1961年的0.28%提高了40多倍，牛肉总产量平均年增长10.1%，而同期的肉牛存栏量平均增长率仅2.4%。由此可见，我国肉牛平均产肉性能的显著提高主要得益于大规模的杂交改良，以及其他配套技术的有效实施。2007年8月，农业部批准西北农林科技大学在农业部黄牛研究室基础上组建国家肉牛改良中心，建设集肉牛遗传改良、繁育饲养及产业化示范等功能于一体的国家级开放共享科技创新平台。2010年11月，由西北农林科技大学牵头，组建了"政产学研"紧密结合的跨省区技术协作组——"陕甘宁毗邻地区秦川肉牛联合育种协作组织"，全面启动了秦川牛肉用选育改良工作。在这一时期培育出的专门化肉用牛品种（系）主要包括中国西门塔尔牛、夏南牛、延黄牛、辽育白牛、云岭牛和秦川牛肉用新品系等。

（四）育种新时期

2011—2019年，肉牛育种工作进入了新时期。2012年，农业部发布实施《全国肉牛遗传改良计划（2011—2025年）》，大力完善肉牛良种繁育体系，建立了包括肉用种牛登记技术体系、生产性能测定技术体系、后裔测定技术体系、遗传评估技术体系、肉牛分子育种技术体系、人工授精技术体系的肉牛繁育技术体系，加快推进了肉牛遗传改良进程。

2014年起，在农业部畜牧业司部署领导下，全国畜牧总站组织开展了国家肉牛核心育种场的遴选工作，确定了一批国家肉牛核心育种场，肉牛育种核心群初具规模，既涉及西门塔尔牛、短角牛、摩拉水牛等引入品种，又包含了秦川牛、南阳牛、鲁西牛、延边牛等地方品种，还增加了三河牛、夏南牛等优良的培育品种。

2015年，在全国畜牧总站的领导和中国农业科学院北京畜牧兽医研究所的具体帮助下，我国建成了第一个肉牛后裔测定联合会——金博肉用牛后裔测定联合会。联合会以肉用牛遗传改良为工作目标，充分整合各会员单位的优势资源，统筹安排后裔测定的具体工作，提高了我国肉用种公牛选择的准确性。2018年，先后成立了肉用西门塔尔牛育种联合会和安格斯肉牛协会，全国共有30多家种公牛站及核心育种场加入育种联合会中，实现育种信息互通共享，为肉牛联合育种提供了有力的保障，有效地推动了肉牛的联合育种工作。

由全国畜牧总站、中国农业科学院北京畜牧兽医研究所等单位主办和承办的全国种公牛拍卖会已经在乌拉盖管理区连续举办两届。2018年第一届72头参拍种公牛共成交60头，成交总额557.7万元，其中拍卖价格最高达到22万元。2019年第二届拍卖会成交单价最高达到24万元。

同期，农业农村部实施的肉牛良种补贴、肉牛标准化规模场和种公牛站建设、基础母牛增量补贴、现代种业提升工程等，有效促进了我国肉牛种业的健康发展。

二、我国肉牛种业发展现状

（一）普通牛品种情况

近年来，通过用引进的西门塔尔牛、夏洛来牛等品种与地方牛品种杂交选育，培育了一批牛新品种。在肉牛遗传育种方面，选择指数法、BLUP法得到了发展和应用，生产性能测定和后裔测定有序开展。

我国是世界上牛品种数量最多的国家，拥有地方黄牛（普通牛）品种54个，育成品种11个，另外还有22个引入品种。通过引进国外优秀品种与本地黄牛杂交改良，培育出了一批肉用（乳肉兼用）新品种，包括夏南牛（2007年）、延黄牛（2008年）、辽育白牛（2009年）、云岭牛（2014年）4个专门化肉牛品种，以及新疆褐牛（1983年）、草原红牛（1985年）、三河牛（1986年）、中国西门塔尔牛（2002年）、蜀宣花牛（2011年）5个兼用品种，对我国肉牛种业的发展起到了重要的推动作用。

（二）牦牛品种情况

牦牛在其分布地区具有不可替代的生态-经济学地位。第一，牦牛是以我国青藏高原为起源地的特产家畜和世界屋脊的景观牛种，是宝贵的畜牧资源。第二，牦牛、藏羊是转化我国高山草场牧草资源为畜产品的主要畜种。第三，牦牛与该地区少数民族牧民的生产、生活、文化、宗教等有着密不可分的关系。我国现有牦牛2 000万头左右（FAO数据），占全国牛总头数的1/6。我国的牦牛主要分布于青海省、西藏自治区、四川省、甘肃省、新疆维吾尔自治区和云南省，北京、河北及内蒙古自治区有少量分布。由于牦牛产区草原自然气候条件差别大，牦牛的体型外貌有一定差异，形成我国六个产区17个优良地方牦牛品种，包括九龙牦牛、麦洼牦牛、金川牦牛、木里牦牛、青海高原牦牛、甘肃天祝白牦牛、甘南牦牛、西藏高山牦牛、亚东牦牛、斯布牦牛、娘亚牦牛、新疆巴州牦牛、云南中甸牦牛、四川昌台牦牛、青海环湖牦牛、青海雪多牦牛和西藏类乌齐牦牛。另外，我国自主培育成功了牦牛新品种——大通牦牛，它是利用我国特有野牦牛遗传资源培育的具有完全自主知识产权的第一个牦牛新品种，也是世界上第一个培育的肉用型牦牛新品种。

（三）水牛品种情况

据FAO报道（2016年），全球水牛存栏量达1.99亿头，占当年牛群统计总数的13.49%。其中，中国水牛存栏2 200万头，位居世界第三。我国有28个水牛品种，其中地方品种26个，引入品种2个（摩拉水牛、尼里-拉菲水牛）。为了更好地改善本地水牛产肉和产奶性能，20世纪50年代我国从印度引进摩拉水牛、70年代从巴基斯坦引入尼里-拉菲河流型水牛，先后在南方18省（自治区）开展本地水牛的杂交改良，培育我国地方特色的南方奶水牛产业和水牛肉业。其中以广西、云南、广东、湖北、福建为代表区域，2017年奶水牛存栏约15万头，水牛奶产量约5万吨；水牛奶已经成为南方民众喝奶的重要补充，为南方地区现代特色牧业和乳业发展做出了重要贡献。水牛肉也已成为南方地区牛肉的重要补充。

（四）我国肉牛种业规模与产值

目前，我国确立了18个国家级牛品种保种场和3个国家级保护区。2019年，国家肉牛核心育种场有44个，包含26个品种。存栏种肉牛6.14万头，其中核心群母牛2.03万头。全年向社会提供公犊牛8 974头、母犊牛5 980头。

2019年，我国共有种公牛站38个，存栏种公牛3 790头，其中采精肉用种公牛存栏2 198头，覆盖肉牛品种34个（包括地方品种15个、培育品种7个和引入品种12个）。全年生产肉牛冻精3 123.90万剂，销售2 045.08万剂，占生产量的65.5%，生产量可以满足用种需要（表1）。全国每年本交种公牛需求量约10万头，年产值超10亿元。

表1　2018—2019年全国种公牛站冻精生产销售情况　　　　　　　　　　　　　　　单位：万剂

类型	品种名称	2018年		2019年	
		产量	销量	产量	销量
引入品种	西门塔尔牛（肉乳兼用）	1 552.55	1 374.97	1 821.56	1 490.82
	西门塔尔牛（乳肉兼用）	268.96	209.00	591.59	313.82
	夏洛来牛	189.26	111.91	184.18	93.39

（续）

类型	品种名称	2018年		2019年	
		产量	销量	产量	销量
引入品种	利木赞牛	119.66	83.98	122.77	59.52
	安格斯牛	100.36	63.05	105.26	58.28
	和牛	39.94	24.66	43.65	0
	皮埃蒙特牛	10.30	9.29	16.06	0
	短角牛	10.10	5.60	1.94	0
	德国黄牛	7.71	4.83	6.73	0
	比利时蓝牛	3.94	1.68	11.91	2.25
	南德文牛	10.00	0	0	0
	*摩拉水牛、尼里-拉菲水牛、槟榔江水牛（地方品种）	82.20	42.81	52.50	27.00
地方品种	锦江牛	3.56	3.03	5.92	0
	秦川牛	12.45	2.60	0	0
	麦洼牦牛	4.70	2.55	1.20	0
	郏县红牛	6.10	1.40	3.70	0
	徐州牛、巫陵牛	4.10	1.00	0.50	0
	南阳牛	2.00	0.30	2.00	0
	鲁西牛	0.20	0.30	0	0
	皖东牛、皖南牛、大别山牛	6.50	0	7.00	0
	晋南牛	0	0	0	0
	延边牛	30.00	15.00	40.50	0
	柴达木牛	0	0	2.36	0
培育品种	辽育白牛	16.10	15.00	15.50	0
	延黄牛	30.00	20.00	39.00	0
	新疆褐牛	73.91	12.76	33.31	0
	三河牛	6.50	6.10	5.10	0
	蜀宣花牛	5.00	4.80	5.00	0
	夏南牛	5.00	1.10	3.60	0
	云岭牛	9.00	0.17	1.06	0
合计		2 610.00	2 017.89	3 123.90	2 045.08

数据来源：全国畜牧总站。*槟榔江水牛为地方品种，其生产销售数据为三个品种的总统计值。

（五）肉牛繁育体系建设

目前，我国已逐步建成了较为完备的肉牛繁育体系。具体实施主体由种公牛站、核心育种场和商品牛繁育场三级构成，采用开放核心群繁育模式，种畜的评定由政府畜牧推广部门组织行业专家进行登记与鉴定，种畜的推广仍沿袭传统的指标管理，主要适用于区域性的群体改良。此外，结合肉牛育种现状，我国陆续成立了秦川牛、西门塔尔牛、安格斯牛等育种协会，制订了选育方案、体型外貌鉴定方法、良种登记和档案管理制度，正逐步推进联合育种，对国内肉牛种业的发展和繁育体系的完善有很大的促进作用。

在牦牛繁育体系建设方面，从牦牛种业发展实际出发，建成了一种初级形式的开放式复壮育种体系。目前已建立了大通牦牛四级繁育技术体系及甘南牦牛、天祝白牦牛、青海高原牦牛、麦洼牦牛、九龙牦牛等地方品种三级繁育技术体系。

三、地方牛品种的保护与发展

我国地大物博，多样性的地理、生态、气候条件，众多的民族及不同的生活习惯，加之长期以来广大劳动人民的驯养和精心选育，培育形成了70多个各具种质特色的牛品种。这些品种多为役肉兼用的品种，选育潜力大，是优质的遗传资源。但随着农业机械化程度的提高、人民膳食结构的改变及黄牛改良工作大面积持续推广，20世纪70年代以来，我国地方品种牛数量和质量急剧下降，个别品种甚至到了濒临灭绝境况。

（一）国家级牛遗传资源保种场和保护区建设

从2008年起，农业部根据《中华人民共和国畜牧法》《畜禽遗传资源保种场保护区和基因库管理办法》《国家级畜禽遗传资源保护名录》等有关规定，确定国家级畜禽遗传资源保种场、保护区和基因库，目前已确定了七批，包括158个保种场、23个保护区和6个基因库，其中，国家级牛遗传资源保种场18个、国家级牛遗传资源保护区3个。

（二）地方牛品种的选育发展

新中国成立以来，在地方品种的基础上筛选形成了著名的五大黄牛品种，即秦川牛、南阳牛、鲁西牛、晋南牛和延边牛。同时，以地方品种为基础，培育出了一批肉质好、耐粗饲的新品种。我国肉牛遗传改良起步于20世纪60年代，起初在全国建立了100多个核心育种场，为带动我国肉牛养殖业规模化、标准化、产业化水平不断提高做出了巨大贡献。目前，根据养牛业发展的总体趋势，地方牛品种选育和改良目标是加强肉用方向的选育，特别是加大对后躯丰满度的选择，改良体格结构，使其尽可能由役肉兼用的体躯结构向肉用方向转化，提高屠宰率、净肉率等肉用指标。部分代表性地方牛品种选育与发展情况简介如下。

1. 秦川牛

秦川牛，肉役兼用型品种，原产于渭河流域有八百里秦川美称的关中平原。具有耐粗饲、抗逆性强、肉质好等优良特点，是我国著名的地方良种黄牛品种，是陕西及甘肃、宁夏毗邻地区发展肉牛产业的当家品种及供港活牛的首选品种。秦川牛先后被20多个省（自治区、直辖市）引种，用于改良当地黄牛，效果明显。20世纪90年代以来，趋向肉用牛只饲养，目前陕西主产区存栏量约100万头，陕甘宁毗邻地区秦川牛及其杂交改良牛约450万头。以秦川牛作父本改良杂交山地小型牛或作为母本与引进的大型牛品种杂交，效果普遍良好。

秦川牛品种标准较完善。1986年发布《秦川牛》国家标准（GB/T 5797—1986），2003年经修订重新发布；2004年发布陕西省《秦川牛标准综合体》（DB61/T 354.1-15—2004），2019年发布《秦川牛及其杂交后代生产性能评定》国家标准（GB/T 37311—2019）。

2. 南阳牛

南阳牛，役肉兼用型品种，肉质好、耐粗饲、适应性强，主产于河南省南阳市的白河、唐河流域。20世纪50年代，南阳市建立了南阳黄牛研究所，开展南阳牛的选育工作，重点改进其胸部不够宽深、体躯长度不足、后躯发育较差等缺点，向肉用方向选育。1981年发布了南阳黄牛国家标准（GB2415-81）。20世纪80年代，南阳市黄牛研究所选育形成了南阳黄牛4号（胸粗系）和28号（体长系）新品系，并在主产区进行了推广。1996年南阳牛存栏量达240万头，现主产区存栏190余万头。

3. 鲁西牛

鲁西牛，役肉兼用型品种，原产于山东省的济宁、菏泽两市。鲁西牛体大力强、外貌一致、肉质优良，是我国著名的地方良种牛品种。鲁西牛以舍饲为主，多采用精粗饲料混合搭配的方式。20世纪80年代前，鲁西牛是产区的主要耕作役畜，主产区存栏总量在40万头以上。进入21世纪后，黄牛役用价值降低，存栏量下降至15万头。

20世纪70年代，山东省开始引入利木赞牛对菏泽、济宁主产县之外的鲁西牛进行杂交改良试验，80年代后进行了大范围的推广，取得了良好效果。

4. 晋南牛

晋南牛，役肉兼用型品种，产于山西晋南盆地。晋南牛体型高大粗壮，肌肉发达，前躯和中躯发育较好，具有良好的肉用潜力。20世纪80年代，主产区存栏约30万头。近20年来，晋南牛数量急剧减少，当前主产区存栏约4万头，其中能繁母牛约1.95万头。

晋南牛以舍饲为主，目前选育主要导入毛色一致的外血，重点改良乳房发育较差、泌乳量低、尖尻、斜尻等缺点，加快向肉用方向转变。

5. 延边牛

延边牛（又名朝鲜牛），役肉兼用型，主要产于吉林省延边朝鲜族自治州。延边牛耐寒、耐粗饲、抗病能力强，遗传性能稳定，役用性能强，肉质好，独特的肉质风味可与韩国的韩牛和日本的和牛相媲美，有较高的经济价值和开发潜质。近年来，延边牛存栏量逐年增长，现约有53.5万头。

6. 复州牛

复州牛，役肉兼用型品种，中心产区在辽东半岛中部西侧的瓦房店市。复州牛生长发育快、繁殖性能高、哺育能力强、产肉多且肉质好、适应性强。经过多年选育，复州牛胸部和后躯明显增宽，尻部和身腰变长，体躯窄、尖斜尻等缺点逐步得到克服，逐渐由役肉兼用型向肉用型方向发展。近年来，随着杂交改良技术的普及，纯种复州牛的数量严重减少，现存栏仅310头。

7. 大别山牛

大别山牛，役肉兼用品种，因分布于大别山而得名。大别山牛适应山地耕作，具有役力较好、肉用性能较好和早熟等优良特点，目前仍是产地比较重要的畜力资源，年使役100天左右。当前产地已出现集约化育肥肉用重点向役肉或肉役兼用方向发展。当前主产区存栏约30万头。

8. 渤海黑牛

渤海黑牛，原名无棣黑牛，役肉兼用型品种。原产于山东省滨洲市，由蒙古牛中的黑毛色牛与当地牛杂交而成。当地群众长期喜选低重心、大挽力、耐力好、产肉性能好的公牛，逐渐形成我国少有的黑毛色地方良种。渤海黑牛存栏量逐年下降，1987年为5.65万头，1999年降至4.5万头，2001年下降至2.5万头，当前主产区存栏2.213万头。

渤海黑牛体质结实，结构紧凑。低身广躯，呈长方形，后躯较发达，并以被毛、蹄、角、鼻镜全黑而被誉为"黑金刚"，适当引入外血，加以系统选育，具有培育成有特色的地方肉用品种的潜力。

9. 郏县红牛

郏县红牛，肉役兼用型品种。产于河南省平顶山市。当地群众喜选大牛、壮牛，严格选优去劣，逐渐选育形成郏县红牛品种，主产区现存栏26.85万头。

郏县红牛体型外貌比较一致，具有体格较大、结构匀称、后躯发育较好、肉质细腻、风味浓郁、肉用性能好、遗传稳定、繁殖力强的优点。近20年来，当地采用组建核心群、加强种公牛选择、推广冷冻精液和加强饲养管理等措施，逐步将其培育成优质、特色的肉牛品种。

10. 文山牛

文山牛（又名文山高峰牛），役肉兼用型品种。文山牛体躯结实，肌肉发达，繁殖力强，肉质好，性情温驯，对湿热及寒冷条件有较好的抗逆能力，在全国及国外亦有一定的知名度。2005年存栏66.17万头，其中公牛存栏23.16万头、母牛存栏43.01万头。近年来，州、县畜牧主管部门采取多种措施，引导发展养牛业，进行保种选育、提纯复壮等工作，由役肉兼用型向肉役兼用型转变。

四、引入品种的利用与发展

1973年以后，政府主管部门开始重视肉牛品种的改良。从美国、加拿大、德国、丹麦、新西兰等国多批引入肉牛品种，对本地黄牛进行改良。进入21世纪以来，开展了引入品种的纯种繁育，目前国内的西门塔尔牛、安格斯牛、和牛等，在国内均出现了多个大型的育种群。部分代表性引入品种的利用与发展情况简介如下。

1. 西门塔尔牛

西门塔尔牛有肉用、乳用、乳肉兼用等类型，其适应性强、耐粗放、易放牧，具有良好的肉用、乳用特性，且挽力大，役用性能好，适于在多种地貌和生态环境地区饲养。早在20世纪，西门塔尔牛曾参与我国三河牛的培育。20世纪50年代末和80年代初，我国有计划地集中引进了西门塔尔牛种牛，经与各地黄牛品种杂交、对杂种后代横交固定，培育出了大型乳肉兼用中国西门塔尔牛。经40多年的选育提高，该品种在乳、肉生产性能方面均取得了良好的遗传改良效果。

2. 夏洛来牛

夏洛来牛，大型肉用品种。原产于法国中部的夏洛来和涅夫勒地区，以体型大、生长迅速、瘦肉多、饲料转化率高、适应性强而著名。我国在1964年和1974年先后两次由法国引进，至1988年共引入近300头，分布在东北、西北和南方等地。该品种与我国本地牛杂交，杂交后代体格明显加大，增长速度加快，杂种优势明显。

3. 利木赞牛

利木赞牛是专门化的大型肉牛品种，原产于法国中部的利木赞高原。具有体格大、体躯长、较早熟、瘦肉多、性情温驯、生长补偿能力强等特点。

1974年，法国政府赠送给我国数十头优良利木赞种牛用于改良本地黄牛，现有改良牛约45万头。

1981年开始，南阳黄牛研究所承担了农牧渔业部畜牧兽医司下达的《南阳牛导入利木赞肉牛育种技术与推广》项目。2001年，国家高技术研究发展计划（863计划）引进利木赞牛对草原红牛进行杂交改良。

4. 安格斯牛

安格斯牛，原产于英国的小型肉牛品种。体质结实，抗病力强，繁殖力强，遗传稳定，后躯产肉量高、眼肌面积大、泌乳性能好。我国1974年开始陆续从英国、澳大利亚引进。21世纪以来，在各地进行了杂交效果测定，2003年四川地区引入安格斯与本地黄牛进行杂交，后代前期生长发育快、饲料利用率高、肉质好，深受广大饲养者的喜爱。2007年，吉林省农业科学院对安格斯牛、夏洛来牛、西门塔尔牛与本地牛杂交后代的育肥和屠宰性能进行了比较，发现安格斯杂交牛日增重、胴体重、屠宰率、脂肪酸含量较高，且眼肌大理石花纹等级最高。

5. 婆罗门牛

婆罗门牛，肉用型瘤牛品种，主要分布在美国南部亚利桑那州、新墨西哥州和得克萨斯州。婆罗门牛耐热性能极好，与我国黄牛的杂交后代适应南方环境条件及炎热气候，耐热、抗蜱、抗焦虫病能力强，顺产率高，杂交优势显著，适应性好，对传染性角膜炎及眼癌有抵抗力。

1976年，广东省从澳大利亚引入该品种。1979年，美国赠送给中国政府一头婆罗门公牛。1993年、1998年云南肉牛和牧草中心从澳大利亚引入130头婆罗门牛，在云南形成纯种繁育群。

6. 德国黄牛

德国黄牛，肉、奶、役兼用型品种，中心产区在德国巴伐利亚州。综合性能非常突出，具有体型大、结构紧凑、繁殖力强、易产性好、哺乳能力好、生长速度快、肉质好的特性。20世纪90年代起，我国多地引入德国黄牛以改良当地黄牛。德国黄牛与复州牛、甘肃地方牛、南阳牛以及玉林牛杂交，以及与西杂牛进行三元杂交，后代表现出良好的肉用性能，毛色一致，为黄色或棕黄色，杂交后代在各月龄体重、屠宰性能方面有大幅度提高，一代杂交母牛产奶量可达2 613千克，乳脂率3.76%。

7. 南德文牛

南德文牛，原产于英格兰西南部。母牛泌乳能力强、母性好、哺犊性能好，生长能力强，早熟性良好。1996年从澳大利亚引入我国，与雷琼牛、南阳牛、早胜牛、徐闻牛等地方品种杂交，以提高产肉性能和屠宰率。现阶段南德文牛在我国的纯种群体规模为200头左右，杂种群体40万头左右。

8. 皮埃蒙特牛

皮埃蒙特牛，大型肉用品种，原产于意大利皮埃蒙特地区，性情温驯，适应性强，可在海拔1 500～2 000米的山坡牧场放牧，也可以在夏季较炎热的地区舍饲喂养。具有双肌基因，作为肉用牛种有较高的泌乳能力，改良黄牛后，其母性后代的泌乳能力有所提高。

我国于1987年和1992年先后从意大利引入皮埃蒙特牛冻胚和冻精，利用胚胎移植技术生产了近100头种公牛，采集精液供应全国，与南阳黄牛的杂交改良试验已经取得良好的效果。全国现存皮埃蒙特纯种牛总数177头，F1代杂种牛每年增加4万多头。

9. 摩拉水牛

摩拉水牛，乳肉兼用型，印度大部分地区均有饲养，是世界著名的乳用水牛品种。摩拉水牛具有体格高大、四肢强健、乳房发达、适应性强、育成率高、疾病少、耐热、抗蜱等优点。

摩拉水牛1957年被引入我国，用于改良本地水牛，能大幅度提高杂交后代的生长速度及泌乳性能，是我国水牛品种改良的主要畜种之一。目前主要饲养于广西壮族自治区水牛研究所。至2008年年底，广西水牛研究所共繁殖后代1 605头（公794头，母811头），主要分布在广西、广东、云南、贵州、福建、湖南、湖北等地。

10. 尼里-拉菲水牛

尼里-拉菲水牛，乳肉兼用型，原产于巴基斯坦旁遮普省中部，全国及邻近的印度省份均有分布，是世界上著名的乳用水牛品种。尼里-拉菲水牛适应性强，育成率高，疾病少，性情温驯，耐热，生长发育和泌乳性能良好。该品种引入后主要在广西壮族自治区水牛研究所饲养繁育，2008年年底共繁殖后代1 021头。尼里-拉菲水牛可大幅度提高杂交后代的生长速度及泌乳性能，是我国水牛品种改良的主要畜种之一。

五、新品种培育与发展

肉牛品种是指在地方牛品种基础上经过选育和改良，形成在经济及体型结构上最适于生产牛肉的专门化品种。我国是牛遗传资源大国，仅收录在《中国畜禽遗传资源志·牛志》中的地方黄牛品种就有54个。但长期以来，我国的地方牛品种一直以役用为主，未培育专门的肉牛品种。1979年，国务院取消了禁宰耕牛的规定后，各种年龄和不同性别的牛才都可以被屠宰作为肉用。同时，开始正式引进纯肉用品种，引导肉牛业发展，我国的肉牛产业逐渐形成。

我国大多数地方品种虽达不到国际专门化肉牛品种的生产性能要求，但中国地方良种黄牛品种在某些肉用性状上，比国际公认的肉用牛更好，如环境适应性强、抗逆性好、肉质风味佳、性情温驯等，具有极大的推广和强化利用优势。以此为基础，近年来我国先后培育了4个专门化肉用新品种，5个兼用牛品种和2个牦牛品种。70年来，我国培育的部分代表性新品种培育与发展情况简介如下。

1. 新疆褐牛

新疆褐牛，乳肉兼用型品种，由新疆维吾尔自治区畜牧厅、新疆畜牧科学院等单位共同培育，1983年通过品种审定。现存栏总量约60万头，其中核心群有1万头。

新疆褐牛是由瑞士褐牛和含有瑞士褐牛血统的阿拉托乌牛、科斯特罗姆牛与当地哈萨克牛长期杂交选育而成。培育过程分为3个阶段：20世纪初至1949年为杂交改良阶段。20世纪初，苏侨迁入新疆伊犁、塔城等地时带进来不少瑞士褐牛及其杂交牛，同期新疆维吾尔自治区又多次引入瑞士褐牛对哈萨克牛进行杂交改良。第2阶段（1950—1966年），新疆维吾尔自治区开始有计划地对哈萨克牛进行杂交和改良，于1951—1956年先后从苏联引进数批含瑞士褐牛血统的阿拉托乌牛和少量的科斯特罗姆牛，并建立了人工授精配种站开展人工授精工作（图1）。在原有杂交改良的基础上，导入阿拉托乌牛血液，以提高其体尺、体重等生产性能和产奶量、耐粗饲、耐寒、适应性、抗病力等特性，引入科斯特罗姆牛提高牛乳乳脂率。到1958年，全自治区已广泛开展了新疆褐牛的育种和改良工作。第3阶段（1967—1986年），自治区进一步提高新疆褐牛的质量和数量，引入了三批瑞士褐牛以及冻精和胚胎，在当地哈萨克牛为母本，导入瑞士褐牛、阿拉托乌牛、科斯特罗姆牛血液的基础上，继续导入瑞士褐牛血液进行杂交改良或瑞士褐牛纯种繁育，选育优秀个体进行横交固定，培育新疆褐牛（图2、图3）。

新疆褐牛（图4）以耐粗饲、抗寒、抗逆性强、适应性强、适宜山地草原放牧等特点深受农牧民喜爱。新疆维吾尔自治区于1999年引入纯种美国瑞士褐牛冻精及胚胎，着重对产奶量偏低进行异质选配，其后代生长发育状况、体型外貌、产奶、产肉等生产性能均显著提高，导血效果明显。

图1　20世纪60年代引入褐牛种公牛并对其冻精活力进行观察

图2　20世纪80年代开展新疆褐牛的人工授精和现场鉴定培训

图3　1983年陈幼春教授邀请
　　　Jay Mattison和George
　　　Opperman(时为美国瑞
　　　士褐牛协会主席）访问
　　　新疆的褐牛基地

图4　我国培育的新疆褐牛（左公，右母）

2. 中国草原红牛

中国草原红牛，乳肉兼用型培育品种，由吉林省农业科学院畜牧研究所、内蒙古家畜改良站、赤峰市家畜改良站、河北省张家口市畜牧兽医站等单位共同培育，1985年8月通过农牧渔业部组织的品种鉴定验收。现存栏总量约10万头。

中国草原红牛是短角牛公牛与当地蒙古牛级进杂交、横交固定、自群选育而成。培育过程始于1953年，主要是在吉林、内蒙古和河北三个省（自治区）的草原地区用引入加拿大和新西兰的乳用短角牛公牛与当地蒙古牛级进杂交。1953—1972年为杂交改良阶段，繁殖了大量级进二代和三代杂种牛群，并且在1966年开始部分横交。1973—1979年为横交固定阶段，在杂交牛群中选择理想型的杂交公、母牛个体，按等级选配进行横交固定；1980—1985年为自群选育提高阶段，应用综合等级评定和血统继代方法选留优秀种牛，采用同质亲缘、异质远缘进行个体选配，同时进行种公牛后裔测定，推广冷冻精液人工授精技术，使牛群的生产性能和遗传稳定性得到了明显提高，培育出了中国草原红牛。

中国草原红牛具有性情温驯、适应性和抗病力强、育肥性能好、耐粗饲、耐寒、肉质细嫩、肉味独特、牛奶中乳脂率高等特点，在放牧加适当补饲的条件下具有较好的产肉和产奶性能，遗传性能稳定，对本地牛有良好的改良效果。

3. 三河牛

三河牛，曾称滨州牛，由内蒙古家畜改良站等单位培育，因主要产于内蒙古呼伦贝尔市大兴安岭西麓的额尔古纳右旗三河（根河、得勒布尔河、哈布尔河）地区而得名。三河牛具有耐粗饲、耐寒、易放牧、生长发育较快、适应性强、抗逆性好等特点，能在草原酷寒环境中保持良好的生产性能和繁殖力，是我国培育的第一个优良乳肉兼用型品种。

三河牛的选育大致经历了3个阶段：**多品种杂交自繁阶段1898—1953年**，早在1898年修建中东铁路时，由俄国铁路员工带进少量西门塔尔牛和西伯利亚牛；苏联十月革命时，俄国侨民又带入许多良种牛，多品种牛与当地蒙古牛杂交自繁。**计划杂交改良、品种培育阶段（1954—1986年）**，1949年呼伦贝尔盟政府收购离境苏侨饲养的杂交牛，建立国营牧场和种牛场，组织核心群，定向培育犊牛，坚持育种记录，选配和充分利用种公牛，1954年开始人工授精（鲜精），1978年开始采用冻精受精，坚持以"本品种选育为主，适当导入外血为辅"的方针，有计划、有系统地进行科学育种工作，产奶量逐渐提高，达到与乳用牛品种相媲美的水平，生长速度领先于国内所有牛种。1986年，内蒙古自治区人民政府验收并将其命名为"内蒙古三河牛"。**群体选育提高及新品系培育阶段（1987—2019年）**，在多项国家科技专项课题资助下，建立了现代育种技术体系，对三河牛持续选育提高，导入外血培育乳用及肉用两个新品系，丰富品种结构，实现三河牛生产性能的不断提高。

4. 中国西门塔尔牛

中国西门塔尔牛，乳肉兼用型培育品种，是由中国农业科学院畜牧研究所、通辽市家畜繁育指导站等联合20多家单位，用德系、苏系和奥系西门塔尔牛与本地牛级进杂交后，对高代改良牛的优秀个体进行选种选配而成。采用了人工授精和胚胎移植等生物技术结合计算机育种，建立了开放型核心育种技术体系；制定了一系列标准和规范，统一了生产性能测定方法及数据采集标准；建立了兼用牛线性体型评定方法及从线性分到功能分的转换标准；计算了制订育种目标所必需的经济学和生物学参数以及育种技术参数，并制定了包括3类性状共9个经济性状的育种目标等。中国西门塔尔牛吸收了欧美多个地区的西门塔尔牛种质资源，含西门塔尔牛基因比例为87.5%～96.9%。1981年8月，中国西门塔尔牛育种委员会成立，在该品种培育过程中发挥了组织作用，多次举办育种经验交流会，促进了育种

工作开展（图5）。2002年通过农业部组织的品种审定，农业部批准并将其正式命名为"中国西门塔尔牛"（图6）。

图5　1981年8月，中国西门塔尔牛育种委员会成立大会上的经验交流会

图6　我国培育的中国西门塔尔牛（左公，右母）

中国西门塔尔牛种质好，适应性强，具有优良的肉质，较高产奶量，较好肉用性能，理想的生长速度。在亚热带到北方寒带气候条件下仍能表现良好的生产性能，尤其适合我国牧区、半农半牧区的饲养管理条件。中国西门塔尔牛是肉牛杂交生产过程中理想的母本，也可直接作为肉用杂交父系。

5. 夏南牛

夏南牛，专门化肉用型培育品种，是由河南省畜牧局提出，河南省畜禽改良站、泌阳县畜牧局等单位联合培育。历时21年，于2007年育成，是我国第一个具有自主知识产权的肉用牛品种。

夏南牛是以法国夏洛来牛为父本，以我国地方良种南阳牛为母本，经导入杂交、横交固定和自群繁育三个阶段的开放式育种而成。夏南牛培育始于1986年。杂交阶段应用了14头夏洛来牛冻精颗粒。正回交使用了经过鉴定的优秀杂交一代公牛共40头；母牛是选择农户饲养的达到南阳牛国家标准二级以上的适龄母牛，配种以本交为主。反回交父本为22头一级南阳牛的冻精，母牛是选择项目区农户选留的优秀夏南杂一代母牛。1995年进行横交固定，1999年明确夏洛来牛血液为37.5%技术路线，按血统、外貌和体重三项指标并以体重为主进行严格选择，建立育种核心群进行自群繁育。2007年5月15日，在北京通过国家畜禽遗传资源委员会的审定。夏南牛品种照片及推广应用见图7和图8。

图7　我国培育的夏南牛（左公，右母）

图8　夏南牛推广应用

夏南牛耐粗饲，适应性强，舍饲、放牧均可，在黄淮流域及以北的农区、半农半牧区都能饲养，具有生长发育快、易育肥的特点。夏南牛适宜生产优质牛肉，具有广阔的推广应用前景。但该品种耐热性稍差，有待于进一步选育提高耐热性。

6. 延黄牛

延黄牛（图9），以延边牛为遗传基础导入利木赞牛血液培育而成，属于专门化肉用型培育品种，由延边朝鲜族自治州牧业管理局、延边朝鲜族自治州畜牧开发总公司等单位共同培育。

延黄牛的选育采用开放式杂交育种和群体继代选育相结合的方法。大体分为三个阶段。1979—1991年为杂交阶段。以引入的国外优良肉牛品种夏洛来、利木赞、短角牛和丹麦红牛等为父本，与延边牛杂交。正回交公牛是利用含1/2利木赞血的优秀F1代公牛（8个血统共16头），对延边牛母牛进行人工授精。反回交是对含1/2利木赞血的母牛群，用延边牛（4个血统共8头）进行人工授精，最终生

图9 我国培育的延黄牛（左公，右母）

产含1/4利木赞血回交后代牛群。1992—1998年为横交固定阶段。核心母牛群的饲养管理采取开放式的"公司＋牛场＋养牛大户"的形式。1999—2006年为选育提高和扩群阶段。按血统、外貌和体重三项指标，以毛色、体重为主对优秀个体进行严格筛选，要求肉用特征明显（淘汰率为25%）。延黄牛于2008年通过国家畜禽遗传资源委员会的审定。

延黄牛是延边地区肉牛的主要品种，年供肉牛近5万多头，其体质结实、耐寒、耐粗饲、抗逆性强，饲料报酬高，生长发育速度快，肉质好，在我国北部和东北部具有较好的推广前景。

7. 辽育白牛

辽育白牛（图10），是我国培育的肉用型牛品种，由辽宁省牛育种中心主持实施，辽宁省昌图县、黑山县、开原市、凤城和宽甸广站等五个育种基点县的畜牧技术推广站共同参与培育完成，2009年11月通过国家畜禽遗传资源委员会审定。

辽育白牛新品种的培育始于1974年，以引进的夏洛来牛为父本，以辽宁本地黄牛为母本进行级进杂交，在第4代的杂交群中选择优秀个体进行横交和有计划选育。实际培育过程大致经历了三个阶段。1974—1999年为杂交创新阶段。辽宁省从1974年开始用引入的夏洛来牛种公牛与本地黄牛母牛进行杂交改良。1999—2003年为横交固定阶段。在原来杂交的基础上，1999年对夏杂牛各代次的体重、体尺

图10 我国培育的辽育白牛（左公，右母）

129

测量工作和系统登记。最终确定了将含有93.75%夏洛来牛血液的夏杂后代牛为主体。2003—2008年为扩群提高阶段。在此期间，制定了辽育白牛品种标准，建立了辽育白牛育种群和核心群，至今形成了有8个明显公牛血统的辽育白牛肉用新品种。同时，在辽育白牛选育提高阶段，辽宁省还组织开展了肉用种公牛的生产性能测定工作，共选育使用种公牛41头，使辽育白牛种公牛的生产性能逐步提高。

辽育白牛生长速度快，体型大，产瘦肉多，可生产高档牛肉，具有较强的抗逆性、耐粗饲、易管理，采用舍饲、半舍饲半放牧和放牧等方式均可，推广应用以及选育提高的前景非常广阔。

8. 蜀宣花牛

蜀宣花牛，属于乳肉兼用型培育品种，是由宣汉县与四川省畜牧科学院、四川省畜牧总站等几个单位的同志经过34年工作而育成的。蜀宣花牛是以宣汉牛为母本，选用西门塔尔牛、荷斯坦牛为父本，在原来选育杂交改良的基础上，从1978年开始，经过有计划地导入西门塔尔牛、荷斯坦牛进行杂交创新、横交固定和4个世代的选育提高，形成了含西门塔尔牛血液81.2%、荷斯坦牛血液12.5%、宣汉牛血液6.25%的稳定群体。2011年蜀宣花牛通过国家畜禽遗传资源委员会审定。图11为蜀宣花牛生产性能测定现场。

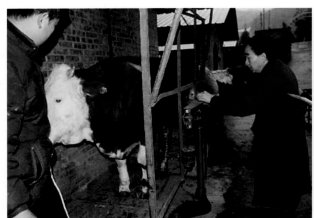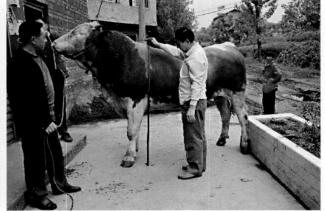

图11　蜀宣花牛生产性能测定

蜀宣花牛性情温驯，具有生长发育快、产奶和产肉性能较优、抗逆性强、耐粗饲等特点，尤其该品种的抗湿热应激能力比荷斯坦牛和西门塔尔牛更强，为南方提供了适应性能良好的品种。在主产区四川省宣汉县一带存栏3万余头。

9. 云岭牛

云岭牛（图12至图14），是由云南省草地动物科学研究院培育的热带亚热带肉牛新品种，2014年通过国家畜禽遗传资源委员会现场审定。利用云南黄牛、莫累灰牛和婆罗门牛，采用育成杂交方式，通过杂交创新、横交选育、开放式育种等方法，历经30余年育成（含1/2婆罗门牛、1/4莫累灰牛和1/4云南黄牛血缘），兼具耐热抗蜱、耐粗饲、育肥和繁殖性能好等特性。

育种过程分三个阶段。第一阶段莫云杂交群体的产生和选留。1984—1992年主要在小哨示范牧场利用莫累灰牛为父本、云南黄牛为母本，以本交方式产生并选留莫云杂交牛群体。第二阶段云岭牛群体的产生和选留。1988年从广西壮族自治区畜牧研究所引入婆罗门牛冻精，以莫云杂交牛为母本，开

图12　我国培育的云岭牛（黑毛，左公、右母）

图13　我国培育的云岭牛（灰毛，左公、右母）

图14　我国培育的云岭牛（黄毛，左公、右母）

展三元杂交试验，生产并选留云岭牛群体。1996年横交选育阶段，选取优秀的杂种公母牛（三元杂交牛）进行自群繁育。选育中运用了MOET、开放式群体继代选育等技术，各家系按生长速度、体尺、外貌等指标进行选种，要求肉用特征和品种特征明显的优秀个体组群横交。

云岭牛具有生长速度快、育肥性能好、屠宰率和净肉率高的优良特性，能生产与神户牛肉相媲美的高档雪花牛肉；其性成熟早，母性强，繁殖成活率高；耐粗饲、耐热抗蜱，抗寄生虫能力强，适宜全放牧、放牧加补饲、全舍饲等不同饲养方式，且具有生产高档雪花牛肉的优势，可为高档雪花牛肉生产提供种源保障，以满足市场雪花牛肉消费需求，其推广应用前景广阔。云岭牛选育地（云南）邻近东南亚地区，区位优势明显，具有出口东南亚国家的优势。

10. 大通牦牛

大通牦牛（图15），是由中国农业科学院兰州畜牧与兽药研究所、青海省大通种牛场培育的肉用牦牛新品种，是世界上人工培育的第一个牦牛新品种。2005年农业部颁发新品种证书。

图15　我国培育的大通牦牛（左公，右母）

在农业部、科技部等部门连续20年的项目资助下育成。1983年，野牦牛公牛驯化采精并成功受配家牦母牛，母本从大通种牛场适龄母牛群中挑选体壮、被毛为黑色的母牦牛组成基础母牛群。应用（F1）横交方法建立育种核心群，强化选择与淘汰，适度利用近交、闭锁繁育等技术手段，以生长发育速度、体重、抗逆性、繁殖力为主选性状，向肉用方向培育，通过3～4个世代横交，育成产肉性能、繁殖性能、抗逆性能等重要经济性状明显提高，体型外貌、毛色高度一致，品种特性稳定遗传的含1/2野牦牛基因的肉用牦牛新品种。

大通牦牛遗传性能稳定、产肉性能良好、抗逆性优良，对高山高寒草场的适应能力强，深受牦牛饲养地区欢迎。大通牦牛的育成及繁育体系和培育技术的创建，填补了世界上牦牛没有培育品种及相关技术体系的空白，创立了利用同种野生近祖培育新品种的方法，提升了牦牛产业的科技含量和科学养畜水平，已成为牦牛产区广泛推广应用的新品种和新技术。2007年获国家科学技术进步奖二等奖。

11. 阿什旦牦牛

阿什旦牦牛，是由中国农业科学院兰州畜牧与兽药研究所会同青海省大通种牛场历经20余年培育的世界首个无角牦牛品种（图16），2019年通过国家畜禽遗传资源委员会审定。

图16　阿什旦牦牛群体

1993—1995年，在对大通种牛场牦牛群普查的基础上，开展无角牦牛基础群组建工作。选择体格健壮、无角、毛色为黑色的母牦牛进行组群，共选择出无血缘关系的9头无角纯合型种公牛。以其作为父本，与组建的基础母牛群开展选配，以降低后代群体中有角基因频率，提高选育后代生产性能，通过4个世代的选择育种，阿什旦牦牛的生长发育与无角性状等趋于稳定，培育出了适应青藏高原寒旱草原生态区的特殊生态条件、生产性能较高的易管理无角牦牛。

阿什旦牦牛以肉用为主，无角，遗传性能稳定，产肉性能好，抗逆性强，繁殖性能高，性情温驯，可圈养舍饲，能够充分利用青藏高原高寒半农半牧区的饲料资源，填补了牦牛以无角舍饲化为主体品种的空白，标志着我国在大动物育种方面再次取得了突破性进展。

六、我国肉牛种业中存在的主要问题与不足

我国肉牛业良种化程度低，个体单产低。目前我国肉牛良种覆盖率仅为45%左右，平均胴体重仅148千克，与发达国家的350千克相差甚远，个体单产低导致养牛经济效益差，肉牛业的最基础环节——基础母牛养殖受到严重影响，母牛存栏急剧下降，制约肉牛业发展。根本原因是我国肉牛种业科技落后，自主品种缺乏，良种覆盖率低，总体产能不足，生产效率低下，影响了肉牛业生产效率和效益。肉牛种业不能满足产业需求，供种受制于国外。

近年来，我国也培育了4个专门化肉牛品种，夏南牛、延黄牛、辽育白牛、云岭牛，但这几个品种仅限于局部地区，育种群规模小，供种能力有限，不足以支撑整个肉牛业；地方品种同样存在育种群规模小，供种能力有限的问题。引入品种中除西门塔尔牛外，由于没有育种群，几乎不能供种，每年花费大量外汇从国外进口公牛、胚胎和冻精，其中夏洛来、安格斯、西门塔尔等几个主导品种的公牛

进口达70%。2012年，我国从欧美、澳大利亚等国家引进种牛近10.6万头，引种费超过9 107.34万美元，品种对外依存度高，自主权严重缺乏，供种严重依赖于国外，这不仅限制了我国肉牛业的长期稳定发展，也是肉牛业可持续发展的风险因素。

1.遗传改良基础工作薄弱、基础条件较差

由于历史及生产方式等原因，我国肉牛育种起步晚，技术体系不完善，良种肉牛品种登记、体型鉴定、生产性能测定、遗传评估、杂交配合力测定等基础工作尚未完全开展起来。集中体现在育种群规模小，性能测定、数据收集和遗传评定体系均在初级阶段。目前，我国种公牛总体性能不高，现有种牛场基础设施落后。自主培育种牛机制没有建立，大部分种公牛依赖国外遗传材料引进。基层良种推广力量不强，一些地方人工授精等实用技术普及率低。

2.地方牛种保护和利用能力不强，缺乏改良规划

引种决策者或养牛生产者对国外品种盲从，导致"良种化"为"洋种化"的趋势明显。一些地区在杂交改良和生产过程中不断更换父本品种，盲目杂交不仅没有起到提高生产性能的作用，反而造成种群遗传背景混乱，致使地方牛种选育提高进展滞后，地方牛种肉质好、耐粗饲、抗逆性强等优良特性没有得到重视和发挥。在我国肉牛专业化生产的前期，适当引进良种，吸收国外的先进技术是可取的，但必须合理规划。在此前提下，国产品种的品牌相对较弱，只有持续坚持自主培育，摒弃急功近利才能彻底扭转肉牛种质资源依赖进口的局面，加快我国肉牛良种培育进程。

3.育种模式有待提高

我国肉牛育种在起步阶段以科研教学单位为主，导致市场导向性差，研究与育种应用脱节。育种生产亟需的准确、快速的性能测定技术鲜有钻研，育种企业受技术力量限制，形成了育种手段主观判断多、定量测定少、育种效率低的局面。关键环节技术创新和积累的不足使得产业链发展不健全。整体上没有真正建立起以企业为主体和载体的科技创新模式。育种目标过多集中在产肉量、生长速度等性状，而对肉质、繁殖、饲料转化效率以及抗病等重要经济性状重视不够或遗传进展缓慢。但可喜的是，我国种牛企业近年来发展迅速，行业集中度在不断提高，商业育种的实力在迅速增强。

4.育种企业人才队伍建设不足

基层单位从事肉牛育种工作的知识技术水平有待提高，需加强组织开展技术培训力度，强化巩固培训。育种公司未建立由育种专业高层次人才组成的人才队伍，育种一线普遍缺乏高水平技术人才。应建立多种灵活的人才聘用策略，建立与高校科研院所的人才聘用机制。通过产学研密切合作推动技术的进步，加强育种实用技术的研发和应用。

七、我国牛品种的遗传改良

（一）国家肉牛核心育种场建设

自2014年开始，农业部根据《全国肉牛遗传改良计划（2011—2025年）实施方案》的规定，组织全国肉牛遗传改良计划工作领导小组办公室和专家组对国家肉牛核心育种场申报企业进行了形式审查和现场评审，陆续公布了42个国家肉牛核心育种场（表2）。

表2 国家肉牛核心育种场一览表

序号	单位名称	公布时间	主要品种
1	张北元启牧业科技有限公司	2014年	西门塔尔牛
2	海拉尔农牧场管理局谢尔塔拉农牧场	2014年	三河牛
3	长春新牧科技有限公司	2014年	西门塔尔牛
4	延边东盛黄牛资源保种有限公司	2014年	延边牛
5	河南省鼎元种牛育种有限公司	2014年	西门塔尔牛
6	四川省阳平种牛场	2014年	西门塔尔牛
7	云南省种畜繁育推广中心	2014年	西门塔尔牛
8	云南省种羊繁育推广中心	2014年	短角牛
9	腾冲市巴福乐槟榔江水牛良种繁育有限公司	2014年	槟榔江水牛
10	青海省大通种牛场	2014年	大通牦牛
11	河北天和肉牛养殖有限公司	2015年	西门塔尔牛
12	通辽市高林屯种畜场	2015年	西门塔尔牛
13	延边畜牧开发集团有限公司	2015年	延黄牛
14	高安市裕丰农牧有限公司	2015年	锦江牛
15	山东省鲁西黄牛原种场	2015年	鲁西牛
16	南阳市黄牛良种繁育场	2015年	南阳牛
17	广西壮族自治区水牛研究所水牛种畜场	2015年	摩拉水牛、尼里-拉菲水牛
18	云南谷多农牧业有限公司	2015年	文山牛
19	陕西省秦川肉牛良种繁育中心	2015年	秦川牛
20	运城市国家级晋南牛遗传资源基因保护中心	2017年	晋南牛
21	龙江元盛食品有限公司雪牛分公司	2017年	和牛
22	山东无棣华兴渤海黑牛种业股份有限公司	2017年	渤海黑牛
23	湖南天华实业有限公司	2017年	安格斯牛
24	云南省草地动物科学研究院	2017年	云岭牛
25	杨凌秦宝牛业有限公司	2017年	安格斯牛
26	临泽县富进养殖专业合作社	2017年	西门塔尔牛
27	伊犁新褐种牛场	2017年	新疆褐牛
28	新疆呼图壁种牛场有限公司	2017年	西门塔尔牛
29	中澳德润牧业有限责任公司	2017年	安格斯牛
30	内蒙古科尔沁肉牛种业股份有限公司	2018年	西门塔尔牛
31	内蒙古奥科斯牧业有限公司	2018年	西门塔尔牛
32	吉林省德信生物工程有限公司	2018年	西门塔尔牛
33	沙洋县汉江牛业发展有限公司	2018年	西门塔尔牛
34	荆门华中农业开发有限公司	2018年	安格斯牛
35	甘肃农垦饮马牧业有限责任公司	2018年	安格斯牛
36	新疆汗庭牧元养殖科技有限责任公司	2018年	安格斯牛
37	平顶山市犇牛畜禽良种繁育有限公司	2019年	郏县红牛
38	泌阳县夏南牛科技开发有限公司	2019年	夏南牛
39	四川省龙日种畜场	2019年	麦洼牦牛
40	甘肃共裕高新农牧科技开发有限公司	2019年	西门塔尔牛

（续）

序号	单位名称	公布时间	主要品种
41	凤阳县大明农牧科技发展有限公司	2019年	皖东牛
42	太湖县久鸿农业综合开发有限责任公司	2019年	大别山牛

经过50多年的实践和探索，我国肉牛遗传改良取得了一些成绩，目前全国已初步建立了以保种场、保护区、良种场、种公牛站、技术推广站、人工授精站为主体的肉牛良种繁育体系，为开展我国肉牛遗传改良工作提供了有利条件，对牛肉生产和肉牛业发展起到了重要的推动作用。

（二）育种技术体系建设

1. 肉用种牛登记技术体系

按各品种标准和《肉牛品种登记办法（试行）》要求的统一编号和记录规则，对符合品种标准的牛只进行登记，由专门的组织登记在册或录入特定计算机数据系统中进行管理。

目前，由国家肉牛遗传评估中心开展全国肉用种牛的登记，登记品种包括：普通牛（地方品种、培育品种、引入品种）、水牛（地方品种、引入品种）、牦牛（地方品种、培育品种）等类型。

2. 生产性能测定技术体系

2012年11月，农业部发布了《全国肉牛遗传改良计划（2011—2025年）》，指导建立了肉牛生产性能测定体系，包括建立肉牛生产性能测定中心和国家肉牛遗传评估中心，生产性能测定采取场内和测定站相结合的方式，测定方法参照《肉用种公牛生产性能测定实施方案(试行)》（农办牧〔2010〕56号），核心育种场和种公牛站实施全群测定。

3. 后裔测定技术体系

2015年，在全国畜牧总站的指导下，金博肉用牛后裔测定联合会成立，联合会开辟了国内肉用牛联合后裔测定的先河。截至2018年，后裔测定参测单位共有9家，参测种公牛32头，确定后裔测定场27家，累计交换冻精6 200支，目前发放冻精5 860支，使用冻精4 559支，配种母牛2 684头，并已陆续产犊。

4. 遗传评估技术体系

按照农业部要求，国家肉牛遗传评估中心建立了肉牛遗传评估技术体系。根据国内肉牛育种需求的实际情况，选取7～12月龄日增重、13～18月龄日增重、19～24月龄日增重和体型外貌评分4个性状进行遗传评估，建立了中国肉牛选择指数（China beef index，CBI）。根据国内兼用种公牛育种数据的实际情况，增加了乳用性状4%乳脂率校正奶量（FCM）用于遗传评估，建立了中国兼用牛总性能指数（total performance index，TPI）。根据遗传评估结果，全国畜牧总站每年发布遗传评估概要。2012—2017年，共完成肉用种公牛遗传评估21 530头。2012—2015年，农业部启动中央财政肉牛良种补贴项目，根据遗传评估结果，共遴选了3 184头种公牛进入畜牧良种补贴项目种公牛名单。

截至2018年，全国已经完成遗传评估的种公牛数量已达4 958头。通过对西门塔尔牛种公牛各阶段肉牛日增重估计育种值的分析可以发现，我国肉牛各阶段日增重均呈现上升趋势，育种工作成绩明显。截至2017年年底，全国共有20个省份共计6 054头牛完成了体型外貌评定。其中，甘肃省共计评定西门塔尔牛2 853头，约占总体评定数量的47.1%。

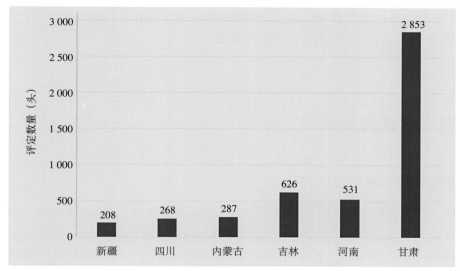

图17　西门塔尔牛参评数量高于200头的省份

肉牛全基因组选择技术的建立与应用是我国肉牛育种体系的新增动力。依托于中国农业科学院北京畜牧兽医研究所平台，国家肉牛遗传评估中心建立了全国最大的肉用西门塔尔牛基因组选择参考群体。2019年，该参考群共包含2 340余头个体，以及和牛基因组选择参考群体460余头，并且参考群数量还在逐渐增加。

5. 分子育种技术体系

中国农业科学院北京畜牧兽医研究所初步建立了"肉牛全基因组选择分子育种技术体系"，构建了我国肉用牛第一个基因组选择参考群，并逐渐建立了一套完善的肉牛全基因组选择技术体系。截至2018年，中国西门塔尔牛参考群体规模为1 570头，测定了生长发育、育肥、屠宰、胴体、肉质、繁殖共6类87个重要经济性状，建立了770K的基因型数据库，为我国全面实施肉牛全基因组选择奠定了基础。

西北农林科技大学国家肉牛改良中心对分布在中国不同地区的秦川牛、南阳牛、鲁西牛、延边牛、云南黄牛、雷琼牛等6个主要黄牛品种以及安格斯牛、黑毛和牛两个引进的专门化肉牛品种共8个品种进行了全基因重测序，并结合国外现有7个牛品种的测序数据，开展了中国黄牛群体历史和适应性研究，构建了中国黄牛全基因组遗传变异数据库，丰富了世界上牛的遗传变异数据库，印证了中国黄牛具有丰富的遗传多样性这一特征，同时也说明了中国黄牛具有极其重要的潜在价值。同时，西北农林科技大学国家肉牛改良中心还在秦川牛肉用遗传改良、分子育种、胚胎工程及中国黄牛（肉牛）基因组分型芯片研制等方面积极开展工作，取得了重要进展。

牦牛遗传育种研究中，相继有多种DNA分子遗传标记应用于分子育种技术，已开展了牦牛功能基因的比较基因组学、牦牛的种质特性及起源、演化和分类等为重点的科学研究，取得了较为丰硕的成果。

2005年3月，世界首例成年体细胞克隆水牛在广西大学"863"计划良种牛南方繁殖中心诞生。目前，广西已经建立了适用于规模化胚胎移植的水牛技术体系，累计生产试管水牛近300头，成为世界上最大的试管水牛群。

6. 人工授精技术体系

1970年，我国开始推广应用牛的人工授精技术，目前已经建立了完备的肉牛人工授精体系和配套设施设备，由各级畜牧推广（改良）站、人工授精站点、基层配种员组成。2019年，我国年使用肉用牛冻精超过2 000万剂，肉牛人工授精普及率逐年提高。

八、肉牛育种组织建设

（一）中国良种黄牛育种委员会

中国良种黄牛育种委员会是我国最早成立的专门从事黄牛育种工作的组织机构，其前身为1975年成立的全国良种黄牛选育协作组，1979年更名为中国良种黄牛育种委员会。在委员会的统一部署下，先后成立了各品种的育种委员会、良种辅导站、良种科研协作组及其他形式的育种组织，积极组织、参加黄牛品种资源调查和考察，解决同种异名问题，编写《中国牛品种志》和各品种的志书，创办了《黄牛杂志》，现更名为《中国牛业科学》。委员会针对黄牛生产中存在的关键性问题，根据育种委员会的科研计划，加强科研工作，不断提高育种水平，加快育种步伐，先后安排组织进行了良种黄牛的品系育种、鉴定标准、种公牛的选择方法和后裔测定、主要数量性状遗传参数、生长发育规律、综合选择指数、冷冻精液制作技术及提高受胎率、早熟性和肉用性能、泌乳性能、役用性能、生理生化常值、行为学、饲养标准、粗饲料加工调制等方面的科学研究，为黄牛选育提高和保种提供了可靠的科学依据。育种委员会通过讲习班和培训班提高了基层养牛工作者的科技水平，为提升黄牛选育工作奠定了良好的基础。

（二）肉牛牦牛产业体系育种功能研究室

截至2018年，国家肉牛牦牛产业体系遗传改良研究室举办肉牛繁育、养殖技术培训128次，培训基层技术人员和农民7 850人次，有力补充了基层技术队伍。

在农牧交错区、半农半牧区或海拔2 500～3 200米的牧区利用娟姗牛冷冻精液改良牦牛，其后代初生重提高3～5千克、6月龄体重提高7.5～10千克，成年公牦牛售价提高1 500～2 000元/头。培养了多名人工授精技术人员，为后期牦牛的品种改良奠定了基础。

肉牛全基因组选择资源群体继续扩大，规模达到2 340头，进一步完善了肉牛遗传评估及全基因组选择技术平台。结合GWAS/GS分析筛选性状相关的显著位点和大效应位点，开发设计了一款32 418个位点的低密度SNP芯片，用于西门塔尔牛的全基因选择。对6个地方黄牛品种进行全基因重测序研究，共检测到5 722万个SNPs和527万个InDel，构建了中国黄牛全基因组遗传变异数据库。

与多地区陆续开展多方位的联合育种等合作，完成近3 000余头牛的生产性能数据测定，旨在提高肉牛的生产性能，以期养牛业得到更好更快的发展；同时以体系规定的任务为核心，结合产业急需和国家重大需求开展研发，紧密连接扶贫工作，建立了2个育种联盟。

（三）国家肉牛遗传评估中心

中国农业科学院北京畜牧兽医研究所在2014年3月申请了建设国家肉牛遗传评估中心项目，2014

年5月和2015年1月分别获得农业部批复项目可行性研究报告，以及初步设计与概算。2015年6月完成招标，2015年6月项目建设开工，2018年9月通过了中国农业科学院组织的竣工验收。该项目改造实验室462.33平方米，机房78.68平方米，购置仪器设备37台（套），机房、实验室及所有设备均已投入使用，完成投资415万元。

图18　图形功能工作站

牛场数据管理及传输系统构建基于网络平台的信息收集、遗传评估、跨场比较、网上选种选配、育种方案优化的种牛联合选育平台（图18）。该平台的建立改变了我国肉牛育种仅凭表型选择的局面，显著提高了种牛遗传评估信息的利用效率和育种价值，为全国肉牛遗传改良计划的顺利实施奠定了基本条件，推动了育种工作的网络化、信息化、高效化。

项目立项以来，始终围绕"国家肉牛遗传评估中心立项批复研究报告中提出的建设目标"开展项目建设，按照初步设计批复的规模、功能、平面布局和建设内容完成了全部建设任务，实现了预期的建设目标。

通过机房改建、系统硬件升级和更新、网络和数据安全系统、数据备份和安全管理系统建设，建立和完善了国家肉牛遗传评估中心。项目的实施促进了我国肉牛育种数据的收集整理、遗传评估、结果发布和分析等工作。国家肉牛遗传评估中心将对全国肉牛、种牛遗传评估的重要任务开展工作。作为国家级种牛数据中心，符合国家肉牛育种的长期需要。

（四）国家肉牛改良中心

2007年8月，农业部批准依托西北农林科技大学在农业部黄牛研究室基础上组建国家肉牛改良中心。2008年3月，该中心正式启动运行（图19）。该中心建有遗传改良、分子育种、生殖调控、营养工程、生物信息和产业发展6个研究室以及分子生物学、细胞工程、肉质分析、生理生化、营养代谢、饲料营养和胚胎工程等7个实验室，同时建有肉牛种质资源库、生产性能测定站、冻精胚胎生产中试车间、屠宰加工生产中试车间和良种繁育场等。中心具备开展肉牛分子育种、生产性能测定、肉质指标分析、生理生化检测、饲料营养调控、牛肉嫩化处理与深加工等方面研究的科研条件。种质资源库收集国内外良种牛细管牛冻精10 000余份，血液样本15个，品种5 000余份。现存栏良种牛500余头，主要开展秦川肉牛新品种(系)选育扩繁工作，同时拥有安格斯牛、利木赞牛、德国黄牛、日本和牛、西门塔尔牛、海福特牛、蒙贝利亚牛等国外肉用、肉乳兼用牛良种。良繁场主要承担秦川肉牛新品种(系)培育、肉牛杂种优势利用、分子细胞工程育种以及种牛生产性能测定与遗传评估等科研任务。

西北农林科技大学以秦川牛肉用选育改良及产业化开发为重点，建立秦川肉牛育种核心群，指导陕西省秦川肉牛良种繁育中心等合作单位建立秦川肉牛育种基础群，指导陕西秦宝牧业股份有限公司等合作企业建立了秦川牛杂交改良群。2010年11月，在全国畜牧总站指导和陕西省农业厅的支持下，由西北农林科技大学国家肉牛改良中心牵头，联合陕西省及其毗邻的甘肃平凉、庆阳和宁夏固原等秦川牛产区的畜牧技术推广单位和秦川牛养殖企业，成立了"陕甘宁毗邻地区秦川肉牛联合育种协作组织"，组建了技术协作组，国家肉牛改良中心主任昝林森教授任组长，明确了任务分工和工作计划，标志着我国第一个地方黄牛品种跨省区开展联合育种，通过制订和实施秦川牛肉用选育改良技术方案，定期开展现场观摩指导和技术培训服务，加速了秦川牛肉用选育改良步伐。该中心已编辑出版《中国牛种遗传多样性及分子细胞工程育种研究》《现代肉牛产业发展与关键技术研究》和《秦川牛》等著作。从2011年开始，每两年举办一届"中国肉牛选育改良及产业发展国际研讨会"，已成为我国肉牛种业领域定期举办的集种质创新与产业发展、学术研讨与技术交流于一体的国际性会议，影响广泛（图20）。

图19　2008年3月国家肉牛改良中心正式启动运行

图20　2019年11月国家肉牛改良中心举办第五届中国肉牛选育改良及产业发展国际研讨会

（五）肉用西门塔尔牛育种联合会和安格斯肉牛协会

2018年7月20日，肉用西门塔尔牛育种联合会成立（图21）。该联合会采用现代化企业管理模式运营，以北京联育肉牛育种科技有限公司为执行主体，以联合会形式开展各项联合育种工作，制订了严格的准入退出机制、资源共享和利益分配机制、联合工作机制等，初步形成了灵活、良好的联合攻关工作机制。

肉用西门塔尔牛育种联合会的成立是深入开展肉牛育种科技创新、强化体制机制创新的新举措，具有重要意义。一是积极响应2019年中央一号文件精神，践行联合育种。肉牛育种具有世代间隔长、投资回报期长的特点，社会化联合育种是唯一有效的肉牛育种途径。联合育种的实施，将全面推进我国肉牛育种科技创新工程建设，进一步释放肉牛育种工作新动能。二是对标"三个面向"，紧盯国家大动物育种重大需求，聚焦肉牛育种产业技术前沿，以科技作为行业发展支撑，强化联合攻关，提升产出水平和效率。三是通过联合育种增大育种群体，加大选择强度和准确性，大幅提高遗传进展。四是加强育种平台建设，使各成员单位育种目标统一，育种标准统一，育种技术统一，从而提高育种效率，大力提升肉牛育种创新能力。五是积极实践育种体制创新。加强各场站之间育种数据、遗传材料交流和育种工作合作，加速科技成果转化和推广。

图21　2018年肉用西门塔尔牛育种联合会成立

2018年8月，由全国畜牧总站、中国农业科学院北京畜牧兽医研究所、国家畜牧科技创新联盟、锡林郭勒盟行政公署主办，乌拉盖管理区管委会、锡林郭勒盟农牧业局、国家肉牛遗传评估中心、肉用西门塔尔牛育种联合会承办的首届全国种公牛拍卖会在乌拉盖管理区举办。72头参拍种公牛共成交60头，成交总额557.7万元，其中拍卖价格最高的达到22万元，有效地提高了肉牛养殖者对肉牛育种的重视程度。

2018年8月11日，安格斯肉牛协会（英文名称：Angus Beff Cattle Association，缩写为ABCA）由国内从事安格斯肉牛养殖行业的企业及科研院所、大学、互联网平台等17家单位共同发起成立（图22），是从事安格斯牛肉牛育种、饲养、牛肉加工企业以及相关企事业单位或个人自愿组成的、非盈利性的行业组织，为国内首次成立的牛品种协会。安格斯肉牛协会的宗旨是开展安格斯肉牛联合育种，加快种群遗传进展，逐步提高群体生产性能和综合效益，增强我国安格斯肉牛的国内、国际市场竞争力。

安格斯肉牛协会的目标：改良安格斯种牛的所有关键品质，推广和促销注册登记的安格斯种牛精液及胚胎，推广和促销安格斯牛肉注册商标的牛肉，对经济杂交及生产高质量的牛肉提供培训与宣传，对年轻人提供培训与教育，以便肉牛业的生产后继有人。

安格斯肉牛协会现有会员单位10家，以国内引进的安格斯牛（三代系谱齐全）为基础，联合各牛场组建安格斯牛育种核心群，目前组建核心群5 000头。

图22　2018年安格斯肉牛协会成立

安格斯肉牛协会的基本任务是：①根据市场需求，开展安格斯肉牛联合育种，制订联合育种技术路线及其方案；②开展安格斯肉牛的品种登记、生产性能测定、体型评定；③与其他育种组织共同开展后裔测定；④负责（或委托其他单位）进行数据收集和遗传评估工作，并发布遗传评估结果；⑤借助网络平台、种牛展示、拍卖会等多种形式进行种牛推介；⑥开展技术咨询，组织技术培训和科普宣传，提高从业者的科技素质；⑦开展其他相关业务工作。

肉用西门塔尔牛育种联合会和安格斯肉牛协会的成立，保障了肉牛联合育种工作的顺利开展，使我国肉牛育种体系更加完善。全国共有30多家种公牛站及核心育种场加入育种联合会中，实现育种信息互通共享，有效推动了肉牛的联合育种工作。

（六）陕甘宁毗邻地区秦川肉牛联合育种组织

2010年11月，在全国畜牧总站指导和陕西省农业厅支持下，西北农林科技大学国家肉牛改良中心在陕西杨凌举办了"陕甘宁毗邻地区秦川牛产业发展论坛"，并发起倡议成立了"陕甘宁毗邻地区秦川肉牛联合育种组织"，组建了技术协作组，标志着我国第一个地方黄牛品种跨省区开展联合育种。陕西省秦川肉牛良种繁育中心、陕西省农牧良种场、陕西秦川牛业有限公司以及与陕西毗邻的甘肃平凉、庆阳和宁夏固原等秦川牛产区的畜牧技术推广单位和秦川牛养殖企业积极参与，对该地区肉牛产业现状进行了调研，统一编制并制订了秦川肉牛跨省区联合育种工作的组织实施和技术方案，重点开展秦川肉牛联合育种工作，通过制订和实施秦川牛肉用选育改良技术方案，定期开展现场观摩指导和技术培训服务，及时解决陕甘宁毗邻地区秦川牛养殖企业和农户生产上的困惑和技术问题，为地区肉牛产业发展提供科学指导，加速了秦川牛肉用选育改良步伐，对促进当地肉牛产业稳步发展，加快农民脱贫致富具有重要意义。

（七）金博肉用牛后裔测定联合会

2015年12月，本着"自愿联合、公平公正、利益共享、协同发展"的合作原则，经国内肉用牛种公牛站和国家肉牛核心育种场等骨干单位共同协商，自愿结盟，于内蒙古通辽成立"金博肉用牛后裔测定联合会"（以下简称联合会）（图23）。联合会下设三个分会，分别是成都分会、洛阳分会、通辽分会。联合会成立的目的在于贯彻全国肉牛遗传改良计划，联合全国15家种公牛站及肉牛核心育种场开展肉牛育种及后裔测定工作，提高肉用种公牛培育水平，选育优秀验证种公牛。

联合会的性质：联合会为非盈利服务型结盟组织，业务接受全国肉牛遗传改良计划工作领导小组的监督和指导。

图23　金博肉用牛后裔测定联合会成立

联合会宗旨：充分利用国内肉牛种公牛站和国家肉牛核心育种场等骨干单位资源优势、高端人才优势、生态环境多样性优势，汇集多方资源，统一肉牛品种培育制度和优秀种公牛评价体系，开展联合育种和评价验证公牛。提高中国肉牛品种育种水平，提升种公牛站自身发展能力和全面增强我国肉牛种业国际竞争力，促进中国肉牛遗传改良事业发展。

高会江　陈幼春　昝林森　李俊雅　王雅春　李姣　李超　赵俊金

绵山羊种业篇

我国绵羊、山羊遗传资源十分丰富，截至2018年，列入《国家畜禽遗传资源品种名录》的绵羊品种及遗传资源81个，包括43个地方绵羊品种和27个培育品种以及11个引入品种；山羊品种及遗传资源75个，其中60个地方品种，11个培育品种和4个引入品种。这些品种及遗传资源在产肉、产乳、产绒及地方适应性上均独具特色，普遍具有繁殖力高、肉质鲜美、适应性强、耐粗饲等优良特性，有的还具有药用、竞技等价值，是培育新品种不可缺少的原始素材，是我国畜牧业可持续发展的宝贵资源。

一、羊种业发展历程

纵观70年发展历史，我国羊种业取得了长足的进步，其历程可按三阶段划分，第一阶段为羊种业起步阶段（1949—1978年）；第二阶段为快速发展阶段（1979—2006年）；第三阶段为升级转型阶段（2007—2019年）。

（一）羊种业起步阶段（1949—1978年）

为解决产量不足难题，这一阶段主要以发展毛用羊产业为主，特别是我国细毛羊种业走出了一条从无到有、从小到大的发展之路。通过品种选育、改良等工作，大大提高了我国绵山羊存栏量，1949年我国绵、山羊存栏数仅为4 235万只，1979年绵、山羊存栏增加到18 314万只，增加了3.32倍。绵羊存栏数从2 622万只（1949年）增加到10 257万只（1979年），原毛产量从2.9万吨（1949年）增加到15.3万吨，分别增加了2.91倍及4.28倍。

1. 细毛羊新品种培育

1949年后，在原有工作的基础上，国家有计划地组织开展了细毛羊育种工作。早在1934年，新疆地方政府从苏联引进了高加索细毛羊、泊利考斯羊公羊，与分布在乌鲁木齐南山牧场的哈萨克羊、蒙古羊进行了杂交。1939年，有关方面将杂交羊迁至伊犁地区的巩乃斯羊场继续杂交，其高代杂交羊形成新疆细毛羊种群的培育基础。1950年，在农业部的领导和协调下，又从苏联引进细毛羊种羊250只，建立了20个种羊场，进行驯化饲养和良种扩繁。同时，在绵羊主产区的西北、东北、华北等地建设了270个绵羊改良站，组织实施了人工授精技术以加快绵羊改良；并对新疆巩乃斯种羊场形成的杂交群体进行了系统地选育，至1954年育成了我国第一个细毛羊新品种——新疆肉毛兼用型细毛羊，填补了我国没有细毛羊的空白（图1）。

随后，1967年在东北地区培育完

图1　我国培育的新疆肉毛兼用型细毛羊

成了东北毛肉兼用细毛羊新品种；在20世纪70—80年代期间内蒙古、甘肃、陕西、山西、河北等省份先后育成了内蒙古细毛羊、敖汉细毛羊、甘肃高山细毛羊等新品种。这些新品种均是利用苏联的细毛羊品种与当地绵羊杂交，经过多年选育而成，形成了我国第一代细毛羊。

2. 半细毛羊新品种培育

我国的半细毛羊发展大致经历了细毛羊改良、半细毛羊杂交改良和半细毛羊新品种培育三个阶段。这一时期主要是细毛羊改良、半细毛羊杂交改良。在抗日战争时期，东北地区曾引入考力代羊，在东北地区东部形成考力代羊的杂交种群。1946年，在相关国际组织援助下，又从新西兰引入1 000余只考力代羊在西北和内蒙古等地区杂交改良当地绵羊。20世纪50年代内蒙古自治区引进了盖茨羊，60年代又引入了林肯羊、边区莱斯特羊和罗姆尼羊，分别在青海、云南、贵州、四川等地区繁殖和改良当地羊。至70年代初，我国形成了生产56～58支半细毛的东北半细毛羊类群和生产46～50支半细毛的青海半细毛羊、内蒙古半细毛羊两个类群。

1972年，全国半细毛羊育种协作会议在西宁召开，制订了草地型与山谷型半细毛羊育种指标，决定先培育56～58支半细毛羊，然后再向48～50支半细毛羊过渡。1973年6月后，云南、四川两省的半细毛羊育种工作纳入西南地区协作组，在国家、各省区的支持下，云南、四川、西藏先后开展了半细毛羊的杂交及新品种培育工作。

1977年，《全国家畜改良区域规划》提出大力发展细毛羊、半细毛改良羊，并指出云南、四川、贵州的藏羊产区及南部是发展48～50支半细毛羊大有希望的地区，要继续用长毛种羊进行杂交组合试验，争取确定适合当地条件的杂交组合。此后，云南、四川、西藏、陕西等地的半细毛羊育种工作进入一个新的阶段。

3. 绵山羊种质资源调查工作

新中国成立后，为初步了解各类畜禽品种情况，中国畜牧兽医学会于1953年组织有关专家制订了《全国各类家畜品种调查提纲草案》，农业部畜牧兽医总局和中国畜牧兽医学会于1954—1956年组织全国有关高等院校、科研院所及生产单位共同协作，对我国部分省、自治区的畜禽品种率先进行调查。1956年11月正式编辑出版了《祖国优良家畜品种》，共出版四集，首次介绍中国优良地方品种，包括绵山羊地方品种。

4. 标志性科技成果

（1）1952年，许康祖、张继先编著的《绵羊和羊毛学》由中华书局出版。

（2）1953年，李静涵编著的《乳用与肉用山羊》由永祥印书馆出版。

（3）1954年，培育成了我国第一个家畜新品种——新疆肉毛兼用型细毛羊，填补了我国没有细毛羊品种的空白，为我国家畜育种史翻开了新的一页，提供了样板和经验，对推动全国范围内的绵、山羊杂交育种工作发挥了积极的作用。

（4）1958年，张松荫编著的《新疆细毛羊育成及其性能》由农业出版社出版。

（5）1961年，汤逸人、彭文和、方国玺和吕效吾编著的全国高等农业院校试用教材《养羊学》，由农业出版社出版。

（6）1974年，中国科学院遗传研究所陈幼臣等在内蒙古自治区，用卡拉库尔羊作供体、蒙古羊作受体，进行胚胎移植成功，并于1979年出版了《绵羊胚胎移植》。

（7）1974年，中国农业科学院畜牧研究所开始进行绵羊精液冷冻保存技术研究。1976年成立全国绵羊精液冷冻科研协作组，使绵羊冷冻精液的情期受胎率获得了明显提高。

（8）1976年，内蒙古细毛羊育成。

（9）1976年，青海毛肉兼用细毛羊育成。

5. 重大政策及事件

（1）1959年，全国家畜育种会议在北京召开，提出了"本品种选育和杂交改良并举全面开展育种工作"的方针。

（2）1965年，全国畜禽育种工作会议制订了"全国家畜改良区域规划"，提出不同地区羊的选育方向，地方品种的选育方向由外形一致转向产品质量提高。

（3）1966年，农业部颁发《新疆细毛羊鉴定试行标准》和《细毛杂种羊鉴定分级试行办法》。同年，由农业部及新疆维吾尔自治区共同领导，在新疆伊博地区组织和进行了国内多家单位共同参加的"百万只细毛羊杂交育种工作大会战"，大大推进了我国细毛羊杂交育种的进程。

（4）1972年，从澳大利亚引入澳洲美利奴品种公羊29只（中毛型）。

（5）1973年，召开全国半细毛羊育种经验交流会，制订了《全国半细毛羊育种协作计划》和《关于半细毛羊育种若干技术问题的意见》。交流会对我国半细毛养羊业的发展起了很大的促进作用，半细毛羊的杂交试验工作在黑龙江、吉林、辽宁、内蒙古、河北、安徽、江苏、青海、甘肃、四川、贵州、云南等地得到了蓬勃开展。

（6）1973年，开始滩羊选育工作。1977年，受农林部委托，在银川召开了陕西、甘肃、宁夏和内蒙古四省（自治区）滩羊育种协作会议，统一了滩羊育种目标、育种规划、鉴定标准，组织有关科研院校等单位参加协作攻关会战，努力办好种羊场，建立选育点，举办技术培训班和现场会，推广行之有效的选育技术，促进滩羊选育工作的进一步开展。

（7）1977年，农林部、商业部、外贸部、轻工业部和全国供销合作总社联合制定并印发了《全国家畜改良区域规划》。对各省、自治区中不同生态类型地区的绵、山羊发展方向、任务和要求，都做出了规定。这是新中国成立后，我国制订的最全面的一个羊改良方案，对此后的绵羊、山羊育种工作和地方品种的改良发挥了重要的促进作用。

6. 阶段性的困难和存在的问题

（1）养羊业处于起步阶段 这一阶段，虽然我国羊存栏量较1949年初有很大提高，但总体存栏、出栏量不高，产毛量和产肉量低。

（2）饲养多以地方品种为主 种业发展处于起步阶段，虽然培育出了包括新疆肉毛兼用品种在内的第一代细毛羊品种，但绝大多数农户仍以饲养地方品种为主，绵羊毛都为粗毛，毛品质差。

（3）细毛羊产毛质量无法满足工业需求 第一代细毛羊品种较少，数量有限，且羊毛细度与国外细毛羊相比，存在较大差距，无法满足我国毛纺织产业的需要。

（二）快速发展阶段（1979—2006年）

改革开放以后，畜牧业逐渐成为农村经济的重要支柱产业之一，养羊业因此而获得了新的发展机遇。这一时期是我国养羊业迅速发展的阶段。该阶段受市场对精纺细毛的迫切需求，绵羊种业工作以优良种羊杂交改良低产粗毛羊，改善羊毛品质，同时提高羊肉产量为重点，取得了显著成绩。细毛羊品种选育进展迅速，培育了一批优秀的细毛羊品种，完成了第二、三代细毛羊品种更替。为培育适合我国不同生态环境的毛用绵羊品种，开始了半细毛羊品种的选育，培育了一系列半细毛羊品种。同时，随着世界羊绒市场的崛起，绒山羊品种选育全面展开。到20世纪80年代，我国已经发展成为世界养羊大国，存栏量和产量均居世界首位。90年代开始，养羊业主导方向开始发生转变，由原来的毛用为主转向肉毛兼用和肉用方向。

1. 完成第二、三代细毛羊新品种培育

到20世纪70年代后，我国毛纺工业发展迅速，不仅对羊毛的需求量增加，对羊毛的质量也提出了更高要求。但长期以来，我国绵羊育种、羊毛生产与纺织工业分离，羊毛实行统购统销，养羊者不重视羊毛质量，而且我国第一代细毛羊品种在羊毛质量上存在羊毛长度不足、净毛率低、油汗量大且颜色黄、被毛密度差等缺点，与进口澳毛差距很大，无法满足毛纺工业的需求，急需改进。

在此背景下，我国以1972年引入的29只澳洲美利奴公羊为基础，由国家农林部组织新疆（含兵团）、内蒙古、吉林等省区，分别在巩乃斯种羊场、紫泥泉种羊场、嘎达苏种畜场、查干花种畜场4个育种场开展杂交育种工作，拟通过级进杂交复制澳洲美利奴羊基因，培育中国的美利奴羊品种。经过13年的联合育种、协作攻关，于1985年完成了中国美利奴羊育种计划，共选育出种羊4.6万只，其中基础母羊1.8万只，生产性能全面大幅度超过第一代细毛羊品种，体侧部净毛率达到60.8%、净毛量3.9千克、毛长10.2厘米、羊毛细度22.0微米，油汗为白色，体型外貌具有美利奴羊典型特征，羊毛各项纺织工艺指标与进口56型澳毛接近，基本满足了纺织高档精纺产品的需要。中国美利奴羊是新中国培育的第二代细毛羊品种（图2），其培育成功是我国细毛羊育种工作的一个里程碑，标志着我国的细毛羊业进入了第二个阶段。

图2　我国培育的中国美利奴羊

20世纪90年代以来，毛纺企业对21微米以下（即66支纱以上）的细羊毛的需求量迅速增加，但我国此前培育的几个毛用羊品种，羊毛细度均以22～25微米（即60～64支）为主体，毛纺企业所需要的超细羊毛几乎全部依赖进口。鉴于这种情况，1992—1993年我国引入了少量的羊毛细度为66～70支的美利奴羊遗传资源。1994年农业部组织新疆、吉林两省区成立了"优质细毛羊选育开发协作组"，下设三个协作小组，目标是用8年时间选育出市场急需的羊毛细度以70支为主体的细型美利奴羊新品种，并在所属的细毛羊基地县开展大规模杂交改良，开发优质羊毛生产基地，迎接我国加入WTO的挑战。经过科学组织、精心设计、团结协作，2002年完成了优质细毛羊选育任务，育成了"新吉细毛羊"。该品种是细型美利奴羊品种，其育成标志着我国细毛羊育种进入了质量创新阶段。新吉细毛羊品种是我国第三代细毛羊的代表（图3）。

2. 进入半细毛羊新品种培育期

我国的半细毛羊发展大体经历了细毛羊改良、半细毛羊杂交改良试验和半细毛羊新品种培育三个阶段。自1979年6月"全国半细毛羊育种委员会"成立以后，在前期杂交组合筛选的基础上，四川、青海、西藏、甘肃、云南和内蒙古等省、自治区半细毛羊培育进入一个新的阶段。1996年5月，云南半细毛羊新品种通过农业部组织的专家组现场鉴定，认为该品种已基本具备48～50支半细毛羊的特性和特征。此后，经进一步选育，于2000年7月经国家审定，云南半细毛羊（图4）成为我国第一个国家级的半细毛羊新品种，填补了我国无半细毛羊品种的空白。

图3 我国培育的新吉细毛羊

图4 我国培育的云南半细毛羊

3. 绒山羊新品种培育呈现快速发展

从20世纪80年代开始，随着世界羊绒市场的崛起，推动了绒山羊生产与科研的发展，许多国家都加快绒山羊业的发展，我国也出现了前所未有的绒山羊热，绒山羊的研究从品种选育、杂交改良到饲料营养与饲养管理等全面展开。经过近三十年的品种选育，内蒙古绒山羊、辽宁绒山羊、西藏山羊、新疆山羊、河西绒山羊等优秀地方品种的生产性能得到了较大的提高，并且育成了多个产绒山羊新品种及新品系。

从1978年开始，陕北地区引入辽宁绒山羊作为父本，以陕北黑山羊为母本，历经25年，于2003年育成绒肉兼用型新品种——陕北白绒山羊，有力地带动了陕北养羊业的发展。内蒙古哲里木盟的扎鲁特旗和赤峰市的巴林右旗，于20世纪80年代引用辽宁绒山羊改良本地山羊，于1995年育成了罕山白绒山羊。

这一时期，我国绒山羊的数量和山羊绒产量大幅提升，2007年绒山羊存栏达到1.43亿只，比1980年的8 068.4万只，增加了0.77倍；山羊绒产量由1980年的0.4万吨增加到2007年的1.85万吨，增长了3.63倍。其中，1985年至1995年是我国绒山羊产业发展最快的时期。

4. 奶山羊培育取得突破

自1972年开始，西北农业大学和陕西省各基地县畜牧技术部门合作，利用萨能山羊与当地山羊杂交，经过长期繁育和有计划选育，于1990年育成关中奶山羊，并正式命名。关中奶山羊产奶量高、遗传性能稳定、适应性好，抗病力强，耐粗放管理。74只关中奶山羊年产奶量平均为684千克，其泌乳性能以二、三、四胎产奶量最高，鲜奶乳脂率4.1%。1984年，我国另一重要的奶山羊培育品种——崂山奶山羊被列入《中国羊品种志》。

5. 完成第一次全国羊遗传资源调查

为了摸清我国畜禽品种资源情况，农林部于1976年将家畜品种资源调查列为国家重点研究项目，由中国农业科学院畜牧研究所（现北京畜牧兽医研究所）牵头组织了14个省（自治区、直辖市）的畜牧主管部门和科研单位的科技人员开展了部分畜禽品种试点调查。1979年4月在湖南长沙市召开了第一次"全国畜禽品种资源调查会议"，畜禽品种资源调查工作在全国各省（自治区、直辖市）全面开展起来。1981年4月《中国羊品种志》编写组成立。

从1976—1985年，历时九载，第一次全国畜禽品种资源调查圆满完成，基本摸清我国畜禽资源状况，1988年出版了《中国羊品种志》在内的5卷志书，列入《中国羊品种志》的绵山羊品种有53个，其中绵羊地方品种15个、培育品种7个、引入品种8个、山羊地方品种20个、培育品种2个、引入品种1个。这是我国首次出版的系统记载绵山羊品种的志书，系统论述了我国绵山羊资源的起源、演变、品种形成的历史，详细介绍了每个品种的产地分布、外貌特征、生产性能、保护利用状况及展望等。

6. 标志性科技成果

（1）1979年，于达新、祝源又等编著《新疆细毛羊》，新疆人民出版社出版。

（2）1980年，王建辰等用奶山羊进行胚胎移植获得成功。

（3）1980年，甘肃高山细毛羊新品种育成。

（4）1981年，吕效吾主编全国高等农业院校试用教材《养羊学》，农业出版社出版。

（5）1981年，赵有璋编著《半细毛羊的饲养与育种》，甘肃人民出版社出版。

（6）1982年起，张松荫教授主持"应用群选法选育提高甘肃高山细毛羊品种质量的试验研究"项目，在甘肃省皇城绵羊育种试验场和甘肃省天祝种羊场进行。"群选法"是以群体为基础，将羊群分为核心群、一般群及生产群（或淘汰群）进行选育的方法。群选法在我国养羊业中的运用，开创了我国选育绵羊、山羊方法的新途径。

（7）1982年，敖汉细毛羊在内蒙古自治区培育而成。

（8）1982年，中国卡拉库尔羊由新疆、内蒙古自治区共同培育而成。

（9）1984年，李志农编著《卡拉库尔羊》，农业出版社出版。

（10）1984年，崂山奶山羊新品种育成。

（11）1985年，张松荫编著《绵山羊行为与习性》，农业出版社出版。

（12）1985年，谢成侠编著《中国牛羊史（附养鹿简史)》，农业出版社出版。

（13）1985年，鄂尔多斯细毛羊新品种育成。

（14）1987年，青海高原毛肉兼用半细毛羊新品种育成。

（15）1987年，科尔沁细毛羊新品种育成。

（16）"中国美利奴羊新品种的育成"荣获1987年国家科学技术进步奖一等奖。

（17）家畜家禽品种资源调查及《中国家畜家禽品种志》的编写荣获1987年国家科学技术进步奖二等奖。

第一次全国范围全面开展畜禽品种资源调查工作，历时9年，涉及29个省（自治区、直辖市），对各地方畜禽品种形成历史、生态环境、数量、分布、生物学特征、生产性能和利用现状等7个方面均做了详细调查，还发掘了一批具有一定特点的畜禽品种，获得了大量第一手资料。经过筛选及"同种异名"和"同名异种"的归并，共282个，其中马、驴43个，牛45个，羊53个，猪66个，家禽75个。志书和图谱于1986—1989年陆续出版，为广大畜牧工作者提供了宝贵的参考文献。

（18）1988年，蒋英、陶雍主编《中国山羊》，陕西科学技术出版社出版。

（19）1989年，道良佐编著《数量遗传学在绵羊育种中的应用》，农业出版社出版。

（20）1990年，关中奶山羊新品种育成。

（21）1991年，兴安毛肉兼用细毛羊新品种育成。

（22）1991年，内蒙古半细毛羊新品种育成。

（23）"中国美利奴羊（新疆军垦型）繁育体系"荣获1991年国家科学技术进步奖一等奖。

（24）1993年，李志农主编《中国养羊学》，农业出版社出版。

（25）1993年，王光亚、段恩奎编著《山羊胚胎工程》，天则出版社出版。

（26）1994年，乌兰察布细毛羊新品种育成。

（27）1995年，罕山白绒山羊新品种育成。

（28）1995年，赵有璋主编全国高等农业院校教材《羊生产学》，中国农业出版社出版。

（29）1995年，呼伦贝尔细毛羊新品种育成。

（30）1996年，赵有璋主编《中国山羊业的成就和进展》，中国农业出版社出版。

（31）1996年，刘守仁等编著《绵羊学》，新疆科技卫生出版社出版。

（32）1996年5月6日，"第六届国际山羊大会"在北京国际会议中心召开。

（33）1997年，凉山半细毛羊新品种育成。

（34）1998年，南江黄羊新品种育成。

（35）1999年，贾志海主编《现代养羊生产》，中国农业大学出版社出版。

（36）1999年，我国著名养羊专家、新疆农垦科学院院长刘守仁研究员被评选为中国工程院院士。

（37）1999—2000年，高志敏等在陕西省布尔山羊良种繁育中心，用波尔山羊作供体、关中奶山羊作受体进行胚胎移植技术的研究与应用，之后胚胎移植技术在波尔山羊纯种繁殖中得到了普遍的推广和应用。

（38）2000年，云南半细毛羊新品种育成。

（39）2001年，柴达木绒山羊新品种育成。

（40）"畜禽遗传资源保存的理论与技术"荣获2001年国家科学技术进步奖二等奖。

（41）2004年，农业部发布《NY/T 826—2004绵羊胚胎移植技术规程》。

（42）2004年1月，《中国畜禽遗传资源状况》由中国农业出版社出版，列出了绵羊地方品种31个、培育品种9个、引入品种10个，山羊地方品种42个、培育品种4个、引入品种3个。

（43）2005年，《中国美利奴（新疆军垦型）的育成：中国工程院院士刘守仁绵羊育种文集》由新疆科技出版社出版。

7. 重大畜牧政策及事件

（1）1979年6月，农业部畜牧总局在昆明市召开了有四川、安徽、湖北、青海、西藏、甘肃、云南和内蒙古等省、自治区参加的会议，决定成立"全国半细毛羊育种委员会"，确定了育种委员会的组织机构、任务。1981年全国半细毛羊育种委员会决定创办《中国半细毛羊》杂志，该杂志于1984年改名为《中国养羊》。1982年全国半细毛羊育种委员会扩大到19个省、自治区。

（2）1980年，《滩羊》国家标准发布，促进了我国滩羊选育和生产工作的规范化、科学化发展。

（3）1985年，新疆、内蒙古、吉林联合育成了中国美利奴羊，实现了细毛羊品种质的飞跃，使中国细毛羊开始进入世界优质细毛羊的行列。接着又开展培育中国美利奴羊毛密品系（新疆、内蒙古、吉林）、多胎品系（新疆）、体大毛质好品系（新疆）、无角类型（新疆）以及建立中国美利奴羊品种结构新体系（吉林）等研究工作。

（4）1987年，在山东文登召开"全国奶山羊生产工作会议"，提出了进一步开展中国萨能羊选育的技术方案。

（5）1984—1987年，国家和地方投资兴建63个基地县，其中细毛羊44个，半细毛羊8个，白绒山羊11个。养羊数量和产品产量大幅度增长，1979年全国养羊1.83亿只，1989年全国养羊2.12亿只，

1999年全国养羊达到2.69亿只。

（6）1994年，国务院颁布了《种畜禽管理条例》，1998年农业部制定了《种畜禽管理条例实施细则》，对培育的畜禽新品种实行推广前二级审定制度，对种畜禽生产经营实施许可制度。这两项制度有助于保障和提高种畜禽质量，是国家对种畜禽行业进行管理的有效措施。

（7）1999年，国务院办公厅转发了农业部《关于加快畜牧业发展的意见》，提出稳定发展生猪和禽蛋生产，加快发展牛羊肉和禽肉生产，突出发展奶类和羊毛生产；加快改变养殖方式，大力调整、优化畜牧业结构和布局，加强良种繁育、饲料生产和疫病防治体系建设，提高生产效率、经济效益和畜产品质量安全水平。

（8）1998年，国家开始启动"畜禽良种工程"，畜禽良种引进、繁育和品种资源的保护与开发日益受到全社会的重视。

（9）2000年8月，农业部根据《种畜禽管理条例》及其实施细则的规定，确定78个畜禽品种为国家级畜禽资源保护品种，其中有辽宁绒山羊、小尾寒羊、中卫山羊、长江三角洲白山羊（笔料毛型）、乌珠穆沁羊、内蒙古绒山羊（阿尔卑斯型、阿拉善型）、同羊、西藏羊（草地型）、西藏山羊、济宁青山羊、贵德黑裘皮羊、湖羊、滩羊和雷州山羊。

（10）2003年2月，农业部制定和颁布了《优势农产品区域布局规划（2003—2007年)》。规划指出，为了实现有关任务，要重点加强良种工程、基地工程、质量工程和龙头工程建设。在该规划中，肉羊优势区域布局为：

中原肉羊优势区域：包括河南、山东、河北、江苏、安徽5个省、6个地市和20个县市。

内蒙古中东部及河北北部肉羊优势区域：包括内蒙古自治区和河北省2个地市和10个县市。

西北肉羊优势生产区域：包括宁夏、甘肃、青海和新疆4个省（自治区）的5个地市和15个县市。

西南肉羊优势区域：包括四川、重庆、云南、贵州和广西5个省（自治区）的5个地市和16个县。

（11）2003年10月，中国畜牧业协会羊业分会成立。

（12）2006年6月，农业部第662号公告列出了13个绵羊品种、8个山羊品种属于国家级遗传资源保护品种。

（13）2006年，国家畜禽遗传资源委员会发布《关于羊新品种审定和遗传资源鉴定条件》。

（14）2006年，农业部公布《畜禽遗传资源保种场保护区和基因库管理办法》。

8. 典型科技进步

改革开放以来，随着科学技术的进步，我国的绵山羊种业得到了快速发展。新的育种技术、育种理论不断应用，加快了新品种的培育速度。建立了中心育种场、繁育场、生产场配套的细毛羊三级繁育体系，除了采用传统的杂交改良、横交固定和提高推广方法外，还不断创新育种方法，建立级进育种方法，系祖建系法加快新品种培育进程，以及培育了一系列细毛羊、半细毛羊新品种，毛绒用羊生产性能不断提高，毛绒产量大幅提升。一些先进的生产技术如机械剪毛、人工授精、胚胎移植、标准化毛绒生产管理技术逐步推广，大大提高了毛绒用羊生产效率及品种改良。同时，绵山羊疫病防控体系逐步健全，羊营养与饲养技术方面取得多项成果，尤其是毛绒用羊营养调控、羊舍饲半舍饲关键技术、标准化生产的应用与推广，提高了毛绒和羊肉产品的产量和质量，增加了羊业的养殖效益。科技已成为羊业可持续发展战略的首要条件。

9. 主要成就

（1）毛绒用羊产业逐步发展壮大　2007年我国绵羊毛产量达到36.35万吨，产量居世界第二位，满足国内羊毛加工量的25%；山羊绒的产量由1980年的0.4万吨增长到2007年的1.85万吨，比1980年增长了3.63倍，产量居世界第一，满足国内羊绒加工业所需原料的90%。

（2）产量不断提高　这一时期，我国养羊业快速发展，自20世纪80年代末以来，中国已成为世界上绵山羊饲养量、出栏量、羊肉产量最多的国家。羊肉产量由1980年的45.1万吨迅速增加到2006年的469.7万吨，增加了424.6万吨。与此同时，羊肉在我国肉类产量中的比重不断提高，由1980年的3.70%提高到2006年的5.83%。

（3）产业结构不断改善，毛绒品质进一步提高　从1985年育成了中国美利奴羊，我国的细毛羊业走出了一条从无到有、从小到大的振兴之路。中国美利奴羊的羊毛细度为22.0微米，新吉细毛羊的细度为19～21.5微米（70支）。半细毛羊育种将羊毛细度变为48～50支。有效地保障了我国羊绒加工企业的原料供给，为羊毛加工企业提供了一定份额的毛纺原料，对平抑羊毛价格，促进毛纺工业健康发展起了重要作用。

10. 存在问题

（1）绵山羊生产性能仍较低　我国拥有发展毛绒产业的丰富遗传资源，并先后培育出新疆细毛羊、东北细毛羊、内蒙古细毛羊、甘肃高山细毛羊、敖汉细毛羊、鄂尔多斯细毛羊、中国美利奴羊等细毛羊品种，以及彭波半细毛羊、凉山半细毛羊、云南半细毛羊等半细毛羊品种，但与国内外优秀毛用羊品种相比，其生产性能仍比较低，品种培育滞后。地方绵山羊品种数量较多，一般具有较好的适应性和抗逆性，但生长速度慢、产肉量低。

（2）绵山羊养殖方式粗放、养殖结构有待优化　我国细毛羊、半细毛羊饲养方式大部分以传统放牧为主，草料营养不平衡、疫病时有发生，造成羊毛品质差，难以与国外羊毛抗衡。绒山羊舍饲饲养后，不能根据毛绒的生长规律和羊的生理特点合理调配饲粮，经营出售种羊的羊场过分增加精料，追求产绒量，引起羊绒变粗，丧失羊绒原有特性；而商品羊场普遍营养不良，羊绒色泽、强度、弹力受到影响。肉用羊养殖规模小、标准化程度低、饲养工艺不科学、饲粮搭配不合理。

（3）良种化程度不高　品种参差不齐，肉产量与毛绒质量不能满足市场需求。由于缺乏政策引导和组织措施，养殖户在引种和改良方面存在盲目性，使优良的地方品种资源受到不断的冲击，导致品种退化、毛绒质量下降等问题。据调查优良品种如辽宁绒山羊和内蒙古绒山羊，公羊平均产绒量在900克以上，母羊产绒量在650克以上，而全国绒山羊的平均产绒量仅为200克左右，优良品种持续改良不足，良种化程度低，生产性能有待提高。

（三）转型升级阶段（2007—2019年）

20世纪90年代以来，随着羊毛市场疲软，羊肉需求量猛增，尤其是优质羔羊肉需求量增加迅猛，极大促进了羊肉生产的快速发展。在市场需求和相关政策推动下，这一时期我国养羊业发生了结构性变化，羊肉生产跃升为主导产业，羊毛（绒）生产次之，并且向超细羊毛（绒）发展。全国开展了大范围的肉羊引进和杂交改良，羊肉生产成效显著。

1. 肉羊品种培育快速发展期

20世纪80年代以前，我国的养羊业主要是解决羊毛生产问题，羊肉的生产尚未受到重视。20世纪60年代以来，国际养羊业的主导方向发生了变化，出现了由毛用转向肉毛兼用直至肉用为主的发展趋势。在这一大背景下，伴随着我国社会经济的发展，城乡居民经济收入增加和生活水平的提高，食物消费结构的调整对蛋白质含量要求高、胆固醇含量要求低、营养丰富的羊肉需求量明显增加。由此推动了我国肉羊产业迅速发展。与此同时，中国肉羊新品种培育也进入一个新的阶段。近年来已培育出了巴美肉羊、昭乌达肉羊、察哈尔羊、鲁西黑头羊、乾华肉用美利奴羊、戈壁短尾羊等肉用绵羊新品种和简州大耳羊、云上黑山羊等肉用山羊品种。

1992年开始，为适应国内外市场需求变化和肉羊养殖业的发展，巴彦淖尔市于采用肉用型德国美利奴种公羊对当地毛肉兼用羊进行级进杂交，并经过横交固定和选育提高、推行"群选群育一集中连片一区域推进"和"边杂交、边选育、边生产、边推广"的方式，2006年巴美肉羊数量达到33 768只，2007年通过了国家畜禽遗传资源委员会的审定。巴美肉羊是具有区域特色的高产优质肉毛兼用新品种，也是内蒙古自治区培育出的第一个肉毛兼用羊品种（图5）。

图5　我国培育的巴美肉羊

为解决制约我国北方牧区及半农半牧区肉羊产业发展的品种资源瓶颈问题，内蒙古自治区赤峰市以当地蒙古羊同苏联美利奴羊、萨里斯克羊、东德美利奴羊进行杂交选育形成的偏肉用杂交改良细毛羊为母本，组建育种群，进一步利用德国美利奴肉羊为父本进行杂交，改进肉用和繁殖性能，提高肉用性能。经过20多年的不懈努力，2012年"昭乌达肉羊"新品种通过国家畜禽遗传资源委员会审定，该品种是内蒙古自治区培育的首个草原型肉羊新品种。

2001年，山东省农业科学院畜牧兽医研究所联合多家科研院所、高校采用常规育种与分子育种相结合的方法，以南非黑头杜泊绵羊为父本，与山东省地方品种小尾寒羊为母本杂交，进行杂交组合筛选和级进杂交选育，采取多次选择、分段培育和分类培育等方法，2018年鲁西黑头羊通过国家畜禽遗传资源委员会审定，成为我国北方农区首个国家审定肉羊新品种，其繁殖和产肉性能优异（图6）。

吉林省乾安志华种羊繁育有限公司等单位以进口的南非肉用美利奴羊公羊为父本，以当地导入澳血的东北细毛羊为母本，采用级进杂交方法，选择杂交后代优良个体进行横交固定，经过12年系统选育，培育出肉毛兼用型细毛羊新品种——乾华肉用美利奴羊（图7），2018年通过国家畜禽遗传资源委员会审定，成为我国第一个由民营企业自主培育的新品种。

图6　我国培育的鲁西黑头羊

图7　我国培育的乾华肉用美利奴羊

在肉用山羊新品种培育上，云南省畜牧兽医科学院联合多家单位，以努比山羊为父本、云岭黑山羊为母本，采用级进杂交、开放式联合育种方法，通过杂交创新、横交固定与世代选育两个阶段，经22年5个世代系统选育而成的云上黑山羊是一个具有被毛全黑、生长发育快、常年发情、繁殖力高、产肉性能好、适应性强和耐粗饲等优良特性的肉用山羊新品种。2018年通过国家畜禽遗传资源委员会审定。

2. 超细毛新品种培育

这一时期，细毛羊品种培育走向超细毛品种培育和特色生态区细毛羊培育方向。新疆畜牧科学院牵头，联合新疆农垦科学院、青岛农业大学、吉林省农业科学院等多家单位，以进口澳洲美利奴超细型公羊为父本，以中国美利奴羊、新吉细毛羊和敖汉细毛羊为母本，采用级进杂交方法，历经14年系统选育，形成羊毛细度为17.0～19.0微米精纺用超细毛羊新品种苏博美利奴羊，2014年通过国家畜禽遗传资源委员会审定（图8）。

图8　我国培育的苏博美利奴羊

高山美利奴羊是中国农业科学院兰州畜牧与兽药研究所创新团队联合甘肃省绵羊繁育技术推广站等7家单位，以澳洲美利奴羊为父本、甘肃高山细毛羊为母本，1996年制订育种规划，经过杂交改良、横交固定、选育提高三个阶段，2015年年底通过国家畜禽遗传资源委员会审定的细毛羊新品种。该品种适应海拔2 400～4 070米生态区，具有良好的抗逆性和生态差异化优势，羊毛细度达到19.1～21.5微米，实现了澳洲美利奴羊在我国高海拔、高山寒旱生态区的国产化（图9）。

3. 半细毛羊新品种培育

这一时期为半细毛羊新品种集中培育期，2008年、2009年、2017年先后育成了彭波半细毛羊、凉山半细毛羊、青海高原毛肉兼用半细毛羊和象雄半细毛羊4个国

图9　我国培育的高山美利奴羊

家级新品种，为云贵高原、青藏高原的高寒山区、藏区提供了优势畜种，成为这些地区农牧民脱贫增收的支柱产业。在半细毛羊新品种培育、高效繁殖、标准化规模饲养及疫病防控方面取得一系列科技成果。

凉山半细毛羊培育起始于20世纪50年代后期，至20世纪70年代初为细毛羊改良阶段。1986年开始，国家科学技术委员会、农业部将培育48～50支粗的半细毛羊新品种连续纳入国家"七五"至"九五"重点科技攻关计划。1995年，育成了凉山半细羊新品种，"十五""十一五"期间在四川省的支持下继续开展选育工作，于2009年4月通过国家畜禽遗传资源委员会羊专业委员会的审定。

西藏彭波半细毛羊是以彭波当地羊为母本，引入新疆细毛羊、茨盖半细毛羊为主要父本进行级进杂交，之后又导入了适量茨盖半细毛羊血液，经横交固定而培育的优秀半细毛羊新品种。西藏彭波半细毛羊新品种于2008年通过国家畜禽遗传资源委员会审定，成为西藏的第一个培育新品种。

象雄半细毛羊（图10）是利用当地高原型绵羊与引入新疆细毛羊、内蒙古茨盖羊进行了三品种杂交，出现理想型后代后进行横交固定，形成新品种，建立核心群、育种群、生产群三级育种繁育体系，

采取选育与扩群，封闭式核心群育种等常规育种方法经过50多年培育而成。象雄半细毛羊的育种填补了西藏高海拔地区（平均海拔4 500米以上）畜牧业历史上只有原始品种而无培育新品种的空白，2018年通过国家畜禽遗传资源委员会审定。

图10　我国培育的象雄半细毛羊

4. 绒山羊新品种培育

经过本品种选育，内蒙古绒山羊、辽宁绒山羊、河西绒山羊等优秀地方品种的生产性能得到了较大的提高。同时开展绒山羊新品种培育，培育出了陕北白绒山羊、柴达木绒山羊、罕山白绒山羊和晋岚绒山羊。

柴达木绒山羊品种培育自1983年开始，是辽宁绒山羊与柴达木山羊杂交而成，经历杂交创新、横交固定、选育提高等阶段，2001年柴达木绒山羊被青海省畜禽品种审定委员审定为青海省畜禽新品种。2009年，通过农业部品种资源委员会审定，正式认定为国家级畜禽新品种。从20世纪80年代起，山西省农业厅统一组织协调，省市县有关部门和养羊科技工作者和养殖户联合攻关，以辽宁绒山羊为父本、吕梁黑山羊为母本，采用系统选育、繁殖调控和平衡营养调控等技术，经过杂交改良、横交固定和选育提高3个阶段，最终培育成遗传稳定、产绒量高、绒细度好、适应性强的晋岚绒山羊。并于2011年11月通过国家畜禽遗传资源委员会审定。

5. 绵山羊品种资源活体保护和遗传材料保存

农业部分别于2000年公布了《国家级畜禽品种资源保护名录》、2006年和2014年公布了《国家级畜禽遗传资源保护名录》，将小尾寒羊等27个品种纳入其中。同时，农业部于2008年、2011年、2012年分3批验收并公布了150个国家级畜禽保种场、保护区和基因库，其中包括17个国家级羊资源保种场和4个国家级保护区。此外，还建立了1个国家畜禽遗传物质基因库——"国家级家畜基因库（北京）"，保存包括绵山羊在内的畜禽资源的遗传物质，主要包括精液、胚胎、体细胞和血液，第一批保存的3个绵羊品种（小尾寒羊、湖羊、中国美利奴羊）冷冻精液时间长达25年之久，最早的羊冷冻胚胎已保存了10余年。构建了原产地保护和异地保护相结合、活体保种和遗传材料保存互为补充的遗传资源保护体系。

6. 标志性科技成果

（1）"绵羊育种新技术——中国美利奴肉用、超细毛、多胎肉用新品系的培育"获得2007年国家科学技术进步奖二等奖。

在世界养羊生产从单一毛用向兼用、肉用型转变及羊毛生产向高支精纺和多用性能双向发展的趋势下，新疆农垦科学院、石河子大学经四年努力，成功培育了3个新品系羊，实现了中国美利奴羊多品系、多性能、适用性强的目标。各品系羊特征突出，肉用品系体大、毛量及净毛率高，6月龄公羔屠宰率47.33%，净肉率37.26%；超细毛品系细度18微米以下；多胎肉用品系当年母羔配种繁殖率达179%，6月龄公羔屠宰率47%。3个新品系分别建成了4个产业化基地，杂交羊总数超过100万只。

（2）2007年，巴美肉羊新品种育成。

（3）2007年，由张世伟主持的"辽宁绒山羊长绒型新品系选育"项目，获辽宁省科学技术进步奖一等奖。

（4）2008年，彭波半细毛羊新品种育成。

（5）2009年，凉山半细毛羊新品种育成。

（6）2012年，昭乌达肉羊新品种育成。

（7）2014年，察哈尔羊新品种育成。

（8）"巴美肉羊新品种培育及关键技术研究与示范"项目获得2013年度国家科学技术进步奖二等奖。

针对我国专用肉羊品种缺乏，地方品种羊生产性能较低的现状，内蒙古农牧业科学院牵头，联合巴彦淖尔市家畜改良工作站、内蒙古农业大学等单位开展了蒙古羊杂交改良和以德国肉用美利奴为父本、细杂羊为母本的级进杂交，通过二代以上横交固定和选育提高，最终形成了遗传性能稳定、体型外貌一致、生产性能较高、适应性强的"巴美肉羊"新品种。项目采用了MAS和BLUP等选种技术，形成了"群选群育—集中连片—区域推进"的育种模式。集成繁殖调控技术，实现了两年三产模式，建立了巴美肉羊杂交利用模式和配套关键技术，实现了国内肉羊新品种培育和产业化应用。"十二五"期间，"巴美肉羊"新品种被农业部确定为全国主推品种，得到了大面积推广。

（9）2014年，苏博美利奴羊新品种育成。

（10）2015年，高山美利奴羊新品种育成。

（11）2017年，青海高原毛肉兼用半细毛羊新品种育成。

（12）2017年，鲁中肉羊新品种育成。

（13）2018年，象雄半细毛羊新品种育成。

（14）2018年，鲁西黑头羊新品种育成。

（15）2018年，乾华肉用美利奴羊新品种育成。

7. 重大畜牧政策及事件

（1）2007年以来，国务院陆续下发了《国务院关于促进畜牧业持续健康发展的意见》，初步构建了畜牧业发展扶持政策体系框架。提出加大畜牧业结构调整力度。继续稳定生猪、家禽生产，突出发展牛羊等节粮型草食家畜。肉牛肉羊生产要充分利用好地方品种资源，生产优质牛羊肉。

（2）为促进农业结构战略性调整，尽快提高我国农产品的国际竞争力，实现抵御进口冲击，扩大出口的目标，农业部发布《优势农产品区域布局规划（2003—2007年）》《全国优势农产品区域布局规划（2008—2015年）》，提出4个肉羊优势产区。

（3）农业部印发《全国肉羊优势区域布局规划（2003—2008年）》和《全国肉羊优势区域布局规划（2008—2015年）》，保留原有中原产区、西北产区和西南产区3个肉羊优势区域，增加中东部农牧交错带优势区域，明确各区的特点和发展方向，明确以加强肉羊良种繁育体系建设，大力推广标准化生产、舍饲半舍饲基础设施建设、饲草料生产基地建设，加强加工流通市场体系建设为发展任务。

（4）2007年，中央为全面贯彻落实党的"十七大"精神，加快现代农业产业技术体系建设步伐，提升国家、区域创新能力和农业科技自主创新能力，由农业部、财政部启动建设了以50个主要农产品为单元的现代农业产业技术体系，建立了国家肉羊、绒毛羊两个产业技术体系。

（5）为提升畜禽良种化水平，促进农民稳定增收，完善畜禽良种繁育体系，农业部实施了全国畜禽良种补贴项目，2009年启动绵羊和肉牛良种补贴试点项目。

（6）2011年9月7日，农业部印发《全国畜牧业发展第十二个五年规划（2011—2015年）》，对于肉羊发展提出"大力发展舍饲、半舍饲养殖方式，引导发展现代生态家庭牧场，积极推进良种化、规模化、标准化养殖"。

（7）2011年，农业部印发了《全国节粮型畜牧业发展规划（2011—2020年）》。政府对于节粮型畜牧业的扶持大大增加。

（8）2011年，第一批农业部畜禽标准化示范场公布，共有475个，其中包括44个肉羊标准化示范场。政府通过示范场的示范带动作用和宣传推广促进肉羊规模经营发展。

（9）2011年，国家畜禽遗传资源委员会编写的《中国畜禽遗传资源志·羊志》由中国农业出版社出版。

（10）2015年6月1日，农业部发布《全国肉羊遗传改良计划（2015—2025年）》，提出未来肉羊遗传改良工作以提高个体生产性能和产品品质为主攻方向，以提升供种能力和质量为核心。

8. 主要成就

（1）良种繁育体系初步建立　与区域布局相适应，以原种场和资源场为核心，以繁育场为支撑，满足不同生产方式和生产规模需求的肉羊良种繁育体系初步建立。截至2016年年底，全国共有1 885个种羊场，其中绵羊种羊场1 015个，存栏种羊317.6万只；山羊种羊场870个，存栏种羊89.9万只；国家级羊资源保种场20个、保护区4个（图11）。

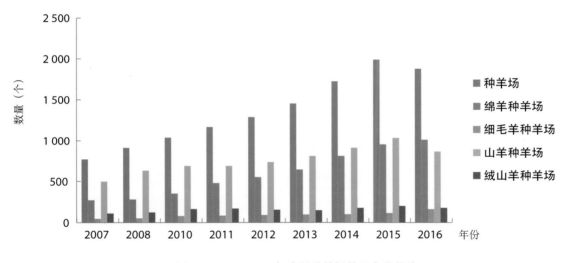

图11　2007—2016年我国种羊场数量变化趋势

（2）生产水平稳步提高　随着良种的普及和饲养管理方式的改进，肉羊个体生产性能明显提高，单只产肉量从2006年的14.88千克提高到2017年的15.29千克，增加了2.76%。2017年，全国羊存栏3.02亿只、出栏3.08亿只、羊肉产量471.07万吨、羊绒产量1.79万吨、绵羊毛产量41.05万吨，分别比2006年的2.83亿只、2.47亿只、367.73万吨、1.62万吨、38.76万吨增加了6.71%、24.70%、28.10%、10.49%、5.91%（图12至图14）。

（3）标准化规模养殖稳步推进　规模化程度不断提高。2006年，我国年出栏1～99只、100～499只、500～999只和1 000只以上的养羊场（户）分别为2 553.40万、23.35万、1.68万和0.25万个。2017年，我国年出栏1～99只、100～499只、500～999只和1 000只以上的养羊场（户）分别为1 337.60万、38.53万、2.78万、1.04万个，年出栏500只以上规模的养羊场（户）从2006年的1.93万户增加到了3.82万户，增加了97.93%（表1）。

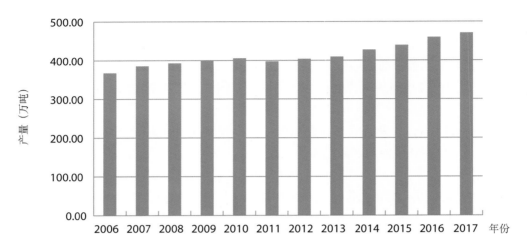

图12 2006—2017年我国羊肉产量

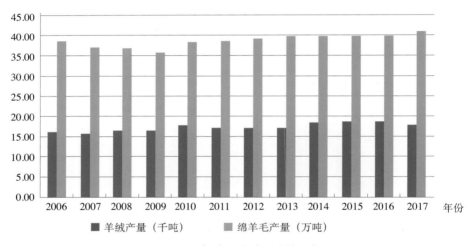

图13 2006—2017年我国羊绒和绵羊毛产量

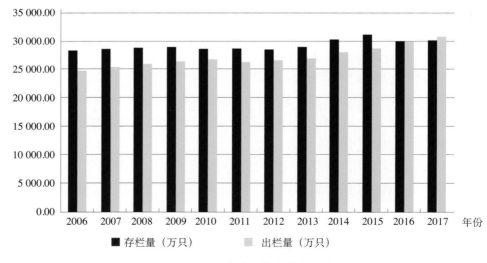

图14 2006—2017年我国羊存栏和出栏量

表1　2006、2017年我国羊规模场户情况

类型	规模场（户）数（个）		增减（个）
	2006年	2017年	
年出栏数1~99只	25 534 008	13 376 007	− 12 158 001
年出栏数100~499只	233 473	385 314	151 841
年出栏数500~999只	16 847	27 808	10 961
年出栏数1 000只以上	2 468	10 437	7 969

9. 科技进步情况

这一时期，冷冻精液、人工授精、胚胎移植等技术广泛应用到了绵、山羊新品种培育和优良种羊扩繁工作中。采用BLUP遗传评定技术推进我国羊育种从表型选择到育种值选择。采用集成繁殖调控技术，实现了两年三产模式。将分子标记辅助选择（MAS）技术应用于新品种培育，建立 FecB 多胎基因位点标记检测技术，实现了对绵羊产羔数的精准选择，取得了显著效果。将克隆技术应用于新品种培育，快速扩大顶级优秀个体数量。同时，创新了育种模式，如巴美肉羊在育种实践中推行"群选群育-集中连片-区域推进"的育种模式。

10. 存在问题与不足

（1）基础工作滞后　选育和杂交利用工作缺乏有效的规划与指导。品种选育手段落后，良种登记、性能测定、遗传评估等基础工作尚未系统开展。部分品种改良方向和技术路线不明确，无序混乱杂交现象比较严重。

（2）软硬件条件较差　大部分种羊场育种基础设施和装备落后，育种技术力量不足，核心群体规模小，种羊质量参差不齐，生产性能不高。

（3）良种培育进展缓慢　良种繁育体系不健全，选育效率较低，地方品种的优良特性没有得到有效挖掘。国产肉用专门化品种数量少、性能不高，育种核心种源依赖进口的局面未从根本上扭转。

二、近年来肉羊遗传改良工作进展

（一）国家肉羊核心育种场建设

2017年以来，在《全国肉羊遗传改良计划（2015—2025年）》实施推动下，经过3批遴选，28个种羊场获得国家肉羊核心育种场资格（表2）。繁育场和生产场为主体的"金字塔式"良种繁育体系得到进一步完善，种羊生产区域布局更加切合我国羊业生产实际。

表2　国家肉羊核心育种场名单

年份	序号	单位名称	所在省份
2017	1	天津奥群牧业有限公司	天津
	2	内蒙古赛诺种羊科技有限公司	内蒙古

（续）

年份	序号	单位名称		所在省份
2017	3	朝阳市朝牧种畜场		辽宁
	4	浙江赛诺生态农业有限公司		浙江
	5	嘉祥县种羊场		山东
	6	临清润林牧业有限公司		山东
2018	7	江苏乾宝牧业有限公司		江苏
	8	河南三洋畜牧股份有限公司		河南
	9	河南中鹤牧业有限公司		河南
	10	金昌中天羊业有限公司		甘肃
	11	宁夏中牧亿林畜产股份有限公司		宁夏
2019	12	内蒙古草原金峰畜牧有限公司		内蒙古
	13	内蒙古富川养殖科技股份有限公司		内蒙古
	14	呼伦贝尔农垦科技发展有限责任公司		内蒙古
	15	苏尼特右旗苏尼特羊良种场		内蒙古
	16	黑龙江农垦大山羊业有限公司		黑龙江
	17	杭州庞大农业开发有限公司		浙江
	18	长兴永盛牧业有限公司		浙江
	19	合肥博大牧业科技开发有限责任公司		安徽
	20	四川南江黄羊原种场		四川
	21	成都蜀新黑山羊产业发展有限责任公司		四川
	22	云南立新羊业有限公司		云南
	23	龙陵县黄山羊核心种羊有限责任公司		云南
	24	陕西黑萨牧业有限公司		陕西
	25	甘肃中盛华美羊产业发展有限公司		甘肃
	26	武威普康养殖有限公司		甘肃
	27	红寺堡区天源良种羊繁育养殖有限公司		宁夏
	28	拜城县种羊场		新疆

  国家肉羊核心育种场登记品种共有21个，其中绵羊品种16个，分别为澳洲白羊、杜泊羊（黑头和白头）、萨福克羊、白萨福克羊、特克塞尔羊、夏洛来羊、无角陶赛特羊、湖羊、小尾寒羊、滩羊、昭乌达肉羊、呼伦贝尔羊、巴美肉羊、德国肉用美利奴羊、中国美利奴羊和苏博美利奴羊；山羊品种5个，分别为黄淮山羊、南江黄羊、川中黑山羊、云上黑山羊和龙陵黄山羊。2019年，国家肉羊核心育种场登记的核心群羊只共8.6万只。核心群数量最多的是湖羊，引入品种核心群数量最多的是杜泊羊。

（二）数据记录与生产性能测定

目前，国家肉羊核心育种场性能测定以场内测定为主，测定方法参照全国畜牧总站组织制订的《肉羊品种场内登记办法（试行）》和《肉羊性能测定技术规范（试行）》。截至2019年年底，28个国家肉羊核心育种场累计参与生产性能测定的种羊有59 991只，全年收集表型记录8.71万条。在所有品种中，湖羊测定数据量最大；引入品种中杜泊羊测定的数据量最大。性能测定的主要指标包括初生重、断奶重和6月龄、周岁、成年体重和体尺等生长发育性状，背膘厚和眼肌面积等产肉性状，产羔数、产活羔数和断奶成活率等繁殖性状。

地方品种的配种以自然交配为主，人工授精为辅；引入品种的配种以人工授精为主，部分核心场生产冷冻精液和胚胎，胚胎移植在引入品种中有一定比例的应用。自动称重系统、B超活体测定等智能化性能测定设备已在天津奥群牧业有限公司、朝阳市朝牧种畜场、江苏乾宝牧业有限公司、内蒙古赛诺种羊科技有限公司等17家核心场应用，CT活体测定、自动采食系统和体尺测定系统已在天津奥群牧业有限公司应用于种羊生产性能测定。系谱记录和性能测定记录的保存主要以智能化软件储存为主，小部分核心场仍采用纸质档案保存。智能化性能测定设备和智能化育种管理软件的应用大大提高了性能测定的效率、准确性和数据的可利用率，为种羊遗传评估奠定了良好的基础。

（三）数据利用与遗传评估

目前，选种方法以表型值选择为主，部分核心场采用了BLUP法和分子标记辅助选择，应用的主要分子标记有*FecB*、*CLPG*等。基因组选择技术体系正在加快建立，国内多家单位针对地方品种和引入品种分别组建基因组选择参考群体。其中，兰州大学与甘肃农业大学联合5家以湖羊选育为主的国家肉羊核心育种场和2家湖羊规模化羊场共同构建了包括225个表型指标和全基因组遗传变异的湖羊基因组选择参考群体，规模达1 806只；天津奥群牧业有限公司构建了包括主要生长发育指标和低深度重测序序列的澳洲白羊和杜泊羊的混合参考群体，将快速推动我国羊遗传评估进入基因组遗传评估阶段，实现羊遗传评估技术的跨越式发展。

三、绵山羊种业未来发展方向和途径

（一）进一步提升育种创新能力

全面实施肉羊遗传改良计划，提升自主育种能力。继续开展国家肉羊核心育种场遴选，指导企业扎实开展生产性能测定等基础工作。支持和鼓励育种企业成立纵向或横向联合育种组织，探索建立联合育种机制。支持建立国家肉羊遗传评估中心，提高遗传评估的准确性和及时性，指导育种企业合理开展选种选配。建立肉羊全基因组选择技术平台，开展肉羊基因组选择育种。

（二）完善育种评价机制

依托国家肉羊遗传改良专家组，建立健全种羊性能测定体系，坚持场内测定和集中测定相结合，加强第三方测定机构条件能力建设，提高集中测定的权威性和公正性。支持同品种或区域内开展遗传评估，定期向社会发布遗传评估成绩，推介优良种羊，引导广大养殖场户选良种、用良种。通过种羊拍卖等多种形式，加快建立良种优质优价机制，引导企业不断提高育种水平。

（三）加快优良种羊推广

结合各地资源条件和养殖基础，明确优势区域主推品种，健全肉羊良种推广体系。支持建设国家良种扩繁推广基地，引导种业企业与规模养殖场户建立紧密的利益联结机制，打造一批国家级育繁推一体化种业企业。扩大优质种群规模，确保销售种羊具有完整的谱系和生产性能记录、采精种公羊全部具备性能测定成绩。

（四）强化羊遗传资源保护与利用

继续建设一批国家级和省级绵山羊遗传资源保种场、保护区和基因库，努力确保列入保护名录的资源得到有效保护。组织实施绵山羊地方品种登记，建立国家绵山羊遗传资源动态监测预警体系。开展藏区等区域绵山羊遗传资源调查，实现绵山羊遗传资源调查全覆盖。开展地方绵山羊品种种质特性评估与分析，挖掘优良特性和优异基因。完善绵、山羊遗传资源保护理论和方法，制订国家级、省级保种场个性化保种方案，评估保种效果，提升保种效率。

（五）健全完善商业化育种体系

将羊种业纳入现代种业发展基金支持范围，采取股权投资等方式，重点支持育种基础好、创新能力强、市场占有率高的种羊企业，整合资源、人才、技术等要素，培育一批大型羊种业集团，形成以市场需求为导向的商业化育种体系和育种成果分享机制。鼓励种业企业建设现代化育种科研平台，推动企业与科研院校共建高标准实验室、育种研发中心和良繁基地。以优势品种为基础，以优势种羊企业为载体，通过繁育推广、市场推介、产业开发、媒体宣传等形式，打造一批具有国际竞争力的羊种业品牌，加快建设现代肉羊种业，为产业持续健康发展和乡村振兴提供有力支撑。

马月辉　何晓红　杜立新　刘守仁　赵有璋　石国庆　郭江鹏　孟飞